“十二五”“十三五”国家重点图书出版规划项目

风力发电工程技术丛书

风电场运行与维护

主编　孙强　郑源

·北京·

内 容 提 要

本书是《风力发电工程技术丛书》之一，共分10章，分别是风电场运行与维护概述、风力发电机组的结构、风力发电机组的控制技术、风电场无功补偿设备的运行与维护、风力发电机组的运行、风力发电机组的维护、风力发电机组的安全预防与事故处理、风力发电机组的故障诊断技术、海上风电场的运行与维护以及风电场运行与维护实例分析。本书有针对性地介绍了风电场的构成、风电场的维护、海上风电场的现状等方面的知识，覆盖范围广，图文并茂，注重理论与实际相结合。

本书既可以作为从事风力发电工作的各类技术人员的学习、培训教材，也可以作为高等院校师生和相关工程技术人员的参考用书。

图书在版编目（CIP）数据

风电场运行与维护 / 孙强, 郑源主编. -- 北京 : 中国水利水电出版社, 2016.12
(风力发电工程技术丛书)
ISBN 978-7-5170-4921-0

Ⅰ. ①风… Ⅱ. ①孙… ②郑… Ⅲ. ①风力发电一发电厂一运行②风力发电一发电厂一维修 Ⅳ. ①TM614

中国版本图书馆CIP数据核字(2016)第294167号

	风力发电工程技术丛书
书 名	**风电场运行与维护**
	FENGDIANCHANG YUNXING YU WEIHU
作 者	主编 孙强 郑源
出版发行	中国水利水电出版社
	(北京市海淀区玉渊潭南路1号D座 100038)
	网址：www.waterpub.com.cn
	E-mail：sales@waterpub.com.cn
	电话：(010) 68367658 (营销中心)
经 售	北京科水图书销售中心（零售）
	电话：(010) 88383994、63202643、68545874
	全国各地新华书店和相关出版物销售网点
排 版	中国水利水电出版社微机排版中心
印 刷	北京纪元彩艺印刷有限公司
规 格	184mm×260mm 16开本 15.25印张 362千字
版 次	2016年12月第1版 2016年12月第1次印刷
印 数	0001—3000册
定 价	**68.00**元

《风力发电工程技术丛书》

编 委 会

主要参编单位 （排名不分先后）

河海大学
中国长江三峡集团公司
中国水利水电出版社
水资源高效利用与工程安全国家工程研究中心
水电水利规划设计总院
水利部水利水电规划设计总院
中国能源建设集团有限公司
上海勘测设计研究院有限公司
中国电建集团华东勘测设计研究院有限公司
中国电建集团西北勘测设计研究院有限公司
中国电建集团中南勘测设计研究院有限公司
中国电建集团北京勘测设计研究院有限公司
中国电建集团昆明勘测设计研究院有限公司
中国电建集团成都勘测设计研究院有限公司
长江勘测规划设计研究院
中水珠江规划勘测设计有限公司
内蒙古电力勘测设计院
新疆金风科技股份有限公司
华锐风电科技股份有限公司
中国水利水电第七工程局有限公司
中国能源建设集团广东省电力设计研究院有限公司
中国能源建设集团安徽省电力设计院有限公司
华北电力大学
同济大学
华南理工大学
中国三峡新能源有限公司
华东海上风电省级高新技术企业研究开发中心
浙江运达风电股份有限公司

本书编委会

主　　编　孙　强　郑　源

副 主 编　王丰绪　彭丹霖　罗红英

参编人员　宋晨光　蒋文青　周嘉言　曹　婷　何志伟
　　　　　惠二青　蒋裕丰　左　翔

前　言

21世纪以来，我国的风力发电得到迅速发展，成为继欧美之后发展风力发电的主要市场之一。目前，我国的风电产业发展迅猛，总装机容量已居于世界第一位，风电行业人才需求急剧增加。

本书将理论与实践相结合，在编写过程中，侧重于风电场设备的运行与维护理论，有针对性地介绍了风电场的构成、风电场的维护、海上风电场的现状等方面知识。

本书共分为10章：第1章对风电场的运行与维护进行了简单的介绍，包括对风力发电机组、变电站电气设备、继电保护系统和无功补偿的运行与维护；第2章对风力发电机组的结构进行了详细介绍，包括风力机、传动系统、发电机、偏航系统、液压系统、冷却系统和其他部件；第3章介绍了风力发电机组的控制技术，包括系统的组成，基本的控制要求以及定桨距、变桨距及变速机组的控制技术；第4章介绍了风电场无功补偿设备的运行与维护，主要包括无功调节的需求和原则、无功功率调节、常见的无功补偿设备及无功补偿方案设计；第5章介绍了风力发电机组的运行，包括运行条件、运行状态、运行操作、运行监视与巡视及并网与脱网；第6章介绍了风力发电机组的维护，维护工作简介，维护项目及所需工具，并从风力机、传动系统、发电机、偏航系统、液压系统、润滑冷却系统及其他部件等方面进行了详细阐述；第7章介绍了风力发电机组的安全预防与事故处理，包括安全总则、安全规范、安全防护装备、常规安全事项、异常运行与事故处理，以确保运行过程中的人身安全和设备安全；第8章介绍了风力发电机组的故障诊断技术，包括信息检测、故障的机理分析以及故障的诊断方法；第9章简单介绍了海上风电场的运行与维护，针对安装维护设备、风电机组运行与维护的重要因素进行了分析；第10章对风电场的运行与维护进行了举例分析，主要包括陆地风电场和海上风电场。

本书由孙强、郑源任主编，王丰绪、彭丹霖、罗红英任副主编。参加编写工作的还有蒋文青、周嘉言、曹婷、何志伟、宋晨光、梁艳萍等。

本书在编写过程中得到《风力发电工程技术丛书》编委会的大力支持与中国水利水电出版社编辑的热心指导，同时参阅了大量优秀风电企业的技术资料，编者在这里衷心表示感谢。本书参考了江苏高校首批“2011计划”（沿海开发与保护协同创新中心，苏政办发〔2013〕56号）的部分成果。

由于是首次系统性介绍风电场运行与维护，加之编者的水平有限，尽管我们付出了很大的努力，但是疏漏与不尽如人意之处在所难免，恳请读者给予批评指正。

编者

2016年10月

目录

第1章　风电场运行与维护概述

1.1　风 电 场 的 构 成

1. 风电场的概念

风电场是在风能资源良好的地域范围内，统一经营管理的由所有风力发电机组及配套的输变电设备、建筑设施和运行维护人员等共同组成的集合体，是将多台风力发电机组按照一定的规则排成阵列，组成风力发电机组群，将捕获的风能转化成电能，并通过输电线路送入电网的场所。

自20世纪70年代以来，随着世界性能源危机和环境污染日趋严重，风电的大规模发展便指日可待，德国、丹麦、西班牙、英国、荷兰等国在风力发电技术研究和应用上投入了大规模的人力及资金，研制出了高效、可靠的风力发电机。风电场是大规模利用风能的有效方式，20世纪80年代初兴起于美国的加利福尼亚州，如今在世界范围内得到蓬勃发展。

2015年，世界风能协会在上海发布了全球风电发展报告。该报告详细阐述了2014年的风电发展情况，并预测了未来5年内的全球风电发展。截至2014年年底，全球风电新增装机容量达52.52GW，全球风电机组累计装机容量达371.34GW。全球风电年发电量达到7500亿kW·h/a，风电占全球电力需求比例为3.4%。风电利用比例高的国家有丹麦、西班牙、葡萄牙、爱尔兰、德国、乌拉圭。

表1-1为全球风电装机在各地区的分布，在中国的引领下，亚洲的新增风电装机容量连续多年超过欧洲和北美洲。到2014年年底，亚洲的累计风电装机容量也首次超过了欧洲，位居世界第一位。这说明全球风电产业的重心已经从欧洲移到了亚洲。

表1-1　全球风电装机在各地区的分布

地　区	截至2013年年底累计装机容量/MW	2014年新增装机容量/MW	截至2014年年底累计装机容量/MW
亚洲	115968	26161	142119
欧洲	121573	12820	133969
北美洲	70792	7247	77953
南美和加勒比海	4777	3749	8526
非洲加中东	1612	934	2545
大洋洲	3874	567	4441
全球总计	318596	51477	369553

截至 2014 年年底，风电累计装机容量排行前 10 位的国家的累计装机容量都超过了 500 万 kW，其装机容量占全球累计总装机容量的 85.8%。全球累计装机容量排名前 10 的国家见表 1-2。

表 1-2　全球累计装机容量排名前 10 的国家

序号	国家	装机容量/万 kW	占全球比例/%
1	中国	11460.9	31
2	美国	6587.9	17.74
3	德国	3916.5	10.55
4	西班牙	2298.7	6.2
5	印度	2246.5	6.1
6	英国	1244.0	3.4
7	加拿大	969.4	2.6
8	法国	928.5	2.5
9	意大利	866.3	2.3
10	巴西	593.9	1.6
全球		37133.5	100

目前，风电场分布遍及全球，最大规模的风电场可达千万千瓦级，如我国甘肃酒泉的特大型风电项目，酒泉千万千瓦级风电场如图 1-1 所示。

图 1-1　酒泉千万千瓦级风电场

近年来，近海风能资源的开发进一步加快了大容量风力发电机组的发展。世界上已运行的最大风力发电机组单机容量已达到 5MW，而 6MW 风力发电机组也已研制成功。发展大功率、大容量风力发电机组是今后的一个发展趋势。

早在1991年，丹麦便建成了世界上第一个商业化运行的海上风电场。2002年年末，世界上第一个大型海上风电场HornsRev在丹麦北海日德兰半岛建成，安装了80台VestasV80/2000风力发电机组，总装机容量为16万kW。丹麦海上风电场如图1-2所示。我国第一座大型海上风电场东海大桥风电场处于2009年10月实现并网。我国东海大桥风电场如图1-3所示。

图1-2　丹麦海上风电场

图1-3　东海大桥风电场

我国海上风电建设有序推进，上海、江苏、山东、河北、浙江、广东等省（直辖市）的海上风电规划已经完成，辽宁、福建、广西、海南等省（自治区）的海上风电规划正在完善和制订。在完成的规划中，初步确定了43GW的海上风能资源开发潜力，目前已有38个项目、共有16.5GW在开展各项前期工作。到2011年年底，全国海上风电共完成吊装容量242.5MW。2015年，中国海上风电新增装机100台，容量达到360.5MW，同比增长58.4%。其中，潮间带装机58台，容量181.5MW，占海上风电新增装机总量的50.35%；其余49.65%为近海项目，装机42台，容量179MW。截至2015年年底，中国已建成的海上风电项目装机容量共计1014.68MW。其中，潮间带累计风电装机容量达到611.98MW，占海上装机容量的60.31%，近海风电装机容量402.7MW，占海上装机容

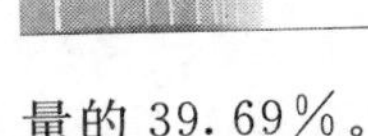

量的39.69%。

2. 风电场的特点

风电场因其特殊的发电特性，具有以下特点：

(1) 风力资源具有丰富性。风电场的电能资源来自于风能的转换。大气的流动形成了风，风资源取之不尽用之不竭。

(2) 风力发电具有环保性。风力发电是朝阳产业、绿色能源，风力发电在减少常规能源消耗的同时，较其他形式发电向大气排放的污染物为零，对保护大气环境有积极作用。

(3) 风电场选址具有特殊性。为达到较好的经济效益，应选择风资源丰富的场址。要求场址所在地年平均风速大于6.0～7.0m/s，风速年变化相对较小，30m高度处的年有效风力时数在6000h以上，风功率密度达到250W/m² 以上。

(4) 风电场选址具有分散性。由于风力发电机组单机容量小，每一个风电场的风力发电机组数目都很多，所以，风电场的电能生产方式比较分散。若要建一个千万千瓦级规模的风电场，大致需要上千台1.5MW的风力发电机组，分布在方圆几十千米的范围内。

(5) 风力发电机组类型具有多样性。风力发电机组的类型很多，同步发电机和异步发电机都在其中有应用。随着风电技术的发展，新增很多特殊设计的机型，如双馈式风力发电机组、直驱式永磁风力发电机组等。

(6) 风电场输出功率具有不稳定性。风能具有很强的波动性和随机性，风力发电机组的输出功率也具有这种特点。为提高机组的功率因数以及提高输出功率的稳定性，风电设备应进行必要的励磁和无功补偿，增加了风力发电的复杂性。

(7) 风力发电机组并网具有复杂性。风力发电机组单机容量低，输出电压等级相对低，一般为690V或400V，常需要利用变压器换至更高的电压等级。通常要通过电子变流设备对输出电流进行整流和逆变，以达到满足电网的频率和电压相位，才能并入电网。

3. 风电场的构成

风电场一般由风电场电气部分、风电场建筑设施和风电场组织机构三部分构成。其中，风电场电气部分由电气一次系统和电气二次系统组成。风电场电气一次系统由风力发电机组、集电系统（包括无功补偿装置）、升压变电站及场内用电系统组成，主要用于能量生产、变换、分配、传输和消耗；风电场电气二次系统由电气二次设备如熔断器、控制开关、继电器、控制电缆等组成，主要对一次设备如发电机、变压器、电动机、开关等进行监测、控制、调节和保护。风电场建筑设施包括场内各种土建工程项目，如管理、运行与维护人员办公、生活建筑及道路等。风电场组织机构是风电场运行与维护的管理部门。

4. 风电场的分类

风电场按其所处位置可分为陆地风电场、海上风电场和空中风电场三种类型。其中，陆地风电场和海上风电场发电技术日趋成熟，商业化运营效果显著。

(1) 陆地风电场。陆地风电场一般设在风资源良好的丘陵、山脊或者海边。陆地风电场的发电技术较成熟，也是本书要介绍的重点部分。

(2) 海上风电场。海上风电场位于海洋中。海上的平均风速相对较高，风力发电机组的风能利用率远远高于陆地风电场。因此，海上风电场大多采用兆瓦级风力发电机组，但在海上风电场的安装及维护费用要比陆地风电场高。陆地风电场与海上风电场最根本的区别就是基础结构，我国的海洋风能资源丰富，具有开发利用风电的良好市场条件和巨大资源潜力，其发展速度较为迅速。

（3）空中风电场。大约在4500m以上的高空中存在一种稳定的高速气流，若能用风力发电机组加以利用会获得很高的风功率。高空风力发电机即气囊式发电装置的外观像飞机机翼下的涡轮发动机，发电机的外层是圆筒状的气囊，其中充满了比空气轻很多的氦气，这样它就可以悬浮在空中，因此也被称为气囊式发电机。

气囊式发电机的发电部件和地面风力发电机一样，主要是一个装有数个叶片是涡轮。当高空狂风推着涡轮转动时，就能产生电能。有一根细长的电线与发电机相连，电能顺着电线传输到地面。与固定在地面的风力发电机组相比，这种设计令高空风力发电机能够移动，拽着电线的一头，就像收风筝那样，便可轻松地把发电机拉到地面上。然后放掉气囊中的氦气，把气囊折叠起来，发电机就可以很方便地被运送到其他急需的地方。可见，空中气囊式发电装置具有便捷、稳定、环保等特点。

在空中风电场这一领域仍面临着很多的障碍和挑战，对于空中风电场的技术研发还是处于初级阶段，有待深入探索。

1.2 风电场运行与维护的主要内容

风电场运行主要包括两个部分：一是风电场电气系统的运行及风力发电机组的运行和场区内升压变电站及相关输变电设施的运行；二是对风电场运行的管理，包括风电场安全运行保障制度的建立、对风电场电力系统运行的常规检测、风电场异常运行和事故的处理。

风电场的维护主要是对风力发电机组和场区内输变电设备的维护。维护形式包括常规巡检和故障处理、常规维护检修及非常规维护检修等。风电场的常规维护包括日常维护和定期维护两种。

风电场的日常维护是指风电场运行人员每日进行的电气设备的检查、调整、注油、清理及临时发生故障的检查、分析和处理。在日常运行维护检修的工作中，维护人员应根据风电场运行维护规程的有关要求并结合风电场运行的实际状况，有针对性地进行巡检工作。为便于工作和管理，应把日常巡检工作内容、巡检标准等项目制成表格，工作内容叙述简单明了、目的明确，以便于指导维护人员的现场巡视工作。通过巡检工作力争及时发现故障隐患，防患于未然，有效地提高设备运行的可靠性。

风电场的定期维护是风电场电气设备安全可靠运行的关键，是风电场达到或提高发电量、实现预期经济效益的重要保证。风电场应坚持“预防为主，计划检修”的维护原则，根据电气设备定期例行维护内容并结合设备运行的实际情况，制定出切实可行的定期维护计划，并严格按照计划工作。做到定期维护、检修到位，使设备处于正常的运行状态。

1.2.1 风力发电机组运行与维护

风力发电机组的运行过程就是把风能转换为电能的过程。风以一定的速度和攻角作用在桨叶上，使桨叶产生旋转力矩而转动，并通过传动装置带动发电机旋转发电，进而将风能转变成为电能，将风力发电机组发出的电能送入电网，即实现了风力发电机组的并网运行。

机组维护检修工作一般包括日常维护检修、定期维护检修和临时维护检修三种形式。

1. 日常维护检修

风力发电机组的日常维护检修工作主要包括正常运行巡查时对机组进行巡视、检查、清理、调整、注油及临时故障的排除等。

（1）通过风力发电机组监控计算机实时监视并分析风力发电机组各项参数的变化情况，发现异常应通过计算机对该机组进行连续监视，并根据变化情况作出必要处理，并在运行日志上写明原因，进行故障记录与统计。

（2）对风力发电机组进行巡回检查，发现缺陷及时处理，并登记在缺陷簿上。

（3）检查风力发电机组在运行中有无异常响声，叶片运行状态，变桨距系统、偏航系统动作是否正常，电缆有无绞缠情况。

（4）检查风力发电机组各执行机构的液压系统是否渗油、漏油，齿轮箱润滑油、冷却油是否渗漏，并及时补充；检查液压站的压力表显示是否正常。

（5）检查各紧固部件是否松动以及各转动部件、轴承的润滑状况，查看其有无磨损。

（6）对有刷励磁交流发电机的集电环和电刷进行清洗或更换电刷。

（7）检查记录水冷系统运行时的温度范围、发电机及变频器的最高进水温度和最高压力。

当气候异常、机组非正常运行或新设备投入运行时，需要增加巡回检查的内容及次数。

2. 定期维护检修

风力发电机组的定期维护检修是指在确定的时间内，对机组易磨、易损零件的小修和维护，一般分一个月、半年、一年不等，主要根据维护项目而定。

风力发电机组的定期维护内容应按照厂家的要求对维护项目进行全面检查维护，包括更换需定期更换的部件。定期维护检修应严格遵守维护检修计划，不得擅自更改维护周期和内容。

3. 临时维护检修

风力发电机组的临时维护检修是指在突发的故障或灾害损害后，对机组进行的维护检修活动。

风力发电机组的运行环境要求重视临时维护工作。如极端的低温会造成风力发电机组轴承润滑脂凝固；长时间的大风恶劣气候可能会动摇塔架，导致地基受损及相关附件松动；恶劣气候还可能造成传输电缆、充电控制器以及相关熔断器和开关的损坏等，如果发现设备出现以上故障，则应及时维修并做全面保养。

风力发电机组的临时维护除了机组突发故障及恶劣天气对机组的损害之外，也包括机组部件的某些功能试验，如超速试验、叶片顺桨、正常停机、安全停机和紧急停机等对机组的损害。

1.2.2 变电站电气设备运行与维护

变电站电气设备的运行与维护主要包括变压器、开关设备、电抗器和电容器、互感器和绝缘油的运行与维护。

1.2.2.1 变压器运行与维护

变压器是利用电磁感应现象实现一个电压等级的交流电能转换到另一个电压等级的交流电能，是改变交流电压的装置。变压器的核心构件是铁芯和绕组，其中铁芯用于提供磁路，缠绕于铁芯上的绕组构成电路。此外还有调压装置即分接开关、油箱及冷却装置、保护装置，包括储油柜、安全气道、吸湿器、气体继电器、净油器和测温装置及绝缘套筒等。

变压器投运时，全电压冲击合闸，有高压侧投入，且中性点直接接地。变压器应进行5次空载全电压冲击合闸，均无异常的情况下方可投运。变压器第一次受电后持续时间不应少于10min，励磁电流不应引起保护装置的误动。变压器的投运和停运应使用断路器进行控制，严禁使用隔离开关拉合变压器。

1.2.2.2 开关设备运行与维护

开关设备主要用于风电场电力系统的控制和保护，既可以根据电网运行需要将一部分电力设备或线路投入或退出运行，也可以在电力设备或线路发生故障时将故障部分从电网快速切除，从而保证电网中无故障部分的正常运行及设备、运行维修人员的安全。因此，开关设备是非常重要的输配电设备，其安全、可靠运行对电力系统的安全、有效运行具有十分重要的意义。

1. 断路器的维护检修

(1) 每1～2年检查维护一次的项目。

1) 外观检查。检查并清扫瓷管套、外壳和接线端子，紧固松动螺栓；检查SF_6气体的压力。

2) 液压机构检查维护项目。

a. 检查液压机构模块对接处有无渗漏油、元器件有无损坏，根据不同情况分别进行擦拭、拧紧、更换密封圈或修理。

b. 检查并紧固压力表及各密封部位。

c. 检查操动机构，在传动及摩擦部位加润滑油，紧固螺栓。

d. 油箱油位应符合规定，如果油量低于运行时的最低油位，应补充液压油。

e. 检查储压器预压力。

f. 检查清理辅助开关触点。

g. 检查紧固电气控制电路的端子。

h. 检查油泵启动、停止油压值，分闸、合闸闭锁油压值，安全阀开启、关闭油压值。

3) 电气试验。检查电气控制部分动作是否正常；检查分闸、合闸操作油压降；测量主电路电阻。电气试验项目和标准按相关内容执行。

(2) 每5年检查维护一次的项目。

1) 电气试验参照 (1) 中项目，并按相关要求进行。

2）检查指针式密度控制器的动作值，取下指针式密度控制器罩，把密度控制器从多通体上取下（多通体上带自封接头），进行充气、放气来检查其第一报警值及第二报警值。如指针式密度控制器有问题，应更换新品。

3）将液压油全部放出，拆下油箱进行清理。液压系统处于零表压时，历时24h应无渗漏现象；油压为26MPa时，液压系统分别处于分闸和合闸位置12h，压力下降不应大于1.0MPa。测此压力降时应考虑温度的影响。由于存在温度变化、渗漏和安全阀泄压的可能，系统工作时每天补压3～5次是正常的。

4）在额定SF_6气体压力、额定油压、额定操作电压下进行20次单分、单合操作和2次0.3s合、分操作，每次操作之间要有1～1.5min的时间间隔。

5）测量断路器动作时间，同期性及分闸、合闸速度，结果应符合技术参数的要求。

6）对弧触头的烧损程度进行测量：用300mm长的钢板尺在机构内连接座中断路器的分闸位置上的一个测量基准点，使断路器慢合至刚合点（利用万用表的欧姆挡接至灭弧室进出线端，刚合时，万用表的表针动作），量出基准点与刚合点位置处测量点之间的距离，计算出超程，判断弧触头的烧损程度。弧触头允许烧去10mm，即超程不小于30mm。如果弧触头烧损严重，应对灭弧室进行大修。

2. 隔离开关的维护与检修

（1）隔离开关验收及投运前的检查项目。

1）操动机构、辅助触点及闭锁装置安装牢固，动作灵活可靠。

2）相间距离及分闸时触头分开角度或距离符合规定。

3）触头应接触紧密良好。

4）瓷绝缘子清洁，完好无裂纹。

5）电动操作动作正常。

（2）隔离开关的巡视检查项目。

1）瓷绝缘子是否清洁。

2）隔离开关接触良好，动触头应完全进入静触头，并接触紧密，触头无发热现象。

3）引线无松动或摆动，无断股或烧股现象。

4）辅助触点接触良好，连动机构完好，外罩密封性好。

5）操动机构连杆及其他机构各部分无变形、锈蚀。

6）处于断开位置的隔离开关、触头分开角度符合厂家规定，防误闭锁机构良好。

1.2.2.3　电抗器和电容器运行与维护

1. 电抗器

电抗器在电路中具有限流、稳流、无功补偿及移相等功能。电力网中所采用的电抗器实际上是一个无导磁材料的空心线圈，它可以根据需要布置为垂直、水平和品字形三种装配形式。

（1）干式电抗器的正常巡视检查项目。

1）电抗器接头良好，无松动、发热现象。

2）绝缘子清洁、完整，无裂纹及放电现象。

3）线圈绝缘无损坏、流胶。

4）接地良好、无松动。

5）对于故障电抗器，在切断故障后，应检查电抗器接头有无发热及损坏，外壳有无变形及其他异常情况。

（2）电抗器的常见故障及判断。在通常情况下，电抗器除了与变压器具有相同的绝缘问题外，还存在振动和局部过热的问题。电抗器事故及故障情况基本上可以分为以下几类：

1）油色谱分析异常。通过对电抗器进行油色谱分析，可以发现许多早期故障及事故隐患，对预防电抗器事故起重要作用。

2）振动噪声异常。引起振动的主要原因是磁回路有故障、制造时铁芯未压紧或夹件松动。此外，器件固定不好、安装质量不高等均可造成振动和噪声异常。

3）电抗器烧坏。电抗器匝间短路，导致电抗器烧毁。

4）过热性故障。电抗器绝缘层材质老化；内部导线电流密度超标。

5）磁回路故障引起内部放电。磁回路出现故障的原因是多方面的，如漏磁通过于集中引起局部过热；铁芯接地引起环流及铁芯与夹件之间的绝缘破坏；接地片松动与熔断导致悬浮放电及地脚绝缘故障等。

2. 电容器

电容器是储存电能的装置，是电子、电气领域中不可缺少的电子元件，主要用于电源滤波、信号滤波、信号耦合、谐振、隔直流等电路中。电容器具有充电快、容量大等优点。

电力电容器的维护项目如下：

（1）外观检查。电容器套筒表面、外壳、铁架子要保持清洁，如发现箱壳膨胀应停止使用，以免故障发生。

（2）负荷检查。用无功电能表检查电容器组每相的负荷。

（3）温度检查。电容器投入时本身温度不得低于－40℃，运行时环境上限温度（A类40℃，B类45℃），24h平均温度不得超过规定值（A类30℃，B类35℃），一年平均温度不得超过规定值（A类20℃，B类25℃），如超过时，应采用人工冷却或将电容器与网络断开。安装地点和电容器外壳上最热点的温度检查可以通过水银温度计等进行，需做好温度记录（特别是在夏季）。

（4）电压检查。电容器允许在不超过1.1倍额定电压下运行，在1.15倍额定电压下每昼夜运行不超过30min，电容器允许在由于电压升高而引起的不超过1.3倍额定电流下长期运行。接上电容器后将引起网络电压的升高，当电容器端子间电压超过1.1倍额定电压时，应将部分电容器或全部电容器从网络断开。

（5）电气连接检查。检查接有电容器组的电气线路上所有接触处的接触可靠性；检查连接螺母的紧固度。

（6）电容和熔断器的检查。对电容器电容和熔断器的检查，每个月1次，在一年内要测3次电容器的损耗角正切值，目的是检查电容器的可靠情况，这些测量都在额定值下或近似额定值的条件下进行。

（7）耐压试验。电容器在运行一段时间后，需要进行耐压试验。

1.2.2.4 互感器运行与维护

互感器是按比例变换电压或电流的设备，其作用就是将交流电压和大电流按比例降到可以用仪表直接测量的数值，便于仪表直接测量，同时为继电保护和自动装置提供电源。

1. 互感器运行注意事项

(1) 运行中的电压互感器二次侧不得短路，电流互感器二次侧不得开路。

(2) 电压互感器允许高于1.1倍额定电压连续运行，电流互感器允许高于1.1倍额定电流连续运行。

2. 电压互感器投入前及运行中的检查项目

(1) 油浸式电压互感器套管瓷绝缘子整洁无破裂，无放电痕迹。

(2) 油位计的油位在标志线内，油色透明，无渗油、漏油现象。

(3) 一次接线完整，外壳接地良好，无异常响声，引线接头紧固无过热现象。

(4) 一次、二次熔断器（快速开关）完好，击穿熔断器无损坏。

(5) 电容式互感器电容及下部的电磁装置无放电现象。

3. 电流互感器投运前及运行中的检查项目

(1) 外壳清洁，套管无裂纹、放电痕迹，油位正常，无渗油、漏油现象。

(2) 一次引线接触良好，无过热现象，二次接线不开路。

(3) 外壳接地良好，内部无异常声响。

1.2.2.5 绝缘油维护与处理

绝缘油通常由深度精制的润滑油基础油加入抗氧化剂调制而成。它主要用作变压器、油开关、电容器、互感器和电缆设备的电介质。

1. 绝缘油的检修维护

运行设备中的绝缘油，每隔6个月应化验一次。当绝缘油化验不合格时，应将设备立即退出运行，同时根据化验结果决定是否对绝缘油进行更换处理。

2. 绝缘油的更换及处理

准备一个干净的空油罐、真空滤油机及相关管路，按要求连接；启动滤油机，打开设备排油阀，将设备中的绝缘油抽到空油罐中；待油全部抽完后，关闭排油阀；等待30min后打开排油阀，排尽设备中的残油，再次关闭排油阀；将滤油机进油管与油罐连接，出油管连接设备，使绝缘油从油罐注入设备。如此循环，直到油质合格。

1.2.3 继电保护系统运行与维护

1. 保护装置投运前的检查项目

(1) 投入直流电源，检查电源指示灯、信号指示灯指示是否正常。

(2) 新投运或运行中的微机保护装置直流电源恢复后，应校对时钟。

(3) 将打印机与保护装置连接好，合上打印机电源，检查打印机的电源开关是否投至“ON”位置。

(4) 各保护压板应投入。

(5) 检查装置电源、电压、控制断路器是否在合好位置。

2. 运行中的继电保护和自动装置的巡视检查项目

(1) 继电保护及自动装置各继电器外壳是否清洁完整，继电器铅封是否完好。

(2) 各保护装置运行是否正常，有无破损、异常噪声、冒烟、脱轴及振动现象，各端子有无过热、变色现象。

(3) 继电保护或自动装置压板及转换开关位置与运行要求是否一致，是否在应投位置。

(4) 各类运行监视灯、液晶显示内容是否正常，有无告警灯亮，有无告警信息发生。

(5) 各保护装置电源是否工作正常；直流系统双电源供电是否正常，蓄电池是否处于浮充状态。

(6) 控制、信号、电源断路器位置是否符合运行要求。

(7) 检查保护装置、故障录波器显示时间是否与GPS时间一致。

(8) 电压切换灯与实际隔离开关位置是否相符。

(9) 打印机工作是否正常，打印纸是否足够，打印机的打印色带应及时更换。

3. 事故情况下的检查项目

(1) 检查负荷分配情况，是否过负荷。

(2) 检查电流、电压情况。

(3) 检查光字牌、信号灯、保护装置动作情况。

(4) 检查信号动作和开关跳闸情况。

(5) 检查继电器、保护装置有无异常情况。

1.2.4　无功补偿的运行与维护

一般来说，风电场的无功功率需求来自于风力发电机组与变压器。单是风力异步发电机，其在运行时需要吸收的无功功率就为额定功率的20%～30%。根据感性电机的基础知识，当风速较小时，电机的转差率会增大，模拟负载的阻值就会减小，定子绕组的电流也会增加，功率因数也会相应减小。大型的风电场一般都是有几十台这样的发电机存在，当所有发电机全部均处于并网状态时，该风电场从电网吸收的无功功率需要几兆乏，如此大的无功吸取，如不进行无功功率补偿，势必造成电网电压的大幅度下降。变压器的无功损耗又分为正常运行时的绕组损耗和空载运行时的铁芯损耗。无论是否运行，只要变压器与主网连接，铁芯的励磁无功损耗总是存在。因此，必须加入无功补偿装置，以维持系统接入点的电压水平，提高风电场的稳定性。

根据风力发电系统的特点，风电场一般需要加装无功补偿装置。根据风电场的特点及《国家电网公司风电场接入电网技术规定》，风电场对其无功补偿装置的具体需求如下：

(1) 补偿风电系统无功功率，高压侧功率因数能够达到0.95左右。

(2) 补偿装置的无功输出具有动态平滑调节能力，调节速度快，满足风电系统启动、停机、风速变化时的动态无功补偿能力。

(3) 补偿装置具有电能质量的调节能力，能够抑制电压波动和闪变。

(4) 补偿装置具有风电场电压的稳态调节支撑能力，能够保证风电场在额定电压偏差下的正常运行。

(5) 补偿装置具有风电场电压的暂态调节支撑能力，能够满足风电场的低压维持能力。

风电场的无功损耗应计算箱式变压器、集电线路和升压站升压变压器的损耗，风电场升压站无功补偿容量应为箱式变压器、集电线路和升压站升压变压器的无功损耗减去风力发电机组本身可发的无功容量。风电送出线路的无功损耗是否需要补偿应具体情况具体分析，需要根据计算得出。

1.3　风电场运行与维护现状

我国近年来风电建设快速发展，已经成为世界第一大风电大国。早在 20 世纪末 21 世纪初，在我国风电起步阶段，国家经济贸易委员会为了对风电场安全生产、运行维护及检修进行规范，在吸收国外风力发电安全运行及维修经验的基础上，制定发布了风电场安全、运行及检修规程，这就是被称为风电场三大规程的 DL/T 796—2012《风力发电厂安全规程》、DL/T 666—2012《风力发电厂运行规程》、DL/T 797—2012《风力发电厂检修规程》。这三大规程颁布后，对我国各地风电场的安全运行、生产和检修工作的规范化有很大的促进作用，使风电场安全、运行、检修有标准可依。全国各地风电场均以这三大规程为纲，制定各自风电场具体的规程，从而我国风电场的安全、运行和检修走上了规范、稳定及快速发展的道路。

1.3.1　风电场安全规程

1.3.1.1　范围

DL/T 796—2012 规定了风力发电人员、环境、安全作业的基本要求，风力发电机组安装、调试、检修和维护的安全要求，以及风力发电机组应急处理的相关安全要求。

DL/T 796—2012 适用于陆上并网型风电场。

1.3.1.2　术语和定义

(1) 风电场输变电设备：风电场升压站电气设备、集电线路、风力发电机组升压变等。

(2) 坠落悬挂安全带：高处作业或登高人员发生坠落时，将坠落人员安全悬挂的安全带。

(3) 飞车：风力发电机组制动系统失效，风轮转速超过允许或额定转速，且机组处于失控状态。

(4) 安全链：由风力发电机组重要保护元件串联形成，并独立于机组逻辑控制的硬件保护回路。

1.3.1.3　总则

(1) 风电场安全工作必须坚持“安全第一、预防为主、综合治理”的方针，加强人员安全培训，完善安全生产条件，严格执行安全技术要求，确保人身和设备安全。

(2) 风电场应根据现场实际情况编制自然灾害类、事故灾难类、公共卫生事件类和社会安全事件类等各类突发事件应急预案，并定期进行演练。

1.3.1.4 基本要求

1. 人员基本要求

(1) 风电场工作人员应没有妨碍工作的病症，患有高血压、恐高症、癫痫、晕厥、心脏病、梅尼埃病、四肢骨关节及运动功能障碍等病症的人员，不应从事风电场的高处作业。

(2) 风电场工作人员应具备必要的机械、电气、安装知识，熟悉风电场输变电设备、风力发电机组的工作原理和基本结构，掌握判断一般故障的产生原因及处理方法，掌握监控系统的使用方法。

(3) 风电场工作人员应掌握坠落悬挂安全带（以下简称“安全带”）防坠器、安全帽、防护服和工作鞋等个人防护设备的正确使用方法，具备高处作业、高空逃生及高空救援相关知识和技能，特殊作业应取得相应特殊作业操作证。

(4) 风电场工作人员应熟练掌握触点、窒息急救法，熟悉有关烧伤、烫伤、外伤、气体中毒等急救常识，学会正确使用消防器材、安全工器具和检修工器具。

(5) 外单位工作人员应持有相应的职业资格证书，了解和掌握工作范围内的危险因素和防范措施，并经过考试合格方可开展工作。

(6) 临时用工人员应进行现场安全教育和培训，应被告知其作业现场和工作岗位存在的危险因素、防范措施及事故紧急处理后，方可参加指定工作。

2. 作业现场基本要求

(1) 风电场配置的安全设施、安全工器具和检修工器具等应检验合格且符合国家或行业标准的规定；风电场安全标志标识应符合 GB 2894—2008《安全标志及其使用导则》的规定。

(2) 风力发电机组底部应设置“未经允许、禁止靠近”标示牌；基础附近应增设“请勿靠近，当心落物”“雷雨天气，禁止靠近”警示牌；塔架爬梯旁应设置“必须系安全带”“必须戴安全帽”“必须穿防护鞋”指令标识；36V 及以上带电设备应在醒目位置设置“当心触电”标识。

(3) 风力发电机组内无防护罩的旋转部件应粘贴“禁止踩踏”标识；机组内易发生机械卷入、轧压、碾压、剪切等机械伤害的作业地点应设置“当心机械伤人”标识；机组内安全绳固定点、高空应急逃生定位点、机舱和部件起吊点应清晰标明，塔架平台、机舱的顶部和机舱的底部壳体、导流罩等作业人员工作时站立的承台等应标明最大承受重量。

(4) 风电场场区各主要路口及危险路段内应设立相应的交通安全标志和防护设施。

(5) 塔架内照明设施应满足现场工作需要，照明灯具选用应符合 GB 7000.1—2007《灯具　第1部分：一般要求与试验》的规定，灯具的安装应符合 GB 50016—2014《建筑设计防火规范（附条文说明）》的要求。

(6) 机舱和塔架底部平台应配置灭火器，灭火器配置应符合 GB 50140—2005《建筑灭火器配置设计规范（附条文说明）》的规定。

(7) 风电场现场作业使用交通运输工具上应配备急救箱、应急灯、缓降器等应急用品，并定期检查、补充或更换。

(8) 机组内所有可能被触碰的 220V 及以上低压配电回路电源，应装设满足要求的剩余电流动作保护器。

3. 安全作业基本要求

(1) 风电场作业应进行安全风险分析，对雷电、冰冻、大风、气温、龙卷风、台风、流沙、雪崩、泥石流、野生动物、昆虫等可能造成的危险进行识别，做好防范措施。作业时，应遵守设备相关安全警示或提示。

(2) 风电场升压站和风力发电机组升压变安全工作应遵循 GB 26860—2011《电力安全工作规程　发电厂和变电站电气部分》的规定。风电场集电线路安全工作应遵循 GB 26859—2011《电力安全工作规程　电力线路部分》的规定。

(3) 进入工作现场必须戴安全帽，登塔作业必须系安全带、穿防护鞋、戴防滑手套、使用防坠落保护装置，登塔人员体重及负重之和不宜超过 100kg。身体不适、情绪不稳定时，不应登塔作业。

(4) 安全工器具和个人安全防护装置应按照 GB 26859—2011 规定的周期进行检查和测试；坠落悬挂安全带测试应按照 GB/T 6096—2009《安全带测试方法》的规定执行；禁止使用破损及未经检验合格的安全工器具和个人防护用品。

(5) 风速超过 25m/s 及以上时，禁止人员户外作业；攀爬风力发电机组时，风速不应高于该机型允许登塔风速；风速超过 18m/s 时，禁止任何人员攀爬机组。

(6) 雷雨天气不应安装、检修、维护和巡检机组，发生雷雨天气后 1h 内禁止靠近风力发电机组；叶片有结冰现象且有掉落危险时，禁止人员靠近，并应在风电场各入口处设置安全警示牌；塔架爬梯有冰雪覆盖时，应确定无高处落物风险并将覆盖的冰雪清除后方可攀爬。

(7) 攀爬机组前，应将机组置于停机状态，禁止两人在同一段塔架内同时攀爬；上下攀爬机组时，通过塔架平台盖板后，应立即随手关闭；随身携带工具的人员应后上塔、先下塔；到达顶架顶部平台或工作位置后，应先挂好安全绳，后解防坠器；在塔架爬梯上作业时，应系好安全绳和定位绳，安全绳严禁低挂高用。

(8) 出舱工作必须使用安全带，系两根安全绳；在机舱顶部作业时，应站在防滑表面；安全绳应挂在安全绳定位点或牢固构件上，使用机舱顶部栏杆作为安全绳挂钩定位点时，每个栏杆最多悬挂两个。

(9) 高处作业时，使用的工器具和其他物品应放入专用工具袋中，不应随手携带；工作中所需零部件、工器具必须手手传递，不能空中抛接；工器具使用完后应及时放回工具袋或箱中，工作结束后应清点。

(10) 现场作业时，必须保持可靠通信，随时保持各作业点、监控中心之间的联络，禁止人员在机组内单独作业；车辆应停泊在机组上风向并与塔架保持 20m 及以上的安全距离；作业前应切断机组的远程控制或切换到就地控制；有人员在机舱内、塔架平台或塔架爬梯上时，禁止将机组启动并网运行。

(11) 机组内作业需接引工作电源时，应装设满足要求的剩余电流动作保护器，工作前应检查电缆绝缘良好，剩余电流动作保护器动作可靠。

(12) 使用机组升降机从塔底运送物件到机舱时，应使吊链和起吊物件与周围带电设备保持足够的安全距离，应将机舱偏航至与带电设备最大安全距离后方可起吊作业；物品

起吊后，禁止人员在起吊物品下方逗留。

(13) 严禁在机组内吸烟和燃烧废弃物品，工作中产生的废弃物品应统一收集和处理。

1.3.1.5 调试、检修和维护

1. 一般规定

(1) 风力发电机组调试、检修和维护工作均应参照 GB 26860—2011 的规定执行工作票制度、工作监护制度和工作许可制度、工作间断转移和终结制度，动火作业必须开动火工作票。

(2) 风速超过 12m/s 时，不应打开机舱盖（含天窗）；风速超过 14m/s 时，应关闭机舱盖；风速超过 12m/s 时，不应在机舱外和轮毂内工作；风速超过 18m/s 时，不应在机舱内工作。

(3) 测量机组网侧电压和相序时必须佩戴绝缘手套，并站在干燥的绝缘台或绝缘垫上；启动并网前，应确保电气柜柜门关闭，外壳可靠接地；检查和更换电容器前，应将电容器充分放电。

(4) 检修液压系统时，应先将液压系统泄压；拆卸液压站部件时，应戴防护手套和护目眼镜；拆除制动装置时，应先切断液压、机械与电气的连接；安装制动装置时，应最后连接液压、机械与电气装置。

(5) 机组测试工作结束后，应核对机组各项保护参数，恢复正常设置；超速试验时，试验人员应在塔架底部控制柜进行操作，人员不应滞留在机舱塔架爬梯上，并应设专人监护。

(6) 机组高速轴和刹车系统防护罩未就位时，禁止启动机组。

(7) 进入轮毂或在叶轮上工作，首先必须将叶轮可靠锁定，锁定叶轮时，风速不应高于机组规定的最高允许风速；进入变桨机组轮毂内工作，必须将变桨机构可靠锁定。

(8) 严禁在叶轮转动的情况下插入锁定销，禁止锁定销未完全退出插孔前松开制动器。

(9) 检修和维护时使用的吊篮应符合 GB 19155—2003《高处作业吊篮》的技术要求。工作温度低于－20℃时禁止使用吊篮，当工作处阵风风速大于 8.3m/s 时，不应在吊篮上工作。

(10) 需要停电的工作，在一经合闸即送电到作业点的开关操作把手上应挂“禁止合闸，有人工作”警示牌。

2. 调试安全

(1) 机组调试期间，应在控制盘、远程控制系统处挂“禁止操作”标示牌。

(2) 独立变桨的机组调试变桨系统时，严禁同时调试多支叶片。

(3) 机组其他测试项目未完成前，禁止进行超速试验。

(4) 新安装机组在启动前应具备以下条件：

1) 各电缆连接正确，接触良好。

2) 设备绝缘良好。

3) 校核相序正确，电压值和电压平衡性符合要求。

4) 检测所有螺栓力矩达到标准力矩值。

5）正常停机试验及安全停机、事故停机试验无异常。

6）完成安全链回路所有元件检测和试验，并正确动作。

7）完成液压系统、变桨系统、变频系统、偏航系统、刹车系统、测风装置性能测试，达到启动要求。

8）核对保护定值设置无误。

9）填写调试报告。

3. 检修和维护安全

（1）每半年至少对机组的变桨系统、液压系统、刹车机构、安全链等重要安全保护装置进行检测试验一次。

（2）机组添加油品时必须与原油品型号相一致。更换替代油品时应通过试验，满足技术要求。

（3）维护和检修发电机前必须停电并验明三相确无电压。

（4）拆除能够造成叶轮失去制动的部件前，应首先锁定叶轮。

（5）禁止使用车辆作为缆绳支点和起吊动力器械；严禁用铲车、装载机等作为高处作业的攀爬设施。

（6）每半年对塔架内安全钢丝绳、爬梯、工作平台、门防风挂钩检查一次；每年对机组加热装置、冷却装置检测一次；每年在雷雨季节前对避雷系统检测一次，至少每3个月对变桨系统的后备电源、充电电池组进行充放电试验一次。

（7）清理润滑油脂必须戴防护手套，避免接触到皮肤或者衣服；打开齿轮箱盖及液压站油箱时，应防止吸入热蒸气，进行清理滑环、更换炭刷、维修打磨叶片等粉尘环境的作业时，应佩戴防毒防尘面具。

（8）使用弹簧阻尼偏航系统卡钳固定螺栓扭矩和功率消耗应每半年检查一次。采用滑动轴承的偏航系统固定螺栓力矩值应每半年检查一次。

1.3.2　风电场运行规程

1.3.2.1　范围

DL/T 666—2012 规定了风电场运行的基本技术要求。

DL/T 666—2012 适用于并网型陆上风电场。

1.3.2.2　总则

（1）风电场运行应坚持“安全第一、预防为主、综合治理”的原则，监测设备的运行，及时发现和消除设备缺陷，预防运行过程中不安全现象和设备故障发生，杜绝人身、电网和设备事故。

（2）风电场的运行人员应当经过培训，取得相应的资质，熟悉掌握风电场的设备运行条件及性能参数。

（3）风电场应根据风电场所在地区和风资源变化特点，结合实际设备状况，合理确定风电场的运行方式，调节运行参数，确保风电场安全运行，提高风电场的经济效益。

（4）风电场应制定相应的运行规程，并随设备变更及时修订。

1.3.2.3 对运行人员的基本要求

（1）应经过安全培训并考试合格，熟练掌握触电现场急救及高空救援方法，掌握安全工器具、消防器材的使用方法。

（2）应经过岗前培训、考核合格，且健康状况符合上岗条件，方可正式上岗，新聘员工应经过至少3个月的实习期，实习期内不得独立工作。

（3）掌握风电场数据采集与监控等系统的使用方法。

（4）掌握生产设备的工作原理、基本结构和运行操作。

（5）熟练掌握生产设备各种状态信息、故障信号和故障类型，掌握判断一般故障原因和处理的方法。

（6）熟悉操作票、工作票的填写。

（7）能够完成风电场各项运行指标的统计、计算。

（8）熟悉所在风电企业各项规章制度，了解其他有关标准、规程。

1.3.2.4 风电场运行

1. 一般规定

（1）风电场运行工作如下：

1）风电场系统运行状态的监视、调节、巡视检查。

2）风电场生产设备操作、参数调整。

3）风电场生产运行记录。

4）风电场运行数据备份、统计、分析和上报。

5）工作票、操作票、交接班、巡视检查、设备定期试验与轮换制度的执行。

6）风电场内生产设备的原始记录、图纸及资料管理。

7）风电场内房屋建筑、生活辅助设施的检查、维护和管理。

8）开展关于风电场安全运行的事故预想，并制定对策。

（2）应根据风电场安全运行需要，制定风电场各类突发事件的应急预案。

（3）生产设备在运行过程中发生异常或故障时，属于电网调度管辖范围内的设备，运行人员应立即报告电网调度；属于自身调度管辖范围的设备，运行人员根据风电场的规定执行。

2. 系统运行

（1）风电场变电站中属于电网直接调度管辖的设备，运行人员按照调度指令操作；属于电网调度许可范围内的设备，应提前向所属电网调度部门申请，得到同意后进行操作。

（2）通过数据采集与监控系统监视风力发电机组、输电线路、升压变电站设备的各项参数变化情况，并做好相关运行记录。

（3）分析生产设备各项参数变化情况，发现异常后应加强该设备监视，并根据变化情况作出必要处理。

（4）对数据采集与监控系统、风电场功率预测系统的运行状况进行监视，发现异常后作出必要处理。

（5）定期对生产设备进行巡视，发现缺陷及时处理。

（6）进行电压和无功功率的监视、检查和调整，以防风电场母线电压或吸收的电网无功功率超出允许范围。

（7）遇有可能造成风电场停运的灾害性气候现象（如沙尘暴、台风等），应向电网调度及时启用风电场的应急预案。

3. 运行记录

（1）风电场的运行数据包括发电功率、风速、有功电量、无功电量、场用电量及设备的运行状态等。

（2）运行记录包括运行日志、运行日月年报表、气象记录（风向、风速、气温、气压等）、缺陷记录、故障记录、设备定期试验记录等。

（3）其他记录还包括交接班记录、设备检修记录、巡视及特巡记录、工作票及操作票记录、培训工作记录、安全活动记录、反事故演习记录、事故预想记录、安全工器具台账及试验记录等。

1.3.3　风电场检修规程

1.3.3.1　范围

DL/T 797—2012 规定了风电场检修的技术要求。

DL/T 797—2012 适用于并网运行的陆上风电场。

1.3.3.2　术语和定义

（1）故障检修。指设备在发生故障或其他失效时进行的检查、隔离和修理等的非计划检修方式。

（2）大型部件检修。指风力发电机组叶片、主轴、齿轮箱、发电机、风力发电机组升压变压器等的修理或更换。

（3）定期维护。指根据设备磨损或老化的统计规律，事先确定检修等级、检修间隔、检修项目、需用备件及材料等的计划检修方式。

（4）状态检修。指根据状态监测和故障诊断技术提供的设备状态信息，评估设备的状态，在故障发生前选择合适的时间进行检修的预知检修方式。

（5）状态监测。指通过对运行中的设备整体或其零部件的技术状态进行检测，判断其运转是否正常，有无异常与劣化的征兆，或对异常情况进行跟踪，预测其劣化的趋势，确定其劣化及磨损程度等行为。

1.3.3.3　总则

（1）风电场检修应遵循“预防为主，定期维护和状态检修相结合”的原则。

（2）风电场检修安全应符合 DL/T 796—2012 的要求。

（3）风电场检修应在定期维护的基础上，逐步扩大状态检修的比例，最终形成一套定期维护、状态检修、故障检修为一体的优化检修模式。

（4）风电场应按照有关技术法规、设备的技术文件、同类型机组的检修经验以及设备状态评估结果等，合理安排设备检修。

（5）风电场应在规定的期限内，完成既定的全部检修作业，达到质量目标，保证机组安全、稳定、经济运行。

（6）风电场应制定检修计划和具体实施细则，开展设备检修、验收、管理和修后评估

工作。

(7) 风电场检修人员应熟悉系统和设备的构造、性能和原理，熟悉设备的检修工艺、工序、调试方法和质量标准，熟悉安全工作规程，掌握相关的专业技能。

(8) 风电场应加强对检修工器具的管理，正确使用相关的工器具；需要定期检验的工器具应根据使用说明书及相关标准进行定期检验与校准。

(9) 风电场应制定检修过程中的环境保护和劳动保护措施，改善作业环境和劳动条件，合理处置各类废弃物，文明施工，清洁生产。

(10) 风电场应结合现场具体情况，制定适合相应的设备检修规程，指导现场检修作业。

(11) 检修施工宜采用先进工艺和新技术、新方法，推广应用新材料、新工具，提高工作效率，缩短检修工期。

(12) 输变电设备的检修应按照 DL/T 355—2010《滤波器及并联电容器装置检修导则》、DL/T 573—2010《电力变压器检修导则》、DL/T 574—2010《电力变压器分接开关运行维修导则》、DL/T 724—2000《电力系统用蓄电池直流电源装置运行与维护技术规程》、DL/T 727—2013《互感器运行检修导则》、DL/T 741—2010《架空送电线路运行规程》的有关规定执行。

1.3.3.4 检修项目和周期

1. 故障检修

(1) 日常检修。临时故障的排除，包括过程中的检查、清理、调整、注油及配件更换等，没有固定的时间周期。

(2) 大型部件检修。应根据设备的具体情况及时检修。

2. 定期维护

(1) 风电场应制定定期维护项目并逐步完善。定期维护项目应逐项进行，对所完成的维护检修项目应记入维护记录中，并管理存档。定期维护必须进行较全面的检查、清扫、试验、测量、检验、注油润滑、修理和易耗品更换，消除设备和系统的缺陷。

(2) 定期维护周期可为半年、一年，特殊项目的维护周期应结合设备技术要求确定。

3. 状态检修

(1) 状态监测。对风力发电机组振动状态、数据采集与监控系统数据等进行检测，分析判定设备运行状态、故障部位、故障类型及严重程度，提出检修决策。风电场应根据自身情况定期出具状态监测报告。

(2) 油品检测。对风力发电机组齿轮箱润滑油、液压系统油等进行油品监测，分析判定设备的润滑状态及磨损状况，预测和诊断设备的运行状况，提出管理措施和检修决策。增速齿轮箱润滑油每年至少出具一次油液检测报告。

1.3.3.5 检修全过程管理

1. 基本要求

(1) 风电场检修应实施全过程管理，使检修计划制定、材料和备品备件采购、技术文件编制、施工、验收以及检修总结等环节处于受控状态，以达到预期的检修效果和质量目标。

（2）风电场应收集和整理检修相关技术资料，建立检修技术资料档案。

（3）风电场应根据检修计划，落实材料和工器具的采购、验收及保管工作。

（4）施工机具、安全用具、测试仪器仪表应检验合格。

（5）开工前，检修工作负责人应组织检查各项工作的准备情况。

（6）检修工作应执行工作票制度。

（7）风电场应按照质量验收标准履行规范的验收程序。

（8）检修结束，恢复运行前，检修人员应向运行人员说明设备状况及注意事项，提交设备变更记录。

（9）工作结束后应及时清理工作现场，妥善处理废弃物。

（10）检修后应及时提交检修报告和总结，并存档。

（11）设备检修记录、报告和设备变更等技术文件，应作为技术档案保存。

2. 日常检修全过程管理

（1）风电场应在故障分析的基础上，安排人员和车辆，准备工器具、备品备件等。

（2）检修过程应严格按照工艺要求、质量标准、技术措施进行。

（3）检修完成后，检修人员应整理工器具，归还缺陷部件，提交风力发电机组日常检修单。

（4）风电场应定期统计故障和备件使用情况，进行分析和总结。

3. 大型部件检修的全过程管理

（1）大型部件检修开工前，应做好以下各项准备工作：

1）确定施工和验收负责人。

2）编制检修方案，制定技术措施、组织措施和安全措施。

3）编制项目预算。

4）确定需测绘和校核的专用工具和备品、备件加工图。

5）落实物资准备和大型部件检修施工前的场地布置。

6）确定大型吊车及备品备件的到货、进场等时间安排。

7）准备技术记录表格。

8）组织维护检修人员学习检修方案并进行安全技术交底工作，形成记录并确认无误。

（2）设备的解体、修理和安装工作为现场重点工作，应符合下列要求：

1）检修负责人和相关专业技术人员应在现场。

2）设备检修应严格按技术措施进行作业。

3）设备解体后如发现新的缺陷，应及时补充检修项目，落实检修方法，并修改施工进度表和调配必要的工机具和劳动力等。

4. 定期维护全过程管理

（1）风电场应根据定期维护计划和实施方案安排人员和车辆，准备工器具、备品、备件等。

（2）维护人员应按照维护手册和要求、工期计划、安全措施，全面完成规定维护项目。

（3）定期维护通过验收后，恢复机组运行；风电场应跟踪机组在规定时间内的运行

情况。

（4）维护人员应填写风力发电机组定期维护记录，并整理归档。

（5）定期维护计划完成后应提交风电场定期维护总结报告。

5. 状态检修全过程管理

（1）风电场应根据自身情况选择不同的状态监测方法，并制定检测计划。

（2）状态检测设备应检验合格，专业检测应由具备相应资格的单位和人员完成。

（3）状态检测应采用统一的数据采集、记录、处理、分析规范，使用统一报告模板，确保状态信息的规范、完整和准确。

（4）检测后根据设备的状态信息和评价标准，出具检测报告。

（5）风电场应根据检测报告结合实际情况确定设备检修项目和检修时间，并按期执行；检修完成后，应进行绩效评估，并将检修情况和评估结果反馈给状态检测人员。

（6）状态检测人员应跟踪检修过程和设备运行情况，验证检测的准确性，持续优化检测手段和分析方法。

风电场安全、运行及检修规程为风电场的运行和维护提供了可靠的依据，使得风电场能够安全、稳定地运行。

第2章　风力发电机组的结构

2.1　概　　述

2.1.1　风力发电机组的组成及工作原理

2.1.1.1　组成

1. 风力机

风力机是风力发电机组的重要部件，风以一定的风速和攻角作用在风力机的桨叶上，使风轮受到旋转力矩的作用而旋转，同时将风能转化为机械能来驱动发电机旋转。风力机有定桨距和变桨距之分。风力机的转速很低，一般在十几转每分至几十转每分之间，需要经过传动装置升速后，才能够驱动发电机运行。直驱式低速风力发电机组可以由风力机直接驱动发电机旋转，省去中间的传动机构，显著提高了风电转换效率，同时降低了噪声的维护费用，也提高了风力发电系统运行的可靠性。

2. 传动系统

传动系统是指从主轴到发电机轴之间的主传动链，包括主轴及主轴承、齿轮箱、联轴器等，其功能是将风力机的动力传递给发电机。主轴即风轮的转轴，用于支承风轮，并将风轮产生的扭矩传递给齿轮箱或发电机，将风轮产生的推力传递给机舱底座和塔架。齿轮箱位于风轮和发电机之间，是传动系统的关键部件，风力发电机组通过齿轮箱将风轮的低转速变换成发电机所要求的高转速，同时将风轮产生的扭矩传递给发电机。

3. 发电机

发电机的任务是将风力机轴上输出的机械能转换成电能。发电机的选型与风力机类型以及控制系统直接相关。目前，风力发电机广泛采用感应发电机、双馈（绕线式转子）感应发电机和同步发电机。对于定桨距风力机，系统采用恒频恒速控制时，应选用感应发电机，为提高风电转换效率，感应发电机常采用双速型。对于变桨距风力机，系统采用变速恒频控制时，应选用双馈（绕线式转子）感应发电机或同步发电机。同步发电机中，一般采用永磁同步发电机，为降低控制成本，提高系统的控制性能，也可采用混合励磁（既有电励磁又有永磁）同步发电机。对于直驱式风力发电机组，一般采用低速（多级）永磁同步发电机。

4. 偏航系统

偏航系统主要用于风轮对风，使风轮能够最大限度地将风能转换成轴上的机械能。大中型风力发电机组都需要设置偏航系统。偏航系统设置在机舱底座与塔架之间，由偏航驱动装置为偏航运动提供动力。偏航驱动装置大多采用电动式，也可采用液压式结构。偏航传感器用来采集和记录偏航位置，当偏航角度达到设定值时，控制器将自动启动解缆程

序。解缆操作是偏航系统的另一个功能。风力发电机组的电力电缆和通信电缆需要从机舱通过塔架最终连接到地面的控制柜上，由于偏航系统需要经常进行对风操作，将引起电缆的扭转。当在一个方向上扭缆严重时，机组就需要停机并进行解缆操作。

5. 液压系统

液压系统是通过油压液体实现动力传输和运动控制的机械单元。液压系统具有功率密度大、传动平稳、容易实现无级调速、易于更换元件、过载保护可靠等特点。

6. 控制系统

控制系统由各种传感器、控制器以及各种执行机构等组成。风力发电机组的控制系统一般以PLC为核心，包括硬件系统和软件系统。传感信号表明了风力发电机组目前运行的状态，当与机组的给定状态不相一致时，经过PLC的适当运算和处理后，由控制器发出控制指令，使系统能够在给定的状态下运行，从而完成各种控制功能。主要的控制功能有变桨距控制、失速控制、发电机转矩控制以及偏航控制等。控制的执行机构可以采用电动执行机构，也可能采用液压执行机构。

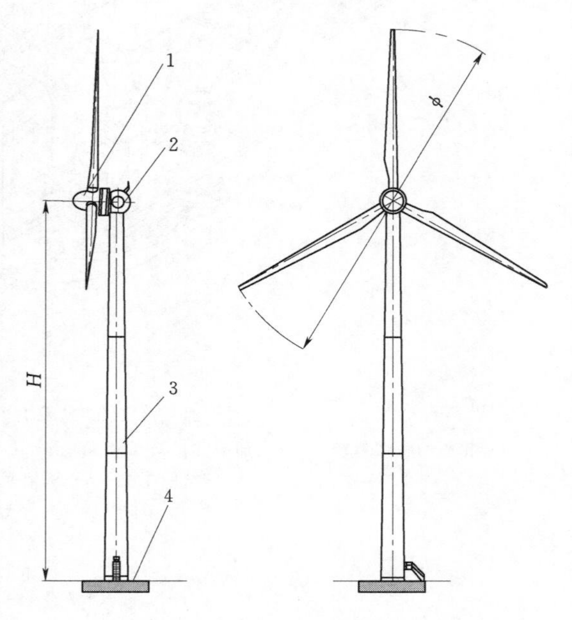

图2-1　风力发电机组整机系统

1—叶轮；2—机舱；3—塔架；4—基础；

ϕ—直径

风力发电机组整机系统如图2-1所示。风力发电机组的样式虽多，但总的来说其原理和结构大同小异。风力发电机组主要由叶轮、机舱、塔架和基础四部分组成，具体包括风力机、变桨距系统、传动系统、制动系统、偏航系统、液压系统、发电系统、控制系统及支撑系统等。

2.1.1.2　工作原理

风力发电机组的工作原理简单地说就是风轮在风力的推动下产生旋转，将风的动能变成风轮旋转的动能，实现风能向机械能的转换；旋转的风轮通过传动系统驱动发电机旋转，将风轮的输出功率传递给发电机，发电机把机械能转换成电能，在控制系统的作用下实现发电机的并网及电能的输出，完成机械能向电能的转换。具体来讲，叶片通过变桨距轴承被安装到轮毂上，共同组成风轮，风轮吸收风的动能并转换成风轮的旋转机械能。对于双馈式的风力发电机组，机械能通过连接在轮毂上的齿轮箱主轴传入齿轮箱。齿轮箱把风轮输入的大转矩、低转速能量通过其内部的齿轮系统转化为小转矩、高转速的形式后，通过联轴器传递给发电机。对于直驱式风力发电机组，发电机轴直接连接在风轮上，风轮旋转将机械能通过主轴直接传递给发电机。发电机将机械能转换成电能，通过电子变流装置输入电网。图2-2所示为双馈式风力发电机组内部结构。图2-3所示为直驱式风力发电机组内部结构。

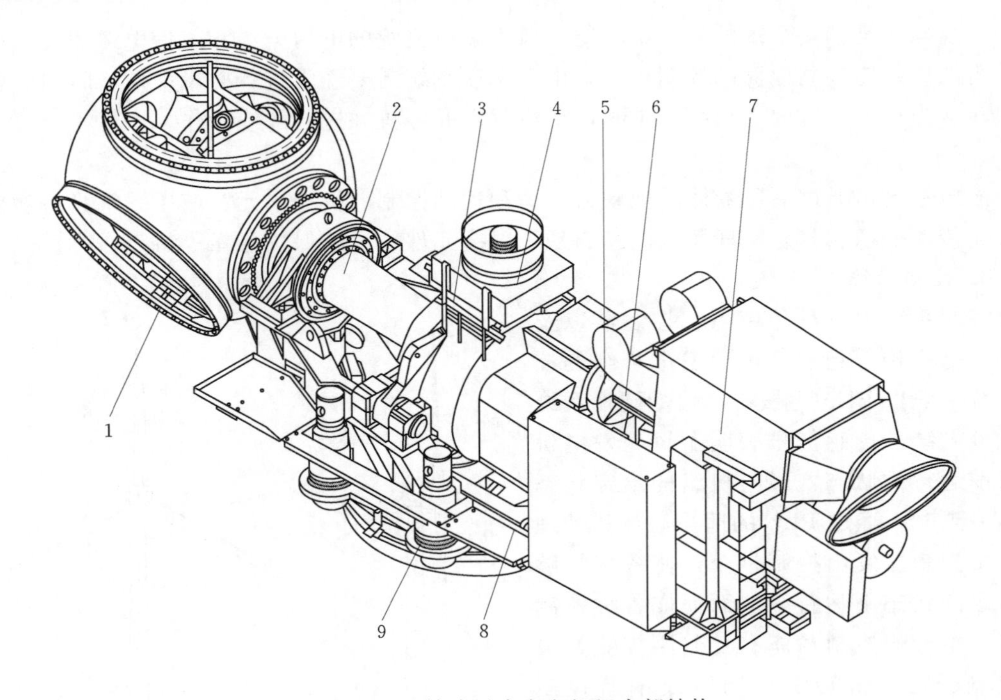

图 2-2　双馈式风力发电机组内部结构

1—轮毂与变桨系统；2—主轴部件；3—齿轮箱；4—齿轮箱冷却与润滑系统；5—刹车系统；6—联轴器；7—发电机；8—机架系统；9—偏航系统

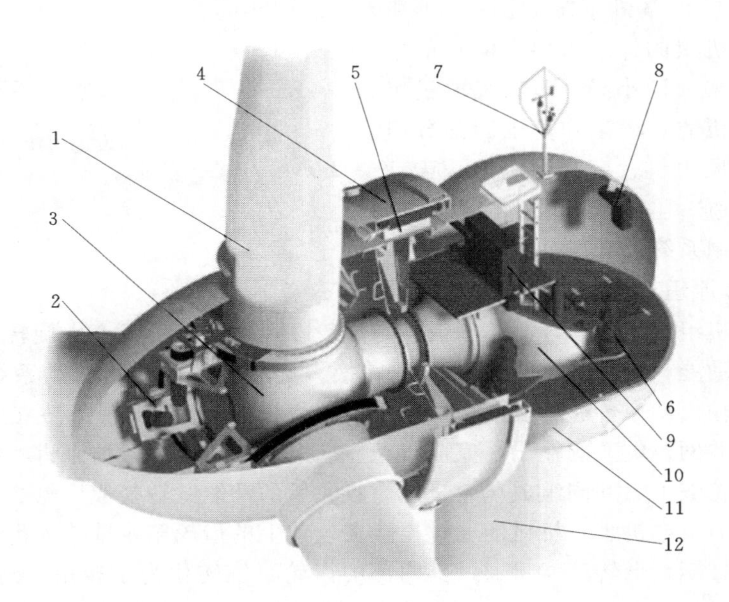

图 2-3　直驱式风力发电机组内部结构

1—叶片；2—变桨系统；3—轮毂；4—发电机转子；5—发电机定子；6—偏航驱动；7—测风系统；8—辅助提升机；9—顶舱控制柜；10—底座；11—机舱罩；12—塔架

2.1.2 风力发电机组的分类

目前，风电场中运行的风力发电机组主要有两种类型，即恒速恒频发电机组和变速恒频发电机组。当风力发电机组与电网并网时，要求风电的频率与电网的频率保持一致，即保持频率恒定。恒速恒频风力发电机组在风力发电的过程中，保持风力机的转速（发电机的转速）不随风速的波动而变化，保持恒定转速运转，从而得到恒定频率的交流电能。在风力发电过程中让风力机的转速随风速的波动而变化，通过使用电力电子设备得到恒定频率交流电能的方法称为变速恒频。

风能的大小与风速的三次方成正比，当风速在一定范围变化时，如果风力机可以做变速运动，则能达到更好地利用风能的目的。风力机将风能转换成机械能的效率可用风能利用系数 C_p 来表示，C_p 在某一确定的风轮叶尖速比 λ（叶尖线速度与轮毂中心处的风速之比）下达到最大值。恒速恒频机组的风轮转速保持不变，而风速又经常在变化，显然 C_p 不可能保持在最佳值。变速恒频机组的特点是风力机和发电机的转速可以在很大范围内变化而不影响输出电能的频率。由于风力机的转速可变，可以通过适当的控制，使风力机的叶尖速比处于或接近最佳值，使风能利用系数 C_p 达到最大值，最大限度地利用风能发电。

为了适应风速变化的要求，在风力发电系统中的恒速恒频发电机组一般采用两台不同容量、不同极数的异步发电机或双速发电机，风速低时用小容量发电机或发电机的低速功能发电，风速高时则用大容量发电机或发电机的高速功能发电，同时通过变桨距系统改变桨叶的桨距角以调整输出功率。但这也只能使异步发电机在两个风速下具有较佳的输出系数，无法有效地利用不同风速时的风能。为了充分利用不同风速时的风能，风力发电的变速恒频技术得到广泛应用，如交—直—交变频系统，交流励磁发电机系统，无刷双馈发电机系统，开关磁阻发电机系统，磁场调制发电机系统，同步、异步变速恒频发电机系统等。这几种变速恒频发电系统有的是通过改造发电机本身结构而实现变速恒频的，有的则是通过发电机与电力电子装置、微机控制系统相结合而实现变速恒频的。它们各有特点，使用场合也不一样。

风力发电机组还包括双馈式和直驱式风力发电机组。双馈式风力发电机组的叶轮通过多级齿轮增速箱驱动发电机，主要结构包括风轮、传动装置、发电机、变流器系统、控制系统等。双馈式风力发电机组将齿轮箱传输到发电机主轴的机械能转化为电能，通过发电机定子、转子传送给电网。发电机定子绕组直接和电网连接，转子绕组和频率、幅值、相位都可以按照要求进行调节的变流器相连。变流器控制电机在亚同步和超同步转速下都保持发电状态。在超同步发电时，通过定转子两个通道同时向电网馈送能量，这时变流器将直流侧能量馈送回电网。在亚同步发电时，通过定子向电网馈送能量、转子吸收能量产生制动力矩使电机工作在发电状态，变流系统双向馈电，故称双馈技术。双馈风力发电变速恒频机组示意图如图 2－4 所示。

变流器通过对双馈异步风力发电机的转子进行励磁，使得双馈发电机的定子侧输出电压的幅值、频率和相位与电网相同，并且可根据需要进行有功和无功的独立控制。变流器控制双馈异步风力发电机实现并网，减小并网冲击电流对电机和电网造成的不利影响；提

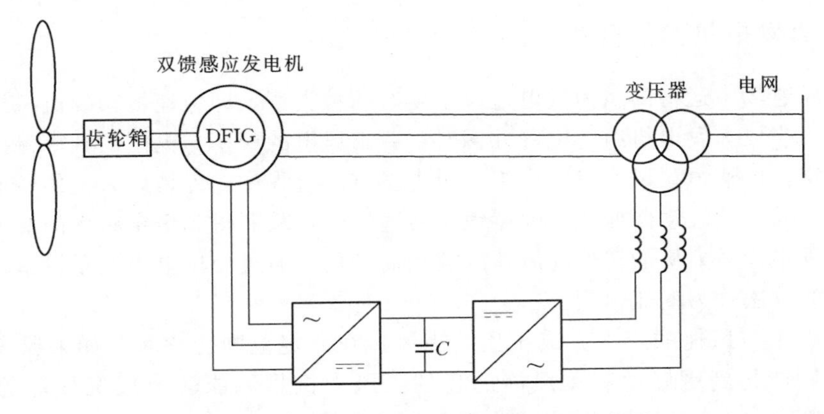

图 2-4　双馈风力发电变速恒频机组示意图

供多种通信接口，用户可通过这些接口方便地实现变流器与系统控制器及风场远程监控系统的集成控制；提供实时监控功能，用户可以实时监控风力发电机组变流器运行状态。

变流器采用三相电压型交—直—交双向变流器技术。在发电机的转子侧变流器实现定子磁场定向矢量控制策略，电网侧变流器实现电网电压定向矢量控制策略；系统具有输入输出功率因数可调、自动软并网和最大功率点跟踪控制功能。功率模块采用高开关频率的 IGBT 功率器件，保证良好的输出波形，改善双馈异步发电机的运行状态和输出电能质量。这种电压型交—直—交变流器的双馈异步发电机励磁控制系统实现了基于风力发电机组最大功率点跟踪的发电机有功和无功的解耦控制，是目前双馈异步风力发电机组的一个代表方向。

直驱式风力发电机组的风轮直接驱动发电机，主要由风轮、传动装置、发电机、变流器、控制系统等组成。为了提高低速发电机效率，直驱式风力发电机组采用大幅度增加极对数（一般极数提高到 100 左右）来提高风能利用率，采用全功率变流器实现风力发电机的调速。直驱式风力发电变速恒频机组示意图如图 2-5 所示。

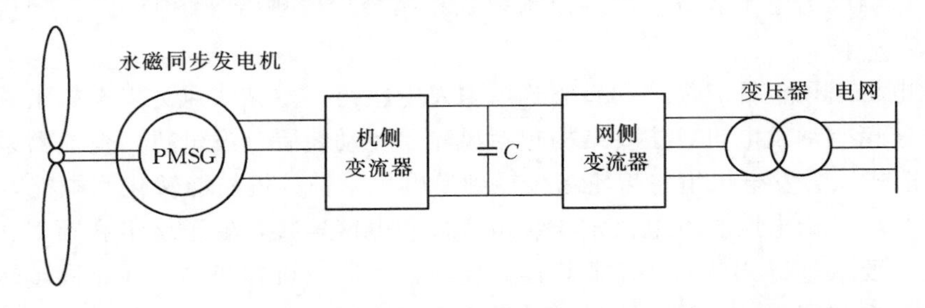

图 2-5　直驱式风力发电变速恒频机组示意图

直驱式风力发电机组按照励磁方式可分为电励磁和永磁两种。电励磁直驱式风力发电机组采用与水轮发电机相同的工作原理。永磁直驱是近年来研发的风电式技术，该技术用永磁材料替代复杂的电励磁系统，发电结构简单，重量相对励磁式直驱风力发电机组轻。但永磁部件存在长期强冲击振动和大范围温度变化条件下的磁稳定性问题，永磁材料的抗盐雾腐蚀问题，空气中微小金属颗粒在永磁材料上的吸附从而引起发电机磁隙变化问题，

以及在强磁条件下机组维护困难问题等。此外，永磁直驱式风力发电机组在制造过程中，需要稀土这种战略性资源的供应，成本较高。

2.2 风 力 机

风力机是把风的动能转换成机械能的机械设备。风力机通常由风轮、对风装置、调速限速机构、传动装置、做功装置、储能装置、塔架及附属部件组成。

风轮是风力机最重要的部件，它是风力机区别于其他动力机的主要标志。其作用是捕捉和吸收风能，并将风能转变成机械能，由风轮轴将能量送给传动装置。风轮一般由叶片和轮毂组成，一般有2～3个叶片，是捕获风能的关键设备。

2.2.1 叶片

叶片也称为桨叶，是将风能转换为动能的部件，风力带动风车叶片旋转，再通过齿轮箱将旋转的速度提升，来促使发电机发电。风力发电机通常有2片或3片叶片，叶尖速度50～70m/s，具有这样的叶尖速度，3叶片叶轮通常能够提供最佳效率，然而2叶片叶轮仅降低2%～3%的效率。对于外形很均匀的叶片，叶片少的叶轮转速快些，这样会导致叶尖噪声和腐蚀等问题。3叶片叶轮上的受力更平衡，轮毂可以简单些。

叶片的翼型设计、结构型式会直接影响机组的性能和功率。风力机叶片的剖面形状称为风力机翼型，它对风力机性能有很大的影响。目前风力机叶片有NACA44系列、NACA63-2系列、NRELS系列、FFA-W系列和DU系列等。叶片材料的强度和刚度是决定风力发电机组性能优劣的关键。目前的叶片品种有木制叶片及布蒙皮叶片、钢梁玻璃纤维蒙皮叶片、铝合金等弦长挤压成型叶片、玻璃钢复合叶片和碳纤维复合叶片等5种，目前的主要构成材料是玻璃纤维增强聚酯或碳纤维增强聚酯，为多格的梁/壳体结构。大型叶片主要采用的是玻璃钢复合材料，这种材料制作的叶片具有以下特点：

(1) 可根据风力机叶片的受力特点设计强度与刚度。风力机叶片主要是纵向受力，即气动弯曲力和离心力，气动弯曲载荷比离心力大得多，由剪切与扭转产生的剪应力不大。利用纤维受力为主的受力理论，可把主要纤维安排在叶片的纵向，这样就可把叶片设计得比铝叶片更轻，减轻叶片的重量，重量的减轻反过来可降低叶片的离心力及重力引起的交变载荷。

(2) 容易成型，易于达到最大气动效率的翼型。为了达到最佳气动效果，叶片具有复杂的气动外形，在风轮的不同半径处，叶片的弦长、厚度、扭脚和翼型都不同，如用金属制造很困难，而用玻璃钢制造则容易得多，它不需要复杂的工艺装备，模具制成后，可以进行批量生产。

(3) 优良的动力性能和较长的使用寿命。叶片使用寿命20年，要经受1×10^{7}次以上疲劳交变。玻璃钢的疲劳强度较高，缺口敏感性低，它的疲劳破坏有一个较长的开裂过程。玻璃钢在产生初始裂纹后，还能工作相当长的一段时间。

(4) 耐腐蚀性和耐气候性好。风力机安装在外，风力发电机组要受到各种气候环境的

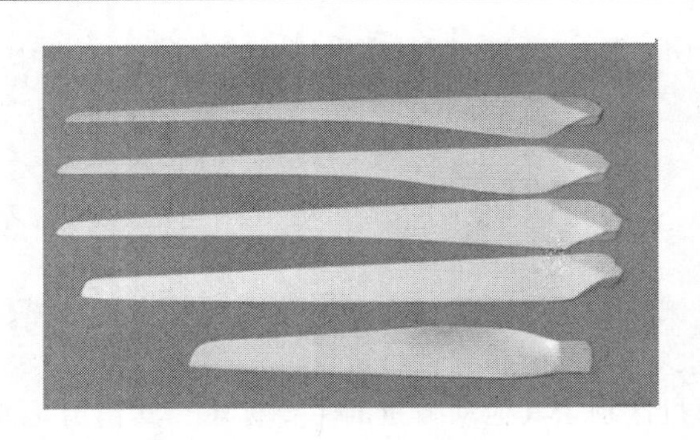

图2-6 叶片外形图

影响，要具有耐酸、碱、水、汽的性能。而玻璃钢复合材料具有这种优良的性能，能在这种恶劣环境下工作的时间较长。

(5) 易于修补且维修简便。玻璃钢叶片的另一突出优点就是易于补修。叶片在使用过程中可能发生局部或较大区域的损伤，对于玻璃钢叶片，只要损伤区不是严重到接近破坏，一般都可以修复。

叶片有内置的防雷电系统，叶尖装有金属接闪器。叶片的外形如图2-6所示。

2.2.2 轮毂

风力机叶片都要装在轮毂上。轮毂是风轮的枢纽，也是叶片根部与主轴的连接件。叶片与轮毂依靠轴承连接，并用螺栓分别紧固在轴承的内外圈上，通过液压驱动同步盘实现变桨距功能。叶片产生的气动载荷以及由于风轮旋转和机舱对转动引起的离心力、惯性力和重力通过三片叶片传递给轴承并最终通过螺栓传递到轮毂，承受叶片传来的各种静载荷和交变载荷时，在轮毂法兰盘处很容易引起应力集中。因此轮毂设计的好坏将直接影响到整个风力发电机组的正常运行和使用寿命，有必要对轮毂进行受力分析以确定轮毂各个部位应力分布，为轮毂的优化设计提供依据。根据形状的不同轮毂可分为球形和三角形两种。所有从叶片传来的力，都通过轮毂传递到传动系统，再传到风力机驱动的对象。同时轮毂也是控制叶片桨距（使叶片作俯仰转动）的所在，在设计中应保证足够的强度。轮毂的外形图如图2-7所示。

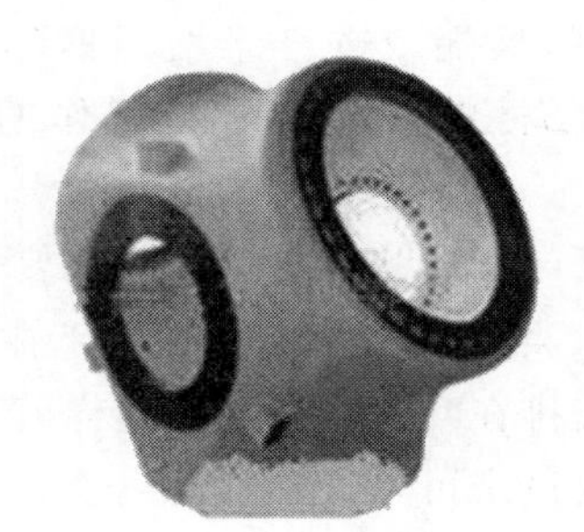

(a) 三角形轮毂

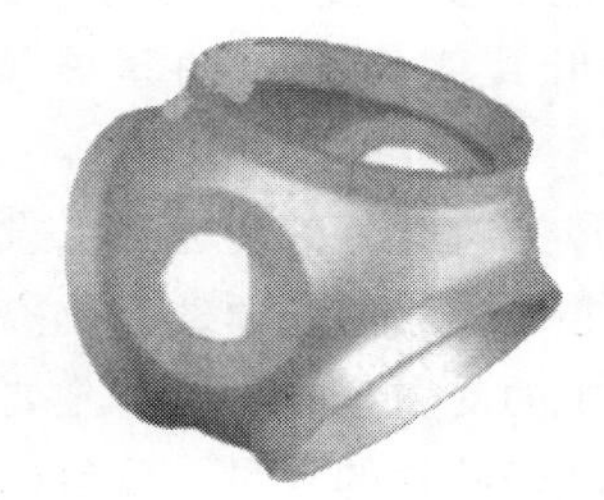

(b) 球形轮毂

图2-7 不同形状的轮毂外形图

2.2.3 风力机的分类方式

风力机的分类方式较多，按照桨叶、风轮转速、传动结构、发电机类型、并网方式以及风力发电机的旋转轴等可分为以下6种类型。

1. 按桨叶分类

(1) 失速型。高风速时，因桨叶形状或因叶尖处的扰流器动作，限制风力机的输出转

矩与功率。桨叶与轮毂的连接是固定的，即当风速变化时，桨叶节距角不能随之变化。这一特点使得当风速高于风轮的设计点风速（额定风速）时，桨叶必须能够自动地将功率限制在额定值附近，桨叶的这一特性称为自动失速性能。运行中的风力发电机组在突甩负载的情况下，桨叶自身必须具备制动能力，使风力发电机组能够在大风情况下安全停机。20世纪70年代，失速性能良好的桨叶的出现，解决了风力发电机组自动失速性能的要求；20世纪80年代叶尖扰流器的应用，解决了在突甩负载情况下的安全停机问题，这些使得定桨距失速型风力发电机组在过去20多年的风能开发利用中始终处于主导地位。

（2）变桨型。高风速时通过调整桨距角，限制输出转矩与功率。变桨距风轮运行是通过改变桨距角，使叶片剖面的攻角发生变化来迎合风速变化，从而在低风速时能够更充分地利用风能，具有较好的气动输出性能，而在高风速时，又可以通过改变攻角的变化来降低叶片的气动性能，使高风速区风轮功率降低，达到调速限功的目的。

2. 按风轮转速分类

（1）定速型。风轮保持一定转速运行，风能转换率较低，与恒速发电机对应。定速风力机一般采用时速控制的桨叶控制方式，使用直接与电网相连的异步感应电动机。由于风能的随机性，驱动异步发电机的风力机低于额定运行的时间占全年运行时间的60％～70％。

（2）变速型。变速风力机一般配备变桨距功率调节方式。风力机必须有一套控制系统来调节，限制转速和功率。调速与功率调节装置的首要任务是使风力机在大风运行发生故障和过载荷时得到保护；其次，使风力发电机组能够在启动时顺利切入运行，电能质量符合公共电网要求。

1）双速型。可在两个设定转速运行，改善风能转换率，与双速发电机对应。

2）连续变速型。在一段转速范围内连续可调，可捕捉最大风能功率，与变速发电机对应。

3. 按传动结构分类

（1）齿轮箱升速型。用齿轮箱连接低速风力机和高速发电机（减小发电机体积重量，降低电气系统成本）。由于叶尖速度的限制，风轮旋转速度一般较慢。风轮直径在100m以上时，风轮转速在15r/min或更低。为了使发电机的体积变小，就必须使发电机输入转速更高，这时就必须使用变速箱提高转速使得发动机输入转速在1500r/min或者3000r/min，这样，发电机体积就可以设计得尽可能小。

（2）直驱型。直接连接低速风力机和低速发电机（避免齿轮箱故障）。将叶轮和发电机直接连接在一起，这样的风力发电机称为无齿轮箱风力发电机。这种发电机由于没有齿轮箱，所以结构简单，制造方便，维护方便。

4. 按发电机类型分类

（1）异步型。

1）笼型异步发电机。功率为600kW、750kW、800kW、1250kW，定子向电网输送不同频率的交流电。

2）绕线式双馈异步发电机。功率为1500kW，定子向电网输送50Hz交流电，转子由变频器控制，向电网间接输送有功或无功功率。

（2）同步型。

1）电励磁同步发电机。由外接转子上的直流电流产生磁场，定子输出经全功率整流逆变后向电网输送 50Hz 交流电。

2）永磁同步发电机。功率为 750kW、1200kW、1500kW，由永磁体产生磁场，定子输出经全功率整流逆变后向电网输送 50Hz 交流电。

5. 按并网方式分类

（1）并网型。并入电网，可省却储能环节。

（2）离网型。一般需配蓄电池等直流储能环节，可带交、直流负载或与柴油发电机、光伏电池并联运行。

6. 按风力发电机的旋转轴分类

（1）水平轴风力发电机。该风力发电机旋转轴与叶片垂直，一般与地面平行，旋转轴处于水平。

（2）垂直轴风力发电机。该风力发电机旋转轴与叶片平行，一般与地面垂直，旋转轴处于垂直。

目前占市场主流的是水平轴风力发电机，通常所说的风力发电机也是指水平轴风力发电机。垂直轴风力发电机虽然最早被人类利用，但是用来发电还是近十几年才兴起的。与传统的水平轴风力发电机相比，垂直轴风力发电机具有不对风向、转速低、无噪声等优点，但同时也存在启动风速高、结构复杂等缺点，这都制约了垂直风力发电机的应用。

2.3　传　动　系　统

叶轮叶片产生的机械能由机舱里的传动系统传递给发电机。一般情况下，传动系统主要包括主轴、齿轮箱、联轴器。传动系统的部件和位置如图 2-8 所示。

风力发电机组传动系统的工作原理为：机组的风轮围绕一个水平轴旋转，工作时风轮的旋转平面与风向垂直，风轮上的叶片径向安置，与旋转轴相垂直，并与风轮旋转平面构成一角度 ϕ（即安装角）。自然界的风（具有一定的风速）吹到风轮上，便对叶片产生气动力，带动叶片转动，叶片又带动轮毂及安装轮毂的主动轴转动，主动轴通过联轴器连接增速齿轮箱的低速传动轴（小型风力机可以不用联轴器连接而直接做成一体的，甚至不用齿轮箱而直接将风轮轮毂与发电机轴安装在一起），经齿轮传动系统将动力传递到发电机，由此带动发电机发电，输出电能。风轮转动时叶片的受力情况如图 2-9 所示。

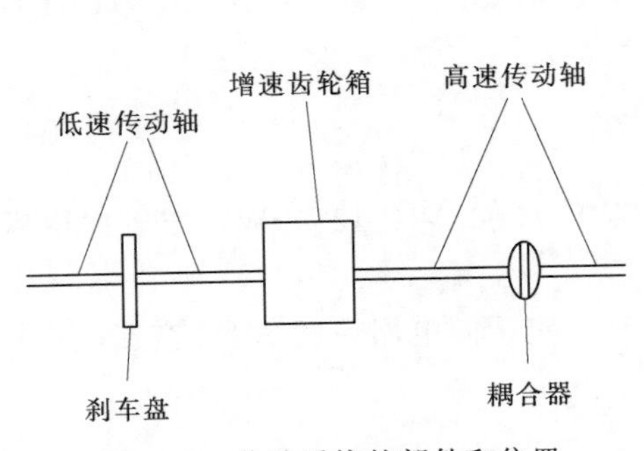

图 2-8　传动系统的部件和位置

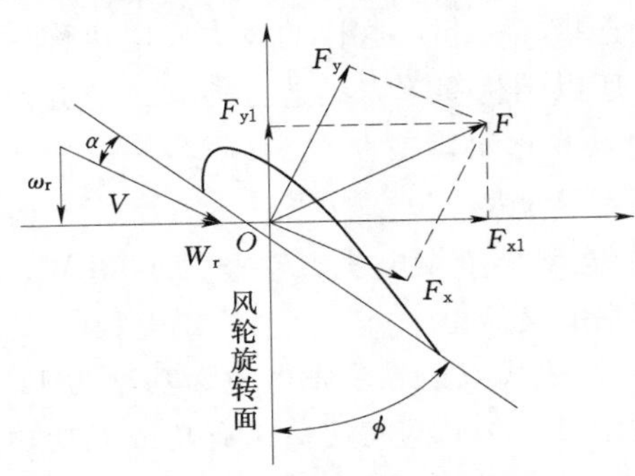

图 2-9　风轮转动时叶片的受力情况

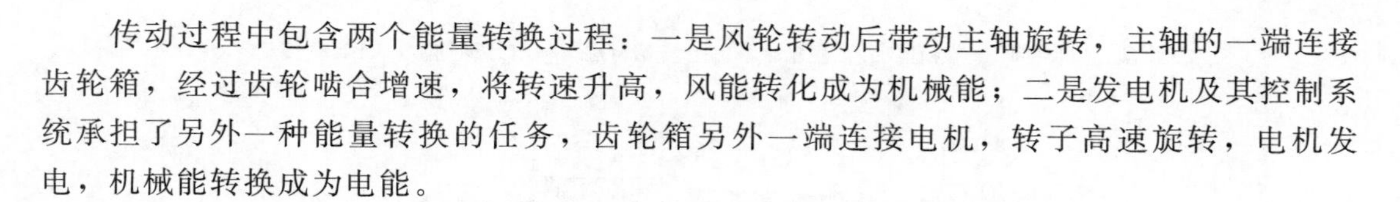

传动过程中包含两个能量转换过程：一是风轮转动后带动主轴旋转，主轴的一端连接齿轮箱，经过齿轮啮合增速，将转速升高，风能转化成为机械能；二是发电机及其控制系统承担了另外一种能量转换的任务，齿轮箱另外一端连接电机，转子高速旋转，电机发电，机械能转换成为电能。

2.3.1 主轴

前端法兰与轮毂相连接，支撑轮毂处传递的负荷，并将扭矩传递给增速齿轮箱，将轴向推力、气动弯矩传递给机舱、塔架。在主轴的中心有一个轴心通孔，作为控制机构通过或电缆传输的通道。主轴、轴承外形如图 2－10 所示。

图 2－10　主轴、轴承外形

2.3.2 齿轮箱

风力机转子旋转产生的能量通过主轴、齿轮箱及高速轴传送到发电机。齿轮箱是一个重要的机械部件，它的主要功用是将风轮在风力作用下所产生的动力传递给发电机并使其达到相应的转速。因此，增速齿轮箱设计及制造相当关键。同时风力发电机组增速齿轮箱由于其使用条件的限制，要求体积小、重量轻、性能优良、运行可靠、故障率低。使用齿轮箱可以将风力发电机转子上的较低转速、较高转矩转换为用于发电机上的较高转速、较低转矩，因此，齿轮箱也称为增速箱。风力机上的齿轮箱通常在转子及发电机转速之间具有单一的齿轮比。对于 600kW 或 750kW 机组的齿轮比大约为 1：50。齿轮箱外形和内部结构分别如图 2－11 和图 2－12 所示。

图 2－11　齿轮箱外形图

齿轮和轴承在转动过程中都是非直接接触式的滚动和滑动，这时油起到了润滑的作用。虽然它们是非接触的滚动和滑动，但由于加工精度等原因使其转动都有相对的滚动摩擦和滑动摩擦，因而会产生一定的热量。如果这些热量在它们转动的过程中没有消除，势必会越集越多，最后导致高温烧毁齿轮和轴承。因此齿轮和轴承在转动过程中必须用润滑油来进行冷却。所以润滑油一方面起润滑作用，另一方面起冷却作用。

1. 箱体

箱体是齿轮箱的重要部件，它承受来自风轮的作用力和齿轮传动时产生的反力。箱体必须具有足够的刚性去承受力和力矩的作用，防止变形，保证传动质量。箱体的设计应按照风力发电机组动力传动的布局、加工和装

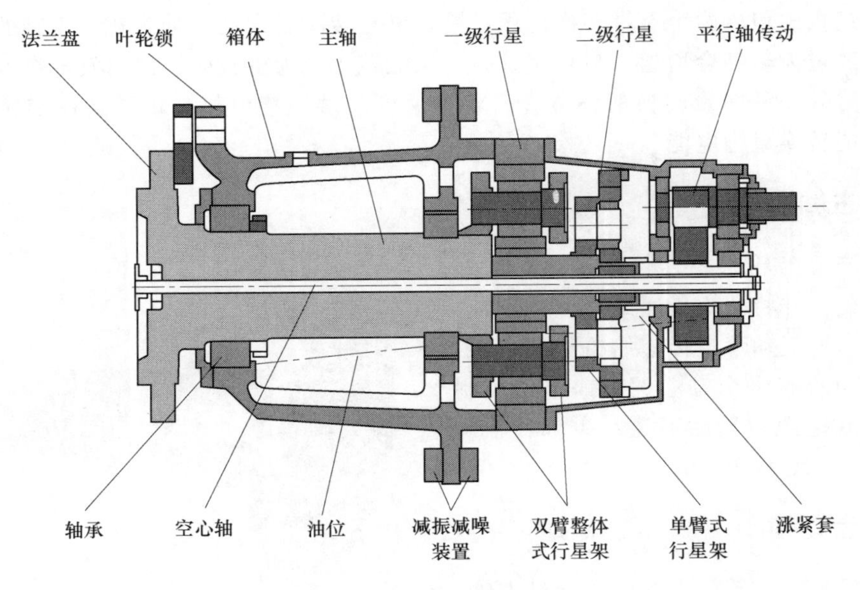

图2-12　齿轮箱的内部结构

配、检查以及维护等要求来进行。应注意轴承支承和机座支承的不同方向的反力及其相对值，选取合适的支承结构和壁厚，增设必要的加强筋。筋的位置须与引起箱体变形的作用力的方向相一致。

2. 齿轮和轴的连接

风力发电机组运转环境非常恶劣，受力情况复杂，要求所用的材料除了要满足机械强度条件外，还应满足极端温差条件下所具有的材料特性，如抗低温冷脆性、冷热温差影响下的尺寸稳定性等。对齿轮和轴类零件而言，由于其传递动力的作用要求其选材和结构设计极为严格，一般情况下不推荐采用装配式拼装结构或焊接结构，齿轮毛坯只要在锻造条件允许的范围内，都采用轮辐轮缘整体锻件的形式。当齿轮顶圆直径在2倍轴径以下时，由于齿轮与轴之间的连接所限，常制成轴齿轮的形式。

为了提高承载能力，齿轮一般都采用优质合金钢制造。外齿轮推荐采用20CrMnMo、15CrNi6、17Cr2Ni2A、20CrNi2MoA、17CrNiMo6、17Cr2Ni2MoA等材料。内齿圈按其结构要求，可采用42CrMoA、34Cr2Ni2MoA等材料，也可采用与外齿轮相同的材料。采用锻造方法制取毛坯，可获得良好的锻造组织纤维和相应的力学特征。合理的预热处理以及中间和最终热处理工艺保证了材料的综合机械性能达到设计要求。

3. 齿轮

（1）齿轮精度。齿轮箱内用作主传动的齿轮精度：外齿轮不低于GB/T 10095.1—2008《圆柱齿轮　精度制　第1部分齿轮同侧齿面偏差的定义和允许值》规定的5级；内齿轮不低于GB/T 10095.1—2008规定的6级。选择齿轮精度时要综合考虑传动系统的实际需要，优秀的传动质量靠传动装置各个组成部分零件的精度和内在质量来保证，不能片面强调提高个别件的要求，使成本大幅度提高，却达不到预定的效果。

（2）渗碳淬火。通常齿轮最终热处理的方法是渗碳淬火，齿表面硬度达到HRC（60

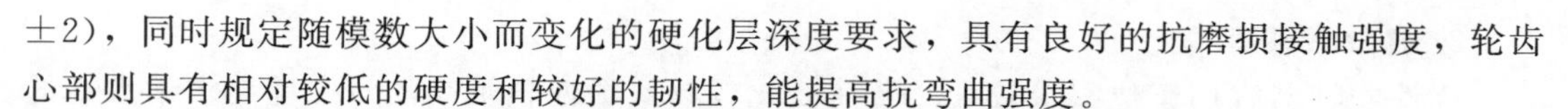

±2)，同时规定随模数大小而变化的硬化层深度要求，具有良好的抗磨损接触强度，轮齿心部则具有相对较低的硬度和较好的韧性，能提高抗弯曲强度。

(3) 齿形加工。为了减轻齿轮副啮合时的冲击，降低噪声，需要对齿轮的齿形、齿向进行修形。在齿轮设计计算时，已根据齿轮的弯曲强度和接触强度初步确定轮齿的变形量，再结合考虑轴的弯曲、扭转变形以及轴承和箱体的刚度，绘出齿形和齿向修形曲线，并在磨齿时进行修正。

4. 滚动轴承

齿轮箱的支承中大量应用滚动轴承，其特点是静摩擦力矩和动摩擦力矩都很小，即使载荷和速度在很宽的范围内变化时也如此。滚动轴承的安装和使用都很方便。但是，当轴的转速接近极限转速时，轴承的承载能力和寿命急剧下降，高速工作时的噪声和振动比较大。齿轮传动时轴和轴承的变形引起齿轮和轴承内外圈轴线的偏斜，使轮齿上载荷分布不均匀，降低传动件的承载能力。由于载荷不均匀，会使轮齿经常发生断齿的现象，但在许多情况下，轮齿断齿是由于轴承的质量和其他因素，如剧烈的过载而引起。选用轴承时，不仅要根据载荷的性质，还应根据部件的结构要求来确定。相关技术标准，如 DIN ISO 281—2010《滚动轴承额定动荷载和额定寿命标准信息》，或者轴承制造商的样本，都有整套的计算程序可供参考。

5. 密封

齿轮箱轴伸部位的密封一方面应能防止润滑油外泄，同时也能防止杂质进入箱体内。常用的密封分为非接触式密封和接触式密封两种。

(1) 非接触式密封。所有的非接触式密封不会产生磨损，使用时间长。

(2) 接触式密封。接触式密封使用的密封件应使密封可靠、耐久、摩擦阻力小、容易制造和装拆，应能随压力的升高而提高密封能力和有利于自动补偿磨损。

2.3.3 联轴器

作为一个柔性轴，联轴器补偿齿轮箱输出轴和发电机转子的平行偏差和角度误差。为了减少传动系统的振动，联轴器需要有较好的阻尼减振特性。联轴器主要用来连接两轴或两轴与其他回转零件，使其一起旋转，起着传递转矩和运动的作用。风力发电机中的联轴器是连接齿轮箱和发电机轴一起转动，并将风能转化为机械能，再由机械能转化为电能的一个关键部件。联轴器的外形如图 2-13 所示。

联轴器的种类很多，一般根据两轴之间相对位移的情况不同分为刚性联轴器和挠性联轴器两大类。挠性联轴器又可分为无弹性元件的、金属弹性元件的和非金属弹性元件的三种。

1. 刚性联轴器

刚性联轴器具有结构简单、制造成本低等优点，但要求被连两轴的对中性较高，位移量很小，传动精度高，传递转矩大，且装拆时轴向移动等特点，宜用于无冲击场合。

图 2-13 联轴器的外形

2. 挠性联轴器

挠性联轴器宜用于位移量较大、转速变化较频繁、两轴轴线的对中性要求不太高的场合，同时还起缓冲和减振的作用。挠性联轴器常造成从动轴的滞后，即影响传动精度。

2.4 发　电　机

风力发电机组的发电机按照发电机型式可分为笼型异步发电机、双馈异步发电机和永磁型同步发电机。双馈异步风力发电机是目前应用最为广泛的风力发电机。由定子绕组直连定频三相电网的绕线式异步发电机和安装在转子绕组上的双向背靠背IGBT电压源变流器组成。双馈异步风力发电机是一种绕线式感应发电机，是变速恒频风力发电机组的核心部件，也是风力发电机组国产化的关键部件之一。发电机本体主要由定子、转子和轴承系统组成。为了避免由于潮湿、结露而对发电机造成损害，发电机绕组内埋有加热线圈，此外，在发电机内装有温度传感器，检测发电机绕组的温度和发电机轴承的温度。风力发电机组或系统结构简图如图2-14所示。

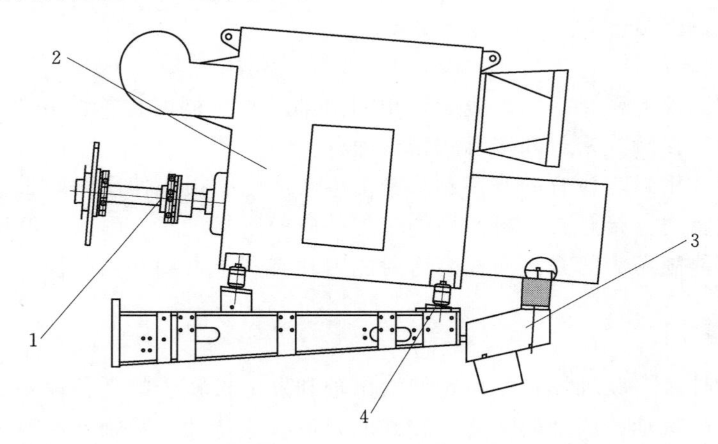

图2-14　风力发电机组或系统结构简图

1—联轴器；2—发电机；3—磁粉过滤器；4—弹性支承

双馈异步发电机将定子、转子三相绕组分别接入独立的三相对称电源，定子绕组直接和电网连接，转子绕组通过变流器与电网连接，转子绕组电源的频率、电压、幅值和相位按运行要求由变频器自动调节，机组可以在不同的转速下实现恒频发电，满足用电负载和并网的要求。由于采用了交流励磁，发电机和电力系统构成了“柔性连接”，即可以根据电网电压、电流和发电机的转速来调节励磁电流，精确地调节发电机输出电压，使其能满足要求。变频器采用交—直—交的形式与电网连接，控制发电机在亚同步和超同步转速下都保持发电状态并随着风速的变化调节发电机的转速，进行能量交换。发电机的转速范围是1000～2000r/min，同步转速是1500r/min。电压频率和转子电流与转速差（实际转速和同步转速之差）相对应。在正常情况下，异步发电机的转子转速总是略高或低于旋转磁场的转速（同步转速 n_s），因此称为异步电机。转子转速 n 与旋转磁场的转速 n_s 之差称为

转差，转差 Δn 与同步转速 n_s 的比值称为转差率，转差率是表征异步发电机运行状态的一个基本变量。

定子电压等于电网电压，转子电压与转差率及堵转电压成正比，堵转电压取决于定子与转子的匝数比。当发电机以同步转速转动时，转差率为零，这就意味着转子的电压为零。集电环系统用了 4 个集电环，其中 3 个是转子的 U、V、W 相集电环，第 4 个集电环是用于泄放轴电流的集电环。集电环系统有磨损电刷和监控电刷寿命的微电子开关。

某变速恒频风力发电机发电系统结构如图 2-15 所示，其中省略了变压器、滤波器等构件。其中定子接入电网，转子绕组由频率、相位、幅值都可以调节的三相低频交流电流励磁。

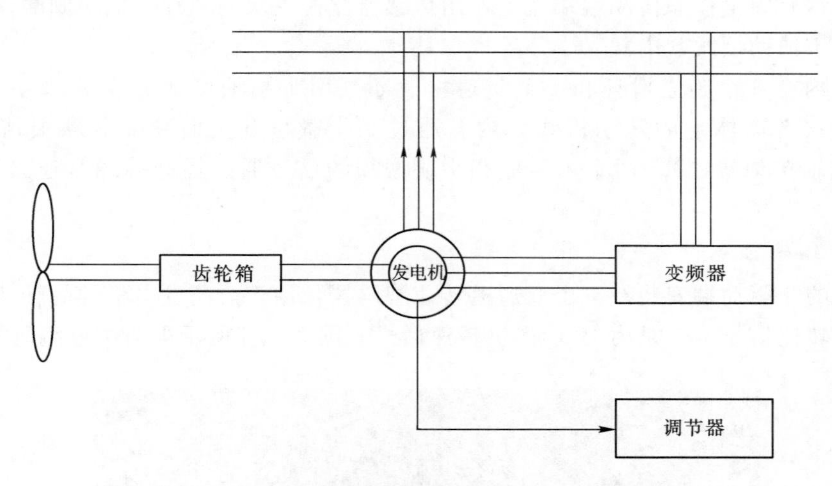

图 2-15　某变速恒频风力发电机发电系统结构

发电机的主要组成部分有定子、转子、静止加热器、抗磨滚珠轴承端盖及轴承、冷却和通风系统、炭刷及滑环室、测速编码器、端子接线盒、温度传感器。

1. 定子

机座为焊接结构，内部铁芯叠压后由轴向扣片拉紧；定子线圈为三相成型线圈，嵌线后整体真空压力浸漆，绝缘等级 H；三相绕组由电缆线引固定在机座上的大接线盒内。

2. 转子

转子为绕线式，转子铁芯采用压力安装在轴上；转子绕组为波形绕组，绕组 K、L、M 端头通过轴孔引出与非传动端滑环连接；轴接地采用接地炭刷，炭刷装在滑环室，并有炭刷磨损报警单元；编码器安装于轴的非传动端。

3. 静止加热器

电机装配有 4 个加热器，与高压电机用防潮加热带通过辅助接线盒与控制系统连接。

4. 抗磨滚珠轴承端盖及轴承

抗磨滚珠轴承端盖采用铸造结构，轴承采用两个绝缘深沟球轴承。轴承通过圆形端罩支撑安装在机座正中。一个深沟球轴承安装在定位轴承的轴承端盖上；另一个深沟轴承安装在非定位轴承的轴承端盖上。两个轴承完全绝缘并带预紧，主要作用是降低运行噪声，并在主轴锁紧后传递锁紧力。油脂排出口位于两个轴承端盖处，可以收集从轴承端盖内排出的多余油脂。轴承端盖的底部有多个开口和一个油脂收集装置。

5. 冷却和通风系统

发电机采用机壳水内冷却。发电机内部风扇使空气循环流动，把热量传到发电机机壳，机壳中循环的冷却水将热量带走；滑环室内部空气自然流动，热量传递给滑环室，再经过顶部装的水冷机构进行冷却。

6. 炭刷及滑环室

滑环室装在电机外部的非传动端，防护等级 IP23；滑环装在轴上，刷架系统装配于滑环室内，然后固定在非传动端端盖上，用传感器监控主炭刷和轴接地炭刷磨损，外接信号电缆固定于辅助接线盒内。

滑环室内有 3 个独立滑环和 1 个非独立滑环（用于主轴接地的连接）。滑环室内连接电缆直接接至罩体上的转子接线盒内。通过一个微型开关监视炭刷磨损情况（包括主炭刷和主轴接地炭刷），两个用于监测炭刷磨损的信号通过辅助接线盒连接到 PLC 主控制器。

7. 测速编码器

在主轴的非驱动端安装有一个双通道转速编码器，用于监测发电机轴的转速，一是为变频器提供转速信号，二是为 PLC 提供转速信号。图 2-16 所示即为测速编码器。

图 2-16　测速编码器

8. 端子接线盒

发电机上一共有 3 个端子接线盒（定子、转子、辅助接线盒）。电机定子、转子三相绕组由外接电缆引出固定于接线盒内。大接线盒位于电机传动端顶部，接线盒从右侧出线（从传动端看）。

9. 温度传感器

温度传感器用于监测发电机的外部温度。

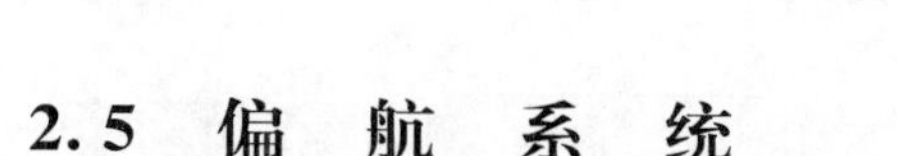

2.5 偏航系统

偏航系统的功能是驱动风轮跟踪风向的变化，使其扫掠面始终与风向垂直，以最大限度地提升风轮对风能的捕获能力。偏航系统位于塔架和主机架之间，一般由偏航轴承、偏航驱动装置、偏航制动器、偏航计数器、纽缆保护装置、偏航液压装置等几个部分组成，结构简图如图 2-17 所示，包含外齿驱动 [图 2-17 (a)] 和内齿驱动 [图 2-17 (b)] 两种形式。

当风向改变时，风向仪将信号传输到控制装置，控制驱动装置工作，小齿轮在大齿圈上旋转，从而带动机舱旋转使得风轮对准风向。

机舱可以两个方向旋转，旋转方向由接近开关进行检测。当机舱向同一方向偏航的角度达到 700°（根据机型设定）时，限位开关将信号传输到控制装置后，控制机组快速停机，并反转解缆。

偏航驱动装置可以采用电动机驱动或液压马达驱动，制动器可以是常闭式或常开式。常开式制动器一般是指有液压力或电磁力拖动时，制动器处于锁紧状态；常闭式制动器一般是指有液压力或电磁力拖动时，制动器处于松开状态。采用常开式制动器时，偏航系统必须具有偏航定位锁紧装置或防逆传动装置。

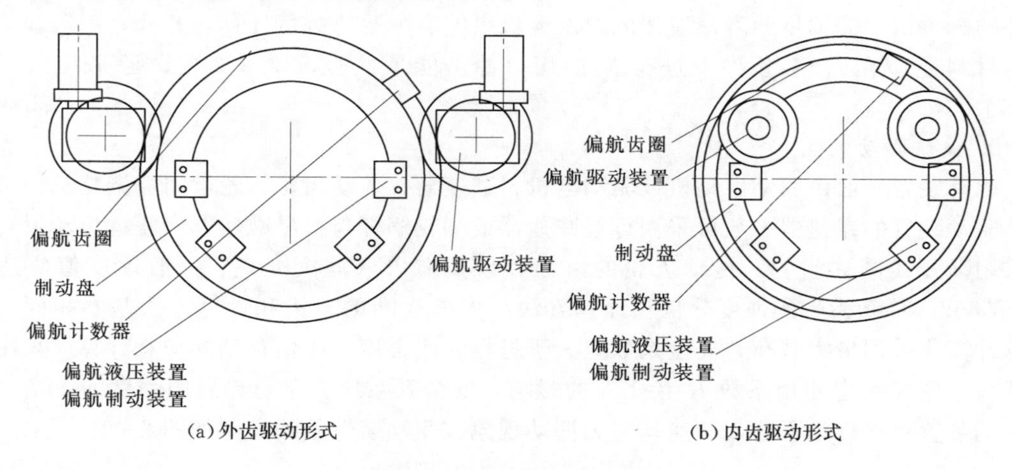

图 2-17　偏航系统结构简图

1. 偏航轴承

偏航轴承的轴承内、外圈分别与机组的机舱和塔体用螺栓连接。轮齿可采用内齿或外齿形式。内齿形式是轮齿位于偏航轴承的内圈上，啮合受力效果较好，结构紧凑；外齿形式是轮齿位于偏航轴承的外圈上，加工相对来说比较简单。具体采用哪种形式应根据机组的具体结构和总体布置进行选择。偏航齿圈结构简图如图 2-18 所示。

（1）偏航齿圈的轮齿强度计算方法参照 DIN 3990—1970《圆柱齿轮和圆锥齿轮承载能力的计算》和 GB 3480—1997《渐开线圆柱齿轮承载能力计算方法》及 GB /Z 6413.2—2003《圆柱齿轮、锥齿轮和准双曲面齿轮胶合承载能力计算方法：第 2 部分》进

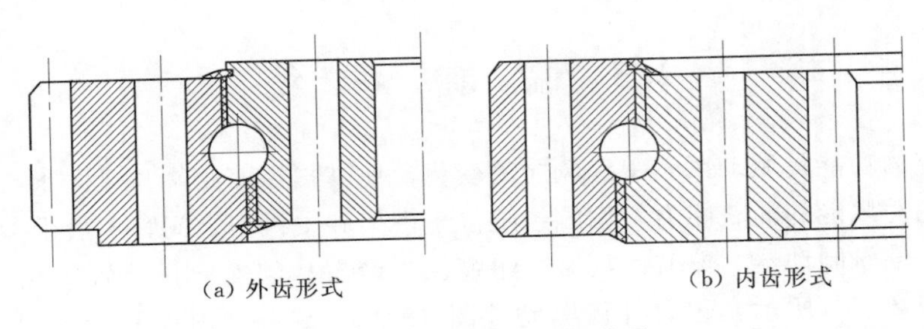

(a) 外齿形式　　(b) 内齿形式

图 2-18　偏航齿圈结构简图

行计算。在齿轮的设计上，轮齿齿根和齿表面的强度分析，应使用以下系数：

1) 静强度分析。对齿表面接触强度，安全系数 $S_H>1.0$；对轮齿齿根断裂强度，安全系数 $S_F>1.2$。

2) 疲劳强度分析。对齿表面接触强度，安全系数 $S_H>0.6$；对轮齿齿根断裂强度，安全系数 $S_F>1.0$；一般情况下，对于偏航齿轮，其疲劳强度计算用的使用系数 $K_A=1.3$。

(2) 偏航轴承部分的计算方法。参照 DIN ISO 281—2010 或 JB/T 2300—2011《回转支承》进行计算，偏航轴承的润滑应使用制造商推荐的润滑剂和润滑油，轴承必须进行密封。轴承的强度分析应考虑两个主要方面：①在静态计算时，轴承的极端载荷应大于静态载荷的 1.1 倍；②轴承的寿命应按风力发电机组的实际运行载荷计算。此外，制造偏航齿圈的材料还应在－3℃条件下进行 V 形切口冲击能量试验，要求 3 次试验平均值不小于 27J。

2. 偏航驱动装置

驱动装置一般由驱动电动机或驱动电机、减速器、传动齿轮、轮齿间隙调整机构等组成。驱动装置的减速器一般可采用行星减速器或蜗轮蜗杆与行星减速器串联；传动齿轮一般采用渐开线圆柱齿轮。传动齿轮的齿面和齿根应采取淬火处理，一般硬度值应达到 HRC5562。传动齿轮的强度分析和计算方法与偏航齿圈的分析和计算方法基本相同；轴静态计算应采用最大载荷，安全系数应大于材料屈服强度的 1 倍；轴的动态计算应采用等效载荷并同时考虑使用系数 $K_A=1.3$ 的影响，安全系数应大于材料屈服强度的 1 倍。偏航驱动装置要求启动平稳，转速均匀无振动现象。驱动装置结构简图如图 2-19 所示。

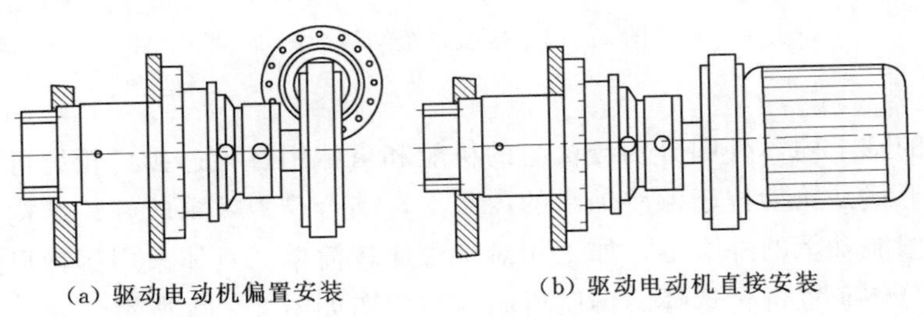

(a) 驱动电动机偏置安装　　(b) 驱动电动机直接安装

图 2-19　驱动装置结构简图

3. 偏航制动器

偏航制动器一般采用液压拖动的钳盘式制动器，其结构简图如图 2-20 所示。

(1) 偏航制动器是偏航系统中的重要部件，制动器应在额定负载下，制动力矩稳定，其值应不小于设计值。在机组偏航过程中，制动器提供的阻尼力矩应保持平稳，与设计值的偏差应小于5%，制动过程不得有异常噪声。制动器在额定负载下闭合时，制动衬垫和制动盘的贴合面积应不小于设计面积的50%；制动衬垫周边与制动钳体的配合间隙任一处应不大于0.5mm。制动器应设有自动补偿机构，以便在制动衬块磨损时进行自动补偿，保证制动力矩和偏航阻尼力矩的稳定。在偏航系统中，制动器可以采用常闭式和常开式两种结构型式：常闭式制动器是在有动力的条件下处于松开状态；常开式制动器则是处于锁紧状态。比较两种结构型式并考虑失效保护，一般采用常闭式制动器。

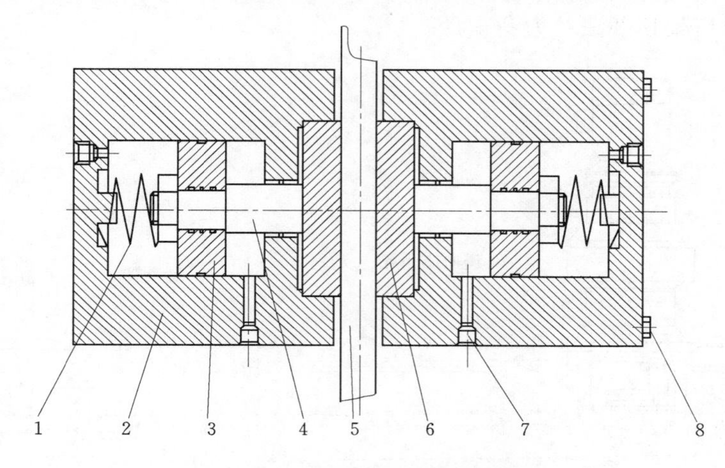

图 2-20　偏航制动器结构简图

1—弹簧；2—制动钳体；3—活塞；4—活塞杆；5—制动盘；6—制动衬块；7—接头；8—螺栓

(2) 制动盘通常位于塔架或塔架与机舱的适配器上，一般为环状，制动盘的材质应具有足够的强度和韧性，如果采用焊接连接，材质还应具有比较好的可焊性，此外，在机组寿命期内制动盘不应出现疲劳损坏。制动盘的连接、固定必须可靠牢固，表面粗糙度应达到 $Ra3.2$。

(3) 制动钳。由制动钳体和制动衬块组成。制动钳体一般采用高强度螺栓连接，用经过计算的足够的力矩固定于机舱的机架上。制动衬块应由专用的摩擦材料制成，一般推荐用铜基或铁基粉末冶金材料制成，铜基粉末冶金材料多用于湿式制动器，而铁基粉末冶金材料多用于干式制动器。一般每台风力发电机组的偏航制动器都备有两个可以更换的制动衬块。

4. 偏航计数器

偏航计数器是记录偏航系统旋转圈数的装置，当偏航系统旋转的圈数达到设计所规定的初级解缆和终极解缆圈数时，计数器则给控制系统发信号使机组自动进行解缆。计数器一般是一个带控制开关的蜗轮蜗杆装置或是与其相类似的程序。

5. 纽缆保护装置

纽缆保护装置是偏航系统必须具有的装置，它是出于失效保护的目的而安装在偏航系统中的。它的作用是在偏航系统的偏航动作失效后，电缆的纽绞达到威胁机组安全运行的程度而触发该装置，使机组进行紧急停机。一般情况下，这个装置独立于控制系统，一旦这个装置被触发，则机组必须进行紧急停机。纽缆保护装置一般由控制开关和触点机构组成，控制开关一般安装于机组的塔架内壁的支架上，触点机构一般安装于机组悬垂部分的电缆上。当机组悬垂部分的电缆纽绞到一定程度后，触点机构被提升或被松开而触发控制开关。

大型风力发电机组的偏航系统一般均采取如图 2－21 所示的结构，风力发电机组的机舱安装在旋转支撑上，而旋转支撑的内齿环与风力发电机组塔架用螺栓紧固相连，外齿环与机舱固定。调向通过两台与调向内齿环相啮合的调向减速器驱动。在机舱底板上装有盘式刹车装置，以塔架顶部法兰为刹车盘。

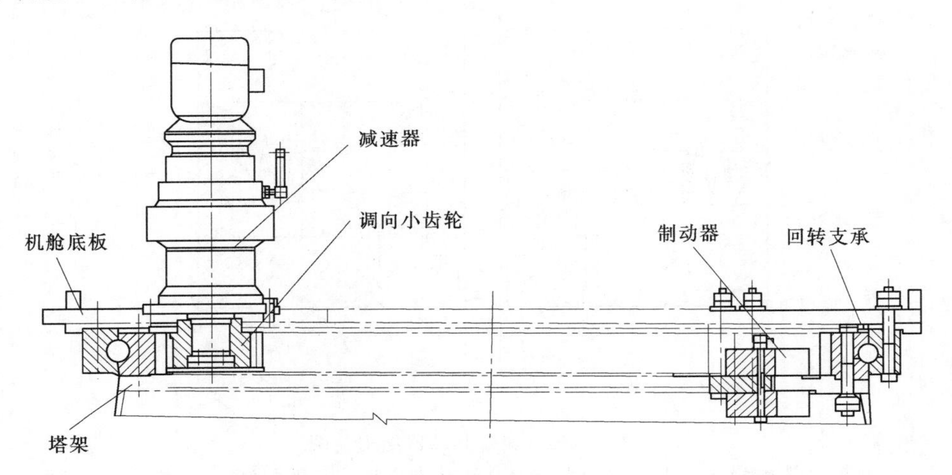

图 2－21　偏航系统结构

2.6　液　压　系　统

风力发电机组的液压系统属于风力发电机组的一种动力系统，液压系统是以有压液体为介质，实现动力传输和运动控制的机械单元。液压系统具有传动平稳、功率密度大、容易实现五级变速、易于更换元件和过载保护可靠等特点，为风力发电机上一切使用液压作为驱动力的装置提供动力。风力发电机组的液压系统和刹车机构是一个整体。在定桨距风力发电机组中，液压系统的主要任务是驱动风力发电机组的气动刹车和机械刹车；在变桨距风力发电机组中，液压系统主要控制变距机构，实现风力发电机组的转速控制、功率控制，同时也制控机械刹车机构。

2.6.1　定桨距风力发电机组液压系统

定桨距风力发电机组的液压系统实际上是制动系统的驱动机构，主要用来执行风力机的开关机指令。通常它由两个压力保持回路组成：一路通过蓄能器供给叶尖扰流器；另一路通过蓄能器供给机械刹车机构。这两个回路的工作任务是使机组运行时制动机构始终保持压力。当需要停机时，两回路中的常开电磁阀先后失电，叶尖扰流器一路压力油被泄回

油箱，气动刹车动作；稍后，机械刹车一路压力油进入刹车液压缸，驱动刹车夹钳，使风轮停止转动。在两个回路中各装有两个压力传感器，以指示系统压力，控制液压泵站补油和确定刹车机构的状态。

图 2-22 所示为 FD43-600kW 风力发电机组的液压系统。由于偏航机构也引入了液压回路，它由 3 个压力保持回路组成。图左侧是气动刹车压力保持回路，压力油经液压泵 2、精滤油器 4 进入系统。溢流阀 6 用来限制系统最高压力。开机时电磁阀 12-1 接通，压力油经单向阀 7-2 进入蓄能器 8-2，并通过单向阀 7-3 和旋转接头进入气动刹车液压缸。压力开关 9-2 由蓄能器的压力控制，当蓄能器压力达到设定值时，开关动作，电磁阀 12-1 关闭。运行时，回路压力主要由蓄能器保持，通过液压缸上的钢索拉住叶尖扰流器，使之与桨叶主体紧密结合。

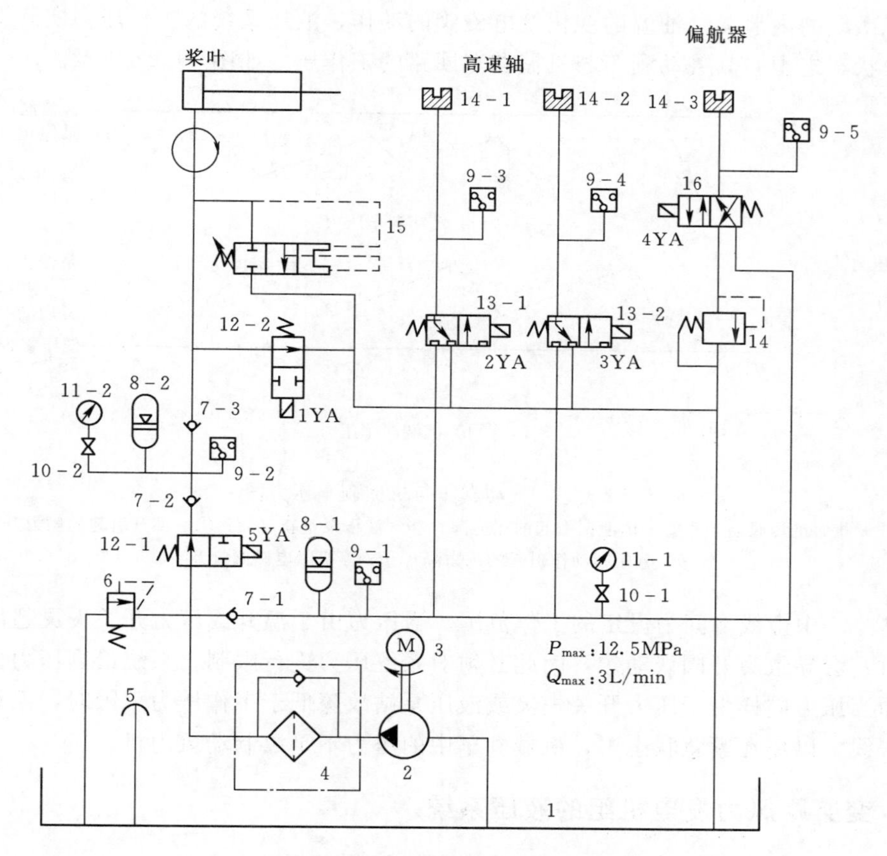

图 2-22 FD43-600kW 风力发电机组的液压系统

1—油箱；2—液压泵；3—电动机；4—精滤油器；5—油位指示器；6—溢流阀；7—单向阀；8—蓄能器；9—压力开关；10—节流阀；11—压力表；12—电磁阀（1）；13—电磁阀（2）；14—刹车夹钳；15—突开阀；16—电磁阀

电磁阀 12-2 为停机阀，用来释放气动刹车液压缸的液压油，使叶尖扰流器在离心力作用下滑出；突开阀 15 用于超速保护，当风轮飞车时，扰流器作用在钢索上的离心力增大，通过活塞的作用，使回路内压力升高；当压力达到一定值时，突开阀开启，压力油泄

回油箱。突开阀不受控制系统的指令控制，是独立的安全保护装置。

图 2－22 中间是两个独立的高速轴制动器回路，通过电磁阀 13－1、13－2 分别控制制动器中压力油的进出，从而控制制动器动作。工作压力由蓄能器 8－1 保持。压力开关 9－1 根据蓄能器的压力控制液压泵电动机的停/启。压力开关 9－3、9－4 用来指示制动器的工作状态。

图 2－22 右侧为偏航系统回路，偏航系统有两个工作压力，分别提供偏航时的阻尼和偏航结束时的制动力。工作压力仍由蓄能器 8－1 保持。由于机舱有很大的惯性，调向过程必须确保系统的稳定性，此时偏航制动器用作阻尼器。工作时，4YA 得电，电磁阀 16 左侧接通，回路压力由溢流阀保持，以提供调向系统足够的阻尼，调向结束时，4YA 失电，电磁阀右侧接通，制动压力由蓄能器直接提供。

由于系统的内泄漏、油温的变化及电磁阀的动作，液压系统的工作压力实际上始终处于变化的状态之中。其气动刹车与机械刹车回路的工作压力如图 2－23 所示。

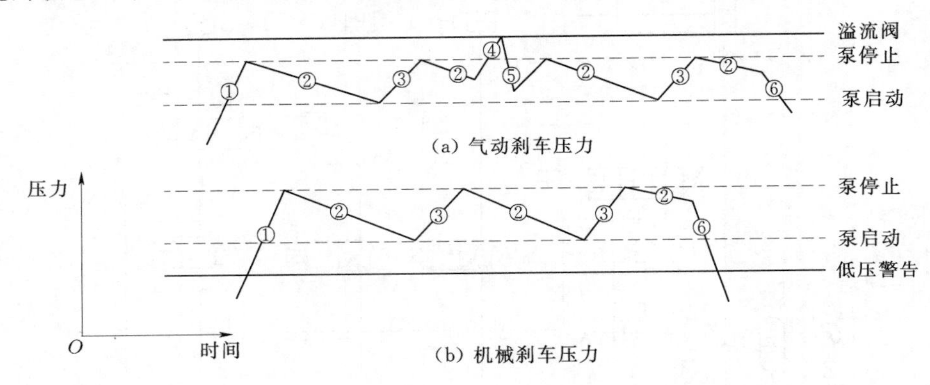

图 2－23　气动刹车与机械刹车压力图

①—开机时液压泵启动；②—内泄漏引起的压力降；③—液压泵重新启动；④—温升引起的压力升高；⑤—电磁阀动作引起的压力降；⑥—停机时电磁阀打开

图 2－23 中虚线之间为设定的工作范围。当压力由于温升或压力开关失灵超出该范围一定值时，会导致突开阀误动作，因此必须对系统压力进行限制，系统最高压力由溢流阀调节。而当压力同样由于压力开关失灵或液压泵站故障低于工作压力下限时，系统设置了低压警告线，以免在紧急状态下，机械刹车中的压力不足以制动风力机。

2.6.2　变桨距风力发电机组的液压系统

变桨距风力发电机组的液压系统中采用了比例控制技术。

2.6.2.1　比例控制技术

比例控制技术是在开关控制技术和伺服控制技术间的过渡技术，它具有控制原理简单、控制精度高、抗污染能力强、价格适中，受到人们的普遍重视，进而使该技术得到飞速发展。比例阀是在普通液压阀的基础上，用比例电磁铁取代阀的调节机构及普通电磁铁构成。采用比例放大器控制比例电磁铁就可实现对比例阀进行远距离连续控制，从而实现对液压系统压力、流量、方向的无级调节。

比例控制技术基本工作原理是：根据输入电信号电压值的大小，通过放大器，将该输入电压信号（一般在－9～＋9V之间）转换成相应的电流信号，如1mV电压对应1mA电流。这个电流信号作为输入量被送入比例电磁铁，从而产生和输入信号成比例的输出量——力或位移，该力或位移又作为输入量加给比例阀，后者产生一个与前者成比例的流量或压力。通过这样的转换，一个输入电压信号的变化，不但能控制执行元件和机械设备上工作部件的运动方向，而且可对其作用力和运动速度进行无级调节。此外，还能对相应的时间过程，如在一段时间内流量的变化、加速度的变化或减速度的变化等进行连续调节。

当需要更高的阀性能时，可在阀或电磁铁上接装一个位置传感器以提供一个与阀芯位置成比例的电信号。此位置信号向阀的控制器提供一个反馈，使阀芯可以由一个闭环配置来定位，如图2-24所示，一个输入信号供至放大器，该放大器本身又产生相应的输出信号去驱动电磁铁。电磁铁推动阀芯，直到来自位置传感器的反馈信号与输入信号相等为止。因而此技术能使阀芯在阀体中准确地定位，而由摩擦力、液动力或液压力所引起的任何干扰都被自动地纠正。

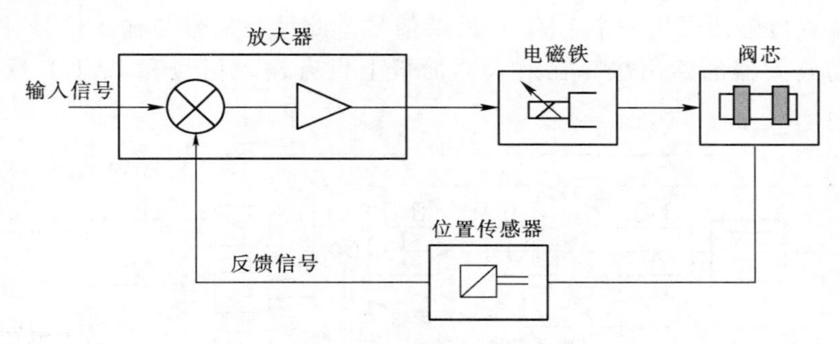

图2-24　位置反馈示意图

1. 位置传感器

通常用于阀芯位置反馈的传感器为非接触式LVDT（线性可变差动变压器），其工作原理如图2-25所示。LVDT由绕在与电磁铁推杆相连的铁芯上的一个一次线圈和两个二

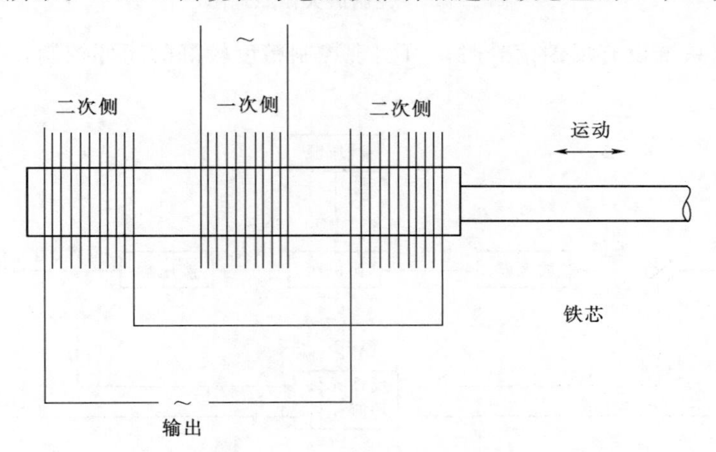

图2-25　阀芯位置传感器工作原理

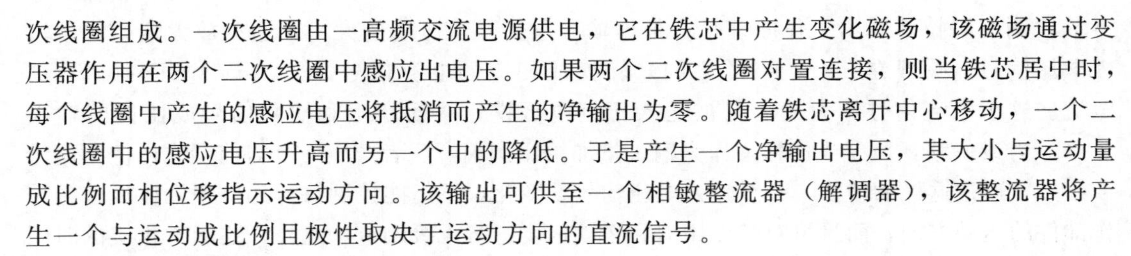

次线圈组成。一次线圈由一高频交流电源供电，它在铁芯中产生变化磁场，该磁场通过变压器作用在两个二次线圈中感应出电压。如果两个二次线圈对置连接，则当铁芯居中时，每个线圈中产生的感应电压将抵消而产生的净输出为零。随着铁芯离开中心移动，一个二次线圈中的感应电压升高而另一个中的降低。于是产生一个净输出电压，其大小与运动量成比例而相位移指示运动方向。该输出可供至一个相敏整流器（解调器），该整流器将产生一个与运动成比例且极性取决于运动方向的直流信号。

2. 控制放大器

控制放大器原理如图 2－26 所示。输入信号可以是可变电流或电压。根据输入信号的极性，阀芯两端的电磁铁将有一个通电，使阀芯向某一侧移动。放大器为两个运动方向设置了单独的增益调整，可用于微调阀的特性或设定最大流量，还设置了一个斜坡发生器，进行适当的接线，可启动或禁止该发生器，并且设置了斜坡时间调整，针对每个输出极设置了死区补偿调整，这使得可用电子方法消除阀芯遮盖的影响。使用位置传感器的比例阀意味着阀芯由位置控制，即阀芯在阀体中的位置仅取决于输入信号，而与流量、压力或摩擦力无关。位置传感器提供一个 LVDT 反馈信号。此反馈信号与输入信号相加所得到的误差信号驱动放大器的输出级。在放大器面板上设有输入信号和 LVDT 反馈信号的监测点。

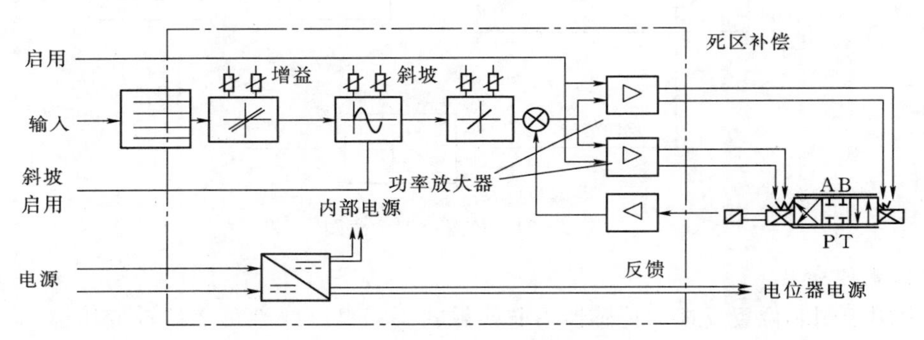

图 2－26　控制放大器原理图

当比例控制系统设有反馈信号时，可实现控制精度较好的闭环控制，其系统框图如图 2－27 所示。

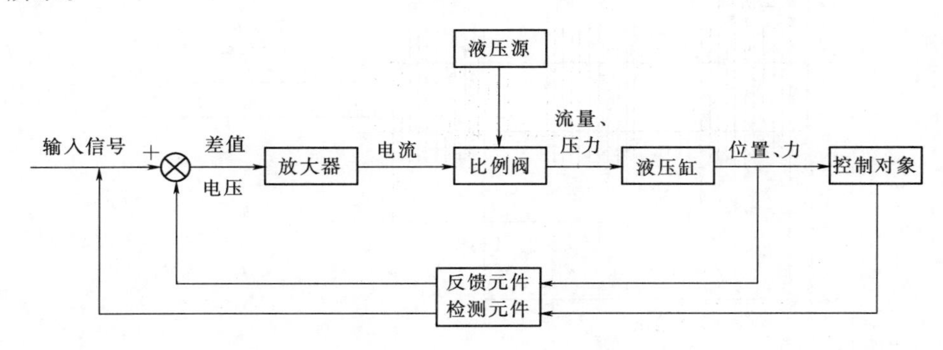

图 2－27　闭环控制比例系统框图

2.6.2.2 液压系统

变桨距风力发电机组的液压系统与定桨距风力发电机组的液压系统很相似，也由两个压力保持回路组成：一路由蓄能器通过电液比例阀供给桨叶变距液压缸；另一路由蓄能器供给高速轴上的机械刹车机构。

2.6.2.3 液压泵站

如图 2-28 所示，液压泵站的动力源是液压泵 5，为变桨距回路和制动器回路所共有。液压泵安装在油箱油面以下并通过联轴器 6，由油箱上部的电动机驱动。泵的流量变化根据负荷而定。

液压泵由压力传感器 12 的信号控制。当泵停止时，系统由蓄能器 15 保持压力。系统的工作压力设定范围为 13.0～14.5MPa。当压力降至 13.0MPa 以下时，泵启动；在 14.5MPa 时，泵停止。在运行、暂停和停止状态，泵根据压力传感器的信号自动工作，在紧急停机状态，泵被迅速断路而关闭。

压力油从泵通过高压滤清器 10 和单向阀 11-1 传送到蓄能器 15。滤清器上装有旁通阀和污染指示器，它在旁通阀打开前起作用。单向阀 11-1 在泵停止时阻止回流。紧跟在高压滤清器 10 外面，先后有两个压力表连接器（M_1 和 M_2），它们用于测量泵的压力或滤清器两端的压力降。测量时将各测量点的连接器通过软管与连接器 M_8 上的压力表 14 接通。

溢流阀 13-1 是防止泵在系统压力超过 14.5MPa 时继续泵油进入系统的安全阀。在蓄能器 15 外部加热时，溢流阀 13-1 会限制气压及油压升高。在检验蓄能器预充压力或系统维修时可调节流阀 17-1 用于释放来自蓄能器 15-1 的压力油。油箱上装有油位开关 2，以防油溢出或泵在无油情况下运转。

油箱内的油温由装在油池内的 PT100 传感器测得，出线盒装在油箱上部。油温过高会导致报警，以免在高温下泵的磨损，延长密封的使用寿命。

2.6.2.4 变桨距控制

变桨距控制系统的节距控制通过比例阀实现。如图 2-29 所示，控制器根据功率或转速信号给出一个−10～+10V 的控制电压，通过比例阀控制器转换成一定范围的电流信号，控制比例阀输出流量的方向和大小。点划线内是带控制放大器的比例阀，设有内部 LVDT 反馈。变桨距液压缸按比例阀输出的方向和流量操纵桨叶节距角在−5°～88°之间运动。为了提高整个变桨距系统的动态性能，在变距液压缸上也设有 LVDT 位置传感器，如图 2-29 所示。

如图 2-28 所示，在比例阀至油箱的回路上装有 0.1MPa 单向阀 11-4，该单向阀确保比例阀 T 口上总是保持 0.1MPa 压力，避免比例阀阻尼室内的阻尼“消失”导致该阀不稳定而产生振动。

比例阀上的红色 LED（发光二极管）指示 LVDT 故障，LVDT 输出信号是比例阀上滑阀位置的测量值，控制电压和 LVDT 信号相互间的关系如图 2-30 所示。

变桨距速率由控制器计算给出，以 0°为参考中心点。控制电压和变桨距速率的关系如图 2-30 所示。

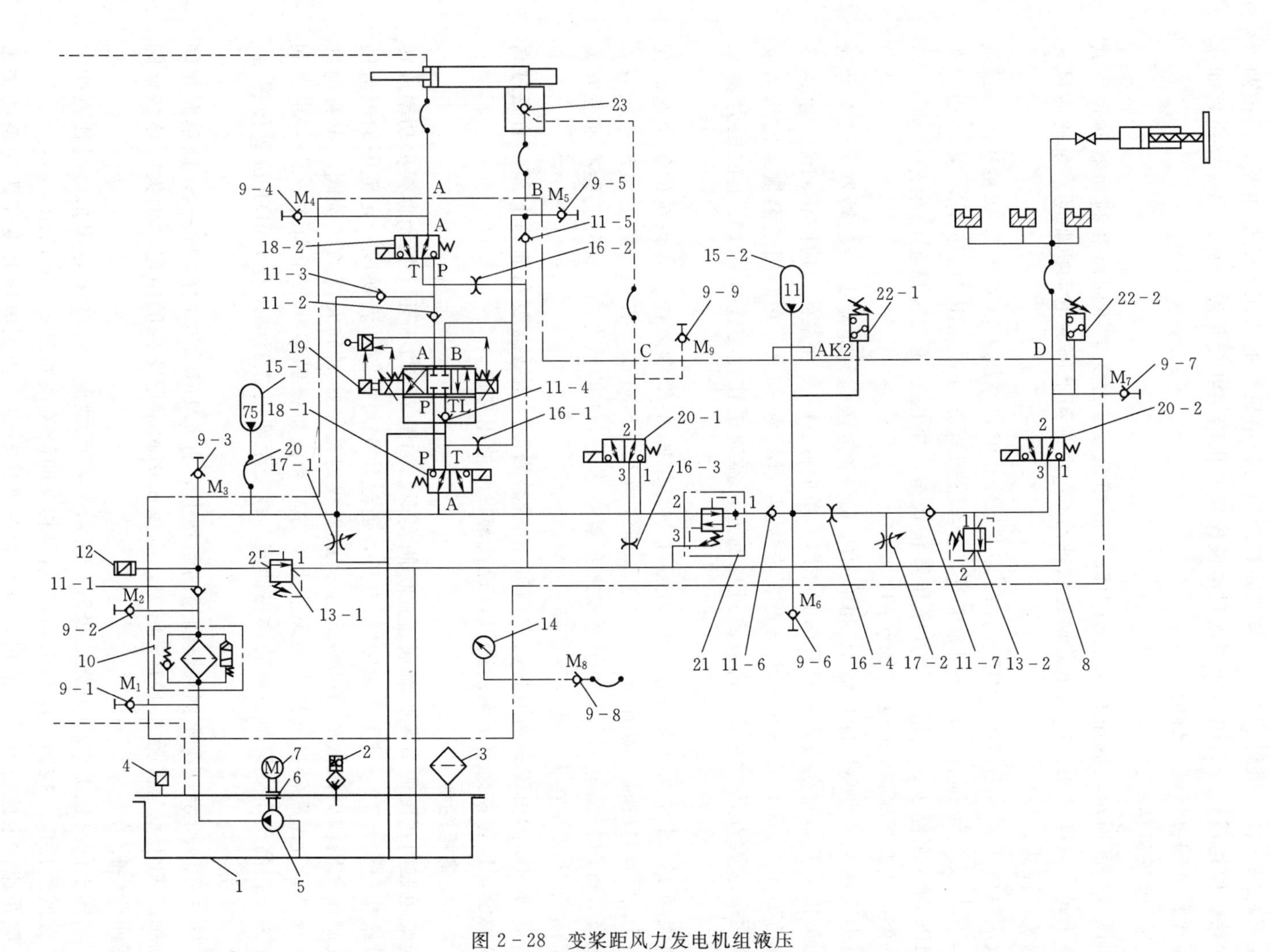

图 2－28　变桨距风力发电机组液压

1—油箱；2—油位开关；3—空气滤清器；4—温度传感器；5—液压泵；6—联轴器；7—电动机；8—主模块；9—压力测试口；10—高压滤清器；11—单向阀；12—压力传感器；13—溢流阀；14—压力表；15—蓄能器；16—节流阀；17—可调节流阀；18、20—电磁阀；19—比例阀；21—减压阀；22—压力开关；23—先导止回阀

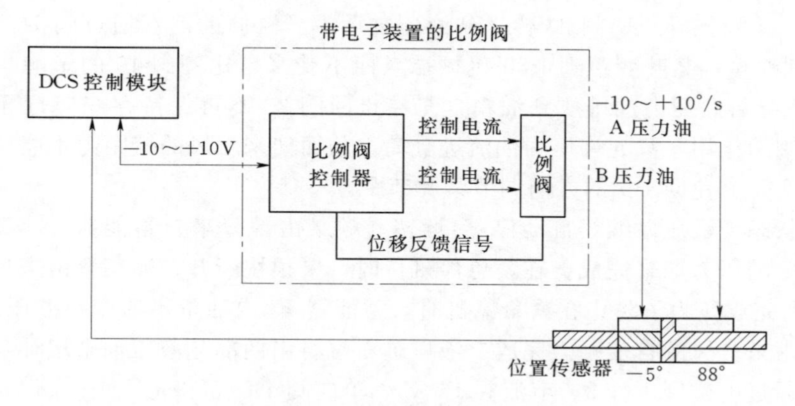

图 2-29 节距控制示意图

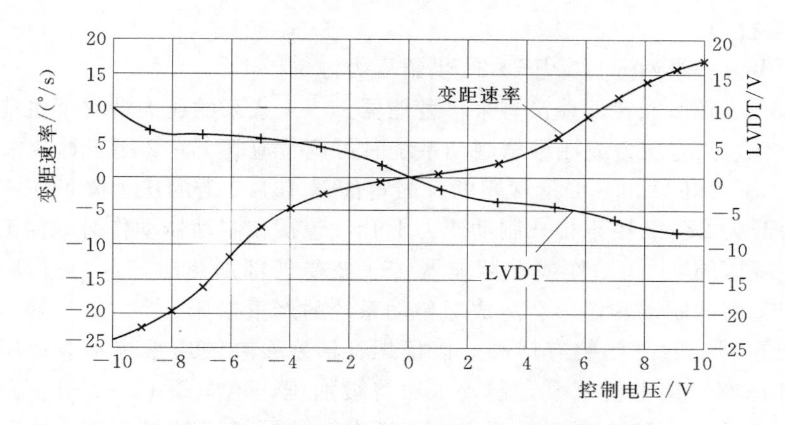

图 2-30 变桨距速率、位置反馈信号与控制电压的关系

1. 液压系统在运转/暂停时的工作情况

如图 2-28 所示，电磁阀 18-1（紧急顺桨阀）和 18-2（紧急顺桨阀）通电，使比例阀上的 P 口得到来自泵和蓄能器 15-1 的压力。节距液压缸的左端（前端）与比例阀的 A 口相连。

电磁阀 20-1 通电，从而使先导管路（虚线）增加压力。先导止回阀 23 装在变桨距液压缸后端靠先导压力打开以允许活塞双向自由移动。

把比例阀 19 通电到“直接”（P-A、B-T）时，压力油即通过单向阀 11-2 和电磁阀 18-2 传送 P-A 至缸筒的前端。活塞向右移动，相应的桨叶节距向−5°方向调节，油从液压缸右端（后端）通过先导止回阀 23 和比例阀 19（B 口至 T 口）回流到油箱。

把比例阀 19 通电到“跨接”（P-B、A-T）时，压力油通过止回阀传送 P-B 进入液压缸后端，活塞向左移动，相应的桨叶节距向+80°方向调节，油从液压缸左端（前端）通过电磁阀 18-2 和单向阀 11-3 回流到压力管路。由于右端活塞面积大于左端活塞面积，使活塞右端压力高于左端的压力，从而能使活塞向前移动。

2. 液压系统在停机/紧急停机时的工作情况

停机指令发出后，电磁阀 18-1 和 18-2 断电，油从蓄能器 15-1 通过电磁阀 18-1

和节流阀 16－1 及先导止回阀 23 传送到液压缸后端。缸筒的前端通过阀 18－2 和节流阀 16－2 排放到油箱，桨叶变距到＋80°机械端点而不受来自比例阀 19 的影响，电磁阀 20－1 断电时，先导管路压力油排放到油箱，先导止回阀 23 不再保持存双向打开位置，但仍然保持止回阀的作用，只允许压力油流进缸筒，从而使来自风的变距力不能从液压缸左端方向移动活塞，避免向－5°的方向调节桨叶节距。

在停机状态，液压泵继续自动停/启运转。顺桨由部分来自蓄能器 15－1，部分直接来自液压泵 5 的压力油来完成。在紧急停机位时，泵很快断开、顺桨只由来自蓄能器 15－1 的压力油来完成。为了防止在紧急停机时，蓄能器 15 内油量不够变距液压缸一个行程，紧急顺桨将由来自风的自变距力完成。液压缸右端将由两部分液压油来填补：一部分来自液压缸左端通过电磁阀 18－2、节流阀 16－2、单向阀 11－5 和先导止回阀 23 的重复循环油；另一部分油来自油箱通过吸油管路及单向阀 11－5 和先导止回阀 23。

2.6.2.5 制动机构

制动机构由液压泵站通过减压阀 21 供给压力源。

蓄能器 15－2 确保能在即使没有来自蓄能器 15－1 或泵的压力情况下也能工作。在检验蓄能器 15－2 的预充压力或在维修制动系统时可调节流阀 17－2 用于释放来自蓄能器 15－2 的压力油。压力开关 22－1 是常闭的，当蓄能器 15－2 上的压力降低于 1.5MPa 时打开报警。压力开关 22－2 用于检查制动压力上升，包括在制动器动作时。溢流阀 13－2 防止制动系统在减压阀 21 误动作或在蓄能器 15－2 受外部加热时，压力过高（2.3MPa）。过高的压力即过高的制动转矩，会造成对传动系统的严重损坏。

液压系统在制动器一侧装有球阀，以便螺杆活塞泵在液压系统不能加压时用于制动风力机。打开球阀、旋上活塞泵，制动卡钳将被加压，单向阀 11－7 阻止回流油向蓄能器 15－2 方向流动。要防止在电磁阀 20－2 通电时加压，这时制动系统的压力油经电磁阀排回油箱，加不上来自螺杆活塞泵的压力。在任何使用一次螺杆泵以后，球阀必须关闭。

1. 运行/暂停/停机

开机指令发出后，电磁阀 20－2 通电后，制动卡钳排油到油箱，刹车因此而被释放。暂停期间保持运行时的状态。

停机指令发出后，电磁阀 20－2 失电，来自蓄能器 15－2 的和减压阀 21 压力油可通过电磁阀 20－2 的 3 口进入制动器液压缸，实现停机时的制动。

2. 紧急停机

电磁阀 20－2 失电，蓄能器 15－2 将压力油通过电磁阀 20－2 进入制动卡钳液压缸。制动液压缸的速度由节流阀 16－4 控制。

2.6.2.6 液压系统的试验

1. 液压装置试验

（1）试验内容在正常运行和刹车状态，分别观察液压系统压力保持能力和液压系统各元件动作情况，记录系统自动补充压力的时间间隔。

（2）试验要求在执行气动与机械刹车指令时动作正确；在连续观察的 6h 中自动补充压力油 2 次，每次补油时间约 2s。在保持压力状态 24h 后，无外泄漏现象。

(3) 试验方法。

1) 打开油压表，进行开机、停机操作，观察液压是否及时补充、回放，卡钳补油，收回叶尖的压力是否保持在设定值。

2) 运行 24h 后，检查液压系统有无泄漏现象。

3) 用电压表测试电磁阀的工作电压。

4) 分别操作风力发电机组的开机，松刹、停机动作，观察叶尖、卡钳是否相应动作。

5) 观察在液压补油，回油时是否有异常噪声。

2. 飞车试验

飞车试验的目的是为了设定或检验液压系统中的突开阀。一般按以下步骤进行试验：

(1) 将所有过转速保护的设置值均改为正常设定值的 2 倍，以免这些保护首先动作。

(2) 将风力发电机组并网转速调至 5000r/min。

(3) 调整好突开阀后，启动风力发电机组。当风力发电机组转速达到额定转速的 125%时，突开阀将打开并将气动刹车油缸中的压力油释放，从而导致空气动力刹车动作，使风轮转速迅速降低。

(4) 读出最大风轮转速值和风速值。

(5) 试验结果正常时，将转速设置改为正常设定值。

3. 变距系统试验

变距系统试验主要是测试如图 2－30 所示的变距速率、位置反馈信号与控制电压的关系。

2.7 冷 却 系 统

风力发电机运行过程中，齿轮箱、发电机、控制变频器、刹车机构、调向装置及变桨系统等部件都会产生热量，其热量大小取决于设备类型及厂商的生产工艺。目前，兆瓦级机组中主要散热部件为齿轮箱、发电机和控制变频器。因此要解决机组的散热问题，首先应对以上三大部件进行散热分析。

齿轮箱在运转中，必然会有一定的功率损失，损失的功率将转换为热量，使齿轮箱的油温上升。若温度上升过高，会引起润滑油的性能变化，黏度降低、老化变质加快，换油周期变短。在负荷压力作用下，若润滑油膜遭到破坏而失去润滑作用，会导致齿轮啮合齿面或轴承表面损伤，最终造成设备事故。由此造成的停机损失和修理费用都是十分可观的。因此，控制齿轮箱的温升是保证风电齿轮箱持久、可靠运行的必要条件。冷却系统应能有效地将齿轮动力传输过程中发出的热量散发到空气中去。此外，在冬季如果长期处于0℃以下时，应考虑给齿轮箱的润滑油加热，以保证润滑油不至于在低温黏度变低时无法飞溅到高速轴轴承上进行润滑而造成高速轴轴承损坏。目前大型风力发电机组齿轮箱均带有强制润滑冷却系统和加热器，但在一些地区，如我国广东省的沿海地带，气温很少低于0℃，则无须考虑加热器。

发电机在工作过程中也会产生大量的热，其各种损耗是电机发热的内在因素，主要包括：①铁损耗，包括转子表面损耗、转子磁场中的高次谐波在定子上产生的附加损耗、齿内的脉振损耗、定子的谐波磁势磁通在转子表面上产生的损耗，以及定子端部的附加损耗（这是定子端接部分的漏磁通在附近各部件中产生的铁损耗）；② 铜损耗，包括绕组导线中的铜损耗（常称为基本铜损耗）和槽内横向漏磁通使导线截面上电流分布不均匀所增加的附加铜损耗；③励磁损耗，指维持发电机励磁所产生的损耗，主要是励磁绕组中的铜耗和励磁回路中元件损耗；④机械损耗，主要是轴承损耗和通风损耗（包括风摩损耗）及炭刷损耗。

单机容量增大是当今风电技术的发展趋势，而发电机容量的提高主要通过增大发电机的线性尺寸和增加电磁负荷两种途径来实现。由于发电机的损耗与线性尺寸的三次方成正比，因此增加线性尺寸的同时也会引起损耗增加，造成发电机效率下降；而通过增加电磁负荷的途径，也因受到磁路饱和的限制很难实现。目前，提高单机容量的主要措施是增加线性尺寸，但增加线性尺寸的同时会增加线棒铜损，线圈的温度将增加，绝缘老化加剧，最终可能达到无法容许的程度。这时就必须采用合适的冷却方式有效地带走各种损耗所产生的热能，将电机各部分的温升控制在允许范围内，保证发电机安全可靠地运行。可以说，发电机单机容量的增加主要是依靠电机冷却技术的提高来实现的。

控制变频器包括对系统运行进行实时监控的控制设备以及对发电机转子绕组输入电流与发电机输出电流进行变频处理的变频设备。随着风力发电机组的发展，系统的辅助及控制装置越来越多，控制变频器所承担的任务也因此越来越复杂，产生的热量越来越大，为了保护风力发电机组系统各部件长期稳定运行，需要及时对其进行冷却处理。

由于风力发电机组散热量来自机舱内各个组件，因此对机组采用的冷却方案取决于机组所选用的设备类型、散热量大小和组件在机舱内部的位置等因素，冷却方案设计具有灵活性、多样性。总体而言，早期的风力发电机组由于功率较小，其发热量也不大，只需通过自然通风就可以达到冷却要求。随着风力发电机组的功率逐步增大，自然通风已经无法满足机组的冷却需求，目前运行的风力发电机组普遍采用强制风冷与液冷的冷却方式，其中功率较小的风力发电机组多采用强制风冷方式，而对于中大型风力发电机组，则需采用循环液冷的方式才能满足冷却要求。

2.7.1 空冷方式

空冷方式是指利用空气与风力发电机组直接进行热交换达到冷却效果，它包括自然通风冷却和强制风冷两种方式。

1. 自然通风冷却

自然通风是指风力发电机组不设置任何冷却设备，机组暴露在空气中，由空气自然流通将热量带走。早期的风力发电机组发电功率和散热量都较小，只需通过自然通风即可满足冷却需求。

2. 强制风冷

强制风冷是指在自然通风无法满足冷却需求时，通过在风力发电机组内部设置风扇，当机舱内的空气温度超过某一值时，控制系统将机舱与外界相连的片状阀开启，并使用风扇对风力发电机组内各部件进行强制鼓风从而达到冷却效果。由于风冷通风系统的好坏直接影响到风力发电机组的冷却效果，与风力发电机组的安全稳定运行密不可分，因此通风

系统的设计显得至关重要。风路是否顺畅，能否带走风力发电机组各个发热部位的热量，对风力发电机组的性能有很大的影响。

强制风冷系统在具体实施时还可根据系统散热量的大小和各部件的散热特性选用不同的冷却方式。一般功率在300kW以下的机组，其齿轮箱多数是靠齿轮转动搅油飞溅润滑，齿轮箱的热平衡受机舱内通风条件的影响较大，且发电机与控制变频器的散热量较小，因此可在齿轮箱高速轴上装冷却风扇，随齿轮箱运转鼓风强化散热，同时还可加大机组内部通风空间和绕组内部风道，增大热交换面积，达到对系统各部件冷却的效果。与之相比，功率在300kW以上的机组，其齿轮箱与发电机所产生的热量有较大增加。对于齿轮箱而言，仅依靠在高速轴上装冷却风扇或在箱体上增加散热肋片都不足以控制住温升，只有采用循环供油润滑强制冷却才能解决问题，即在齿轮箱配置循环润滑冷却系统和监控装置，用油泵强制供油，润滑油经过滤和电动机鼓风冷却再分配到各个润滑点，保持齿轮箱油温在允许的最高温度以下。这种循环润滑冷却方式较为完善可靠，但对齿轮箱而言，增加了一套附属装置，所需费用大约为一台齿轮箱价格的10%。发电机的散热则通过设置内、外风扇产生冷却风对其进行表面冷却。理论上风扇的风量大、风速高，对进一步降低发电机温升有好处，但这会导致冷却风扇尺寸过大，进而增大了发电机风摩耗，降低发电机效率。因此，在设计时需合理确定风扇尺寸，使发电机的风摩耗能控制在较低水平而又能保证其温升符合要求。

风冷系统具有结构简单、初投资与运行费用都较低、利于管理与维护等优点，然而其制冷效果受气温影响较大，制冷量较小，同时由于机舱要保持通风，导致风沙和雨水侵蚀机舱内部件，不利于机组的正常运行。随着机组功率的不断增加，采用强制风冷已难以满足系统冷却要求，液冷系统应运而生。

2.7.2 液冷方式

由热力学知识可知，风力发电机组冷却系统中的热平衡方程式为

$$Q=q_{\mathrm{m}}c_{\mathrm{p}}(t_2-t_1)$$

式中 Q——系统的总散热量；

q_{m}——冷却介质的质量流量；

c_{p}——冷却介质在进口温度 t_1 与出口温度 t_2 温度范围内的平均定压质量比热。

由于液体工质的密度与比热容都远远大于气体工质，因此冷却系统采用液体冷却介质时能够获得更大的制冷量而结构更为紧凑，能有效地解决风冷系统制冷量小与体积庞大的问题。

对于兆瓦级的风力发电机组而言，其齿轮箱与发电机的发热量较大，通常需采用液冷方式进行冷却，冷却系统的结构如图2-31所示。

冷却系统内冷却介质先流经油冷器，与高温的齿轮箱润滑油进行热交换，带走齿轮箱所产生的热量，然后流入设置在发电机定子绕组周围的换热器，吸收发电机产生的热量，最后由水泵送至外部散热器进行冷却，再继续进行下一轮循环热交换。在通常情况下，冷却水泵始终保持工作，循环将系统内部热量带至外部散热器进行散热。而润滑油泵可由齿轮箱箱体内的温度传感器控制，当油温高于额定温度时，润滑油泵启动，油被送到齿轮箱

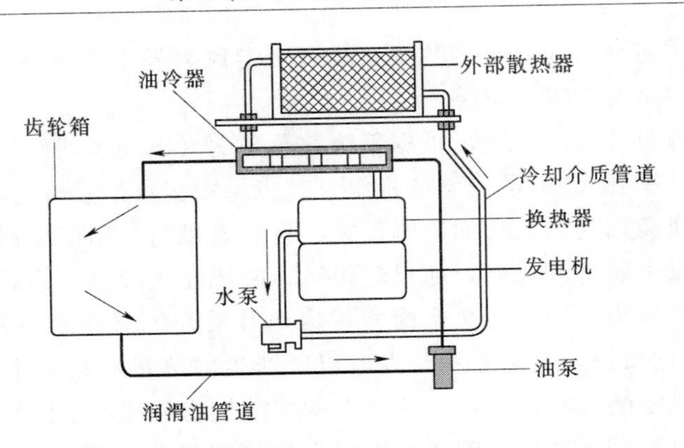

图 2-31　采用液冷方式的冷却系统结构示意图

外的油冷器进行冷却。当油温低于额定温度时，润滑油回路切断，停止冷却。由于各风力发电机组采用的控制变频器不同，其功能与散热量也有所差异。当控制变频器的散热量较小时，可在机舱内部设置风扇，对控制变频器与其他散热部件进行强制空冷；当控制变频器的散热量较大时，可在控制变频器外部设置换热器，由冷却介质将产生的热量带走，从而达到对控制变频器的温度控制。

对于发电功率更大的兆瓦级风力发电机组，其齿轮箱、发电机与控制变频器的散热量都比较大，对系统的冷却可采用对发电机和控制变频器进行液冷与对齿轮箱润滑油进行强制空冷相结合的冷却方式，图 2-32 所示即为采用此冷却方式的某 1.5MW 风力发电机组冷却系统。机组的冷却系统包括油冷与水冷系统两部分，其中油冷系统负责齿轮箱的冷却，水冷系统则负责发电机与控制变频器的冷却。在油冷系统中，润滑油对齿轮箱进行润滑，温度升高后的润滑油被送至机舱中部上方的润滑油冷却装置进行强制空冷，冷却后的润滑油再回到齿轮箱进行下一轮的润滑。水冷系统则是由乙二醇水溶液-空气换热器，水泵，阀门以及温度、压力、流量控制器等部件组成的闭合回路，回路中的冷却介质流经发电机和控制变频器换热器将它们产生的热量带走，温度升高后进

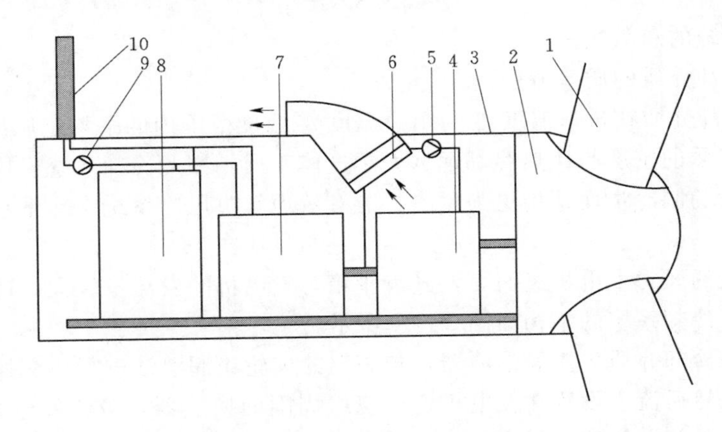

图 2-32　某 1.5MW 风力发电机组冷却系统示意图

1—桨叶；2—轮毂；3—机舱盖；4—齿轮箱；5—油泵；6—润滑油冷却装置；7—发电机；8—控制变频器；9—水泵；10—外部散热器

入机舱尾部上方的外部散热器进行冷却，温度降低后回到发电机和控制变频器进行下一轮冷却循环。

与采用风冷冷却的风力发电机组相比，采用液冷系统的风力发电机组结构更为紧凑，虽增加了换热器与冷却介质的费用，却大大提高了风力发电机组的冷却效果，从而提高了风力发电机组的工作效率。同时由于机舱可以设计成密封型，避免了舱内风沙雨水的侵入，给机组创造了有利的工作环境，还延长了设备的使用寿命。

2.8 其 他 部 件

风力发电机组的其他部件主要包括机舱、塔架、监控系统、风速仪和风向标等。

2.8.1 机舱、塔架

2.8.1.1 机舱

机舱主要放置发电机等关键设备，风力发电机组的机舱底盘上布置有风轮轴、齿轮箱、发电机、偏航驱动器等机械部件，起着定位和承载（包括静负载和动负载）的作用。维护人员通过塔架进入机舱。

为了保护风力发电机组机电设备不受外部环境的影响，减少噪声排放，机舱与轮毂均采用罩体密封。罩体包括机舱罩和轮毂罩，机舱罩是由左下部机舱罩、右下部机舱罩、左机舱罩、右机舱罩、上部机舱罩、上背板、下背板七大主要部分通过螺栓联结组合而成的壳体。机舱罩设有紧急逃生孔，紧急情况下人员可以通过逃生孔从机舱外部逃离。机舱罩内壁分布着接地电缆，作为防雷击系统的一部分。

2.8.1.2 塔架

塔架是风力发电机组的主要支撑装置，它将发电机与地面连接，为水平轴叶轮提供需要的高度，是整个风力发电机组安全运行的基础。随着风力发电机组性能的提高，对作为支撑系统的风电塔架也提出了更高的设计要求，所以在此过程中也形成了多种型式的塔架。根据塔架型式不同，主要分为锥台型塔筒和格构式塔架两种。

1. 锥台型塔筒

锥台型塔筒是目前大型风力发电机组市场中最典型的结构型式。从外观看，由底向上直径逐渐减少，整体呈圆台状，因此也称此类塔架为圆台式塔架，如图 2-33 所示。其主要优点是美观大方、构造简单、安全性能好、占地面积小、安装、维护方便等，但目前存在的主要缺点是整体材料的利用率低、运输中易受道路条件限制、经济性差等。

图 2-33 锥台型塔筒

图2-34　格构式塔架

2. 格构式塔架

格构式塔架与输电塔架外观相似，如图2-34所示。在早期小型风力发电机组中大量使用，其主要优点是制造简单、耗材少、成本低、运输方便，但主要缺点是在施工过程中连接的零部件较多、现场施工周期长、占地面积大、通向塔顶的检修梯子不好安装等。在大型风力发电机组中逐渐被锥台型塔筒替代。不过当高度和刚度设计要求相同的情况下，格构式塔架比锥台型塔筒的材料利用率高，使其材料消耗减少约40%；同时，格构式塔架的构件尺寸小，可大幅降低运输成本。

塔架对大、中型风力机的影响不容忽视。塔架主要起着支撑机舱、发电机和叶轮的作用，并将载荷传递到基础上。塔架在法兰处用螺栓连接，塔架下端与基础环连接，塔架上端通过螺栓与偏航轴承连接；塔架侧的连接法兰分为内法兰式和外法兰式；塔架底部安装有主控制，变流柜，变压器（如有必要）或水冷柜；塔架内装有安全爬梯并一直通到塔架上平台。每段塔架上部都设有一个休息平台；塔架和机舱内都装有照明灯；所有的动力和信号电缆在塔架内布放。电缆固定在电缆夹板上，不会影响机舱的转动。发生扭缆时，风力发电机组能自动解缆。

2.8.2　监控系统

风电场计算机监控系统分中央监控系统和远程监控系统，系统主要由监控计算机、数据传输介质、信号转换模块、监控软件等组成。

2.8.2.1　中央监控系统

中央监控系统的功能是对风力发电机进行实时监测、远程控制、故障报警、数据记录、数据报表、曲线生成等。风力发电机组控制器中央监控系统结构图如图2-35所示。

目前，风电场所采用的风力发电机组都是以大型并网型机组为主，各机组有自己的控制系统，通过采集机组数据及状态，计算、分析和判断等操纵、控制机组的启动、停机、调向、刹车和开启油泵等动作，能使单台风力发电机组实现全部自动控制，无需人为干预。

目前国内监控系统的下位机是指风力发电机组的控制器。监控系统上位机一般都是工控机，即工业计算机，通过里面的软件和各种接口，如串口、以太网等采集各种设备的数据。对于每台风力发电机组说，即使没有上位机的参与，也能安全正确地工作。所以相对于整个监控系统，下位机控制系统是一个子系统，具有在各种异常工况下单独处理风力发电机组故障、保证风力发电机组安全稳定运行的能力。从整个风电场的运行管理来说，每台风力发电机组的下位控制器都应具有与上位机进行数据交换的功能，使上位机能随时了

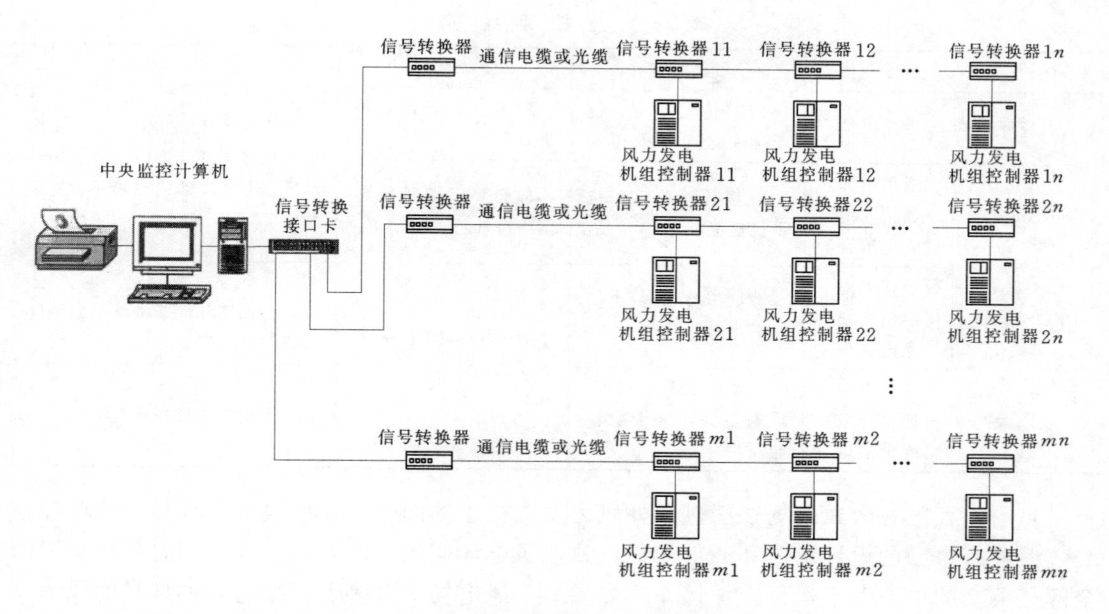

图 2-35 风力发电机组控制器中央监控系统结构图

解下位机的运行状态并对其进行常规的管理性控制，为风电场的管理提供方便。因此，下位机控制器必须使各自的风力发电机组可靠地工作，同时具有与上位机通信联系的专用通信接口。

国外进口的风力发电机组控制器主机一般采用专门设计的工业计算机或单板机。也有采用可编程控制器（PLC）。国内生产的一般较多采用可编程控制器（如西门子 S7-300），这样硬件的可靠性和稳定性好，尤其是对于海上风电维护不便，需要更可靠的控制器。PLC 模块化的结构方便组成各种所需单元。控制器之间的连接也很方便，易于构成主从式分散控制系统。

计算机监控系统负责管理各风力发电机组的运行数据、状态、保护装置动作情况、故障类型等。为了实现上述功能，下位机（风力发电机组控制器）控制系统应能将机组的数据、状态和故障情况等通过专用的通信装置和接口电路与中央控制器的上位计算机通信，同时上位机应能向下位机传达控制指令，由下位机的控制系统执行相应的动作，从而实现远程监控功能。

中央监控系统一般运行在位于中央控制室的一台通用计算机或工控机上，通过与分散在风电场上的每台风力发电机组就地控制系统进行通信，实现对全场风力发电机组的集群监控。风电场中央监控系统与风力发电机组就地控制系统之间的通信属于较远距离的一对多通信。国内现有的风电场中央监控系统一般采用 RS485 串行通信方式和 4～20 mA 电流环通信方式。比较先进的通信方式还有 PROFIBUS 通信方式、工业以太网通信方式等。

上述各种通信方式能够完成风电场中央监控系统中的通信问题，但具有各自的特点，主要通信方式简要对比见表 2-1。

表 2-1　监控系统软件

通信方式	传输介质	性能特点	工程造价	适应条件
电流环	通信电缆	数据传输稳定，抗干扰性能强	较高，元器件需要进口	适应现场环境非常复杂，雷电少的地区。部分进口设备采用这种通信方式。适应现场环境复杂的地区
RS485	通信电缆 通信光缆 光电混合	数据传输稳定，抗干扰性能强	较低，元器件可在国内采购	
PROFIBUS	通信电缆 通信光缆 光电混合	数据传输非常稳定，抗干扰性能强	较高，元器件需要满足 PROFIBUS 协议高	适应现场环境非常复杂的地区
工业以太网	通信电缆 通信光缆 光电混合	数据传输非常稳定，传输量大，抗干扰性能强		适应于各种现场环境

目前，我国各大风电场在引进国外风力发电机组的同时，一般也都配有相应的监控系统，但各有自己的设计思路和通信规约，致使风电场监控技术互不兼容。同时，控制界面全部是英文的也不利于运行人员操作。如果一个风电场中有多个厂家的多种型号的风力发电机组，就会给风电场的运行管理造成一定困难。如内蒙古辉腾锡勒风电场就有约 5 种监控软件。因此，国家在科技攻关计划中除了对大型风力发电机组进行攻关外，也应把风电场的监控系统列入攻关计划，以期开发出适合我国风电场运行管理的监控系统。目前也有一些国产监控系统开发成功并投入运行，如新疆风能有限责任公司的“通用风电场中央及远程监控系统”。

风电场的监控软件应具有以下功能：

（1）友好的控制界面。在编制监控软件时，应充分考虑到风电场运行管理的要求，应当使用中文菜单，使操作简单，尽可能为风电场的管理提供方便。

（2）能够显示各台机组的运行数据，比如每台机组的瞬时发电功率、累计发电量、发电小时数、风轮及电机的转速和风速、风向等，将下位机的这些数据调入到上位机，在显示器上显示出来，必要时还应当用曲线或图表的形式直观地显示出来。

（3）显示各风力发电机组的运行状态。如开机、停车、调向、手动/自动控制以及发电机工作情况。通过各风力发电机组的状态了解整个风电场的运行情况，这对整个风电场的管理十分重要。

（4）能够及时显示各机组运行过程中发生的故障。在显示故障时，应能显示出故障的类型及发生时间，以便运行人员及时处理和消除故障，保证风力发电机组的安全和持续运行。

（5）能够对风力发电机组实现集中控制。值班员在集中控制室内就能对下位机进行状态设置和控制，如开机、停机、左右调向等。但这类操作必须有一定的权限，以保证整个风电场的运行安全。

（6）历史记录。监控软件应当具有运行数据的定时打印和人工即时打印以及故障自动记录的功能，以便随时查看风电场运行状况的历史记录情况。

监控软件的开发应尽可能在现有工业控制软件的基础上进行二次开发，这样：一方

面，可以缩短开发周期；另一方面，由于现有的工业控制软件技术成熟、应用广泛、稳定性好，且能随着软件的升级而方便地升级。而直接从底层开发的监控软件如果没有强大的软件队伍和经验丰富的软件人员很难与之相比。

2.8.2.2 远程监控系统

远程监控系统的功能是实时查看风力发电机组的运行情况、数据记录。风力发电机组远程监控系统如图 2-36 所示。

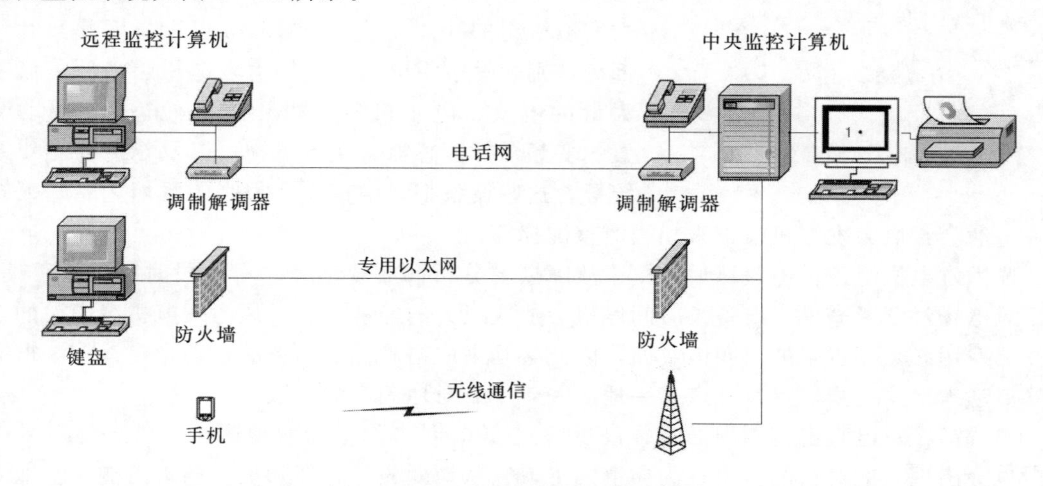

图 2-36 风力发电机组远程监控系统

实际上，只要通信网连通，理论上远程监控系统能够实现的功能和中央监控系统一样。但是为了安全起见，目前国内远程监控系统只完成监视功能，随着技术的发展，无人值班风电场的推出，远程监控系统将发挥更大作用。

通信网络是实现远程监控系统的关键环节。根据国家经济贸易委员会令（第 30 号）《电网和电厂计算机监控系统及调度数据网络安全防护规定》，电力监控系统和电力调度数据网络均不得和互联网相连。因此，远程监控系统通常只能使用专线或电力调度数据网络。考虑到实际情况和需要，现在实现的风电场远程监控系统一般采用电话线进行通信。

2.8.3 风速仪和风向标

风速仪和风向标用于测量风速及风向。风力发电机组很多控制算法都要依靠风速和风向这两个输入量，风速测量仪主要有风杯风速计、螺旋桨式风速计、热线风速计和声学风速表等，风杯风速器较常见。风杯风速计的外形图如图 2-37 所示。

图 2-37 风杯风速计的外形图

风向标是各种测风仪器中用以指示风向的部件。分为头部、水平杆和尾翼等三个部分。在风力的作用下，风向标绕直轴旋转，使风尾摆向下风方向，头部指向风的来向，其外形如图 2-38 所示。

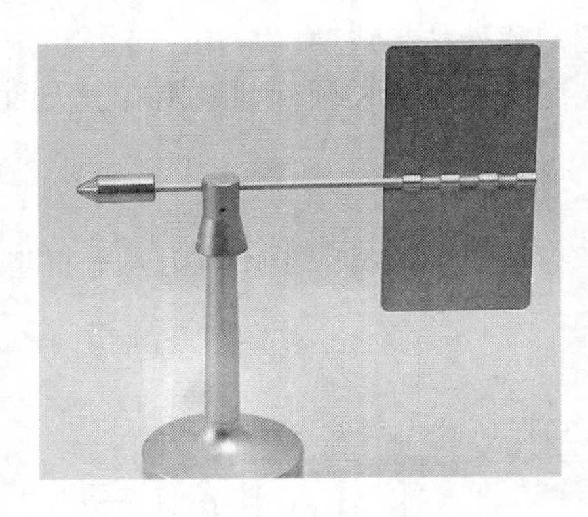

图 2-38　风向标外形图

2.8.4　防雷接地系统

1. 雷电对风力发电机组的危害

风力发电机组通常位于开阔的区域，而且很高，所以整个机组是暴露在直接雷击的威胁之下，被雷电直接击中的概率与物体高度的平方成正比。兆瓦级风力发电机组的叶片高度达到 150m 以上，因此其叶片部分特别容易被雷电击中。风力发电机组内部集成了大量的电气、电子设备，如开关柜、电机、驱动装置、变频器、传感器、执行机构，以及相应的总线系统等，这些设备都集中在一个很小的区域内。毫无疑问，电涌会给风力发电机组带来相当严重的损坏。

风力发电机组遭雷击损坏后，由于故障损害分析和后续维修会有一段时间的停工期。对于风电场经营者来说，设备长时间停机会造成很大的经济损失。风力发电机组高昂的首次投资费用必须在有限的时间内收回，因此必须采取措施保证设备的长期稳定运行。根据雷暴活动水平这一指标可以知道某一地区一年中云对地闪击的次数。

当暴露在雷电直击范围内的物体高度超过 60m 时，除了云对地闪击之外，地对云的闪击也会出现。地对云闪击也称为向上闪击，它从地面先导，伴随更大的雷击能量。地对云闪击的影响对于风力发电机组叶片的防雷设计和第一级防雷器设计非常重要。根据长期观察，雷击除了机械损坏之外，风力发电机组的电子控制部分也常常损坏，主要有变频器、过程控制计算机、转速表传感器、测风装置。

2. 防雷保护区

防雷保护区概念是规划风力发电机组综合防雷保护的基础。它是一种对结构空间的设计方法，以便在构筑物内创建一个稳定的电磁兼容性环境，构筑物内不同电气设备的抗电磁干扰能力的大小决定了对这一空间电磁环境的要求。

作为一种保护措施，防雷保护区应在防雷保护区的边界之内，将电磁干扰（传导性干扰和辐射性干扰）降低到可接受的范围内。因此，被保护的构筑物的不同部分被细分为不同的防雷保护区。防雷保护区的具体划分结果与风力发电机组的结构有关，也要考虑该保护区的结构型式和材料。通过设置屏蔽装置和安装电涌保护器，雷电在防雷保护区 LPZ0A 区的影响在进入 PLZ1 区时被大大缩减，风力发电机组内的电气和电子设备就可以正常工作，不受干扰。按照防雷保护分区的概念，一个综合防雷系统包括外部防雷保护系统和内部防雷保护系统。

（1）外部防雷保护系统。由接闪器、引下线和接地系统组成，它的作用是防止雷击对风力发电机组结构的损坏以及火灾危险。

1）接闪器。雷击风力发电机组的落雷点一般是在机组的桨叶上，因此接闪器应预先布置在桨叶的预计雷击点处以接闪雷击电流。为了以可控的方式传导雷电流入地，桨叶上的接闪器通过金属连接带连接到中间部位，金属连接带可采用 30mm×3.5mm 镀锌扁钢。对于机舱内的滚珠轴承，为了避免雷电在通过轴承时引起焊接效应，应将其两端通过炭刷

或者放电间隙桥接起来。对于位于机舱顶部设施（如风速计）的防雷保护，采用避雷针的方式安装在机舱顶部，保护该设备不受直接雷击。

2）引下线。如果是金属塔，可以直接将塔架作为引下线使用；如果是混凝土塔身，则采用内置引下线（镀锌圆钢 ϕ8～10mm，或者镀锌扁钢 30mm×3.5mm）。

3）接地系统。风力发电机组的接地由塔基的基础接地极提供，塔基的基础接地网应与周围操作室的基础接地极相连构成一个网状接地体。这样就形成了一个等电位连接区，当雷击发生时可以消除不同点的电位差。

（2）内部防雷保护系统。由所有在该区域内缩减雷电电磁效应的设施组成。主要包括防雷击等电位连接、屏蔽措施和电涌保护。

1）防雷击等电位连接。它是内部防雷保护系统的重要组成部分。等电位连接可以有效抑制雷电引起的电位差。在防雷击等电位连接系统内，所有导电的部件都被相互连接，以减小电位差。在设计等电位连接时，应按照标准考虑其最小连接横截面积。一个完整的等电位连接网络也包括金属管线和电源、信号线路的等电位连接，这些线路应通过雷电流保护器与主接地汇流排相连。

2）屏蔽措施。屏蔽装置可以减少电磁干扰。由于风力发电机组结构的特殊性，如果能在设计阶段就考虑到屏蔽措施，则屏蔽装置就可以以较低成本实现。机舱应该制成一个封闭的金属壳体，相关的电气和电子器件都装在开关柜，开关柜和控制柜的柜体应具备良好的屏蔽效果。在塔基和机舱不同设备之间的线缆应带有外部金属屏蔽层。只有当线缆屏蔽的两端都连接到等电位连接带时，屏蔽层对电磁干扰的抑制才是有效的。

3）电涌保护。除了使用屏蔽措施来抑制辐射干扰源以外，对于防雷保护区边界处的传导性干扰也需要有相应的保护措施，这样才能让电气和电子设备可靠的工作。在防雷保护区 LPZ0A 进入 LPZ1 区的边界处必须使用防雷器，它可以导走大量的雷电流而不会损坏设备。这种防雷器也称为雷电流保护器（Ⅰ级防雷器），它们可以限制接地的金属设施和电源、信号线路之间由雷电引起的高电位差在安全的范围之内。雷电流保护器的最重要的特性是按照 10/350μs 脉冲波形测试，可以承受雷击电流。对风力发电机组来说，电源线路 LPZ0A 进入 LPZ1 区边界处的防雷保护是在 400/690V 电源侧完成的。

在防雷保护区以及后续防雷区，仅有能量较小的脉冲电流存在，这类脉冲电流由外部的感应过电压产生，或者是从系统内部产生的电涌。对这一类脉冲电流的保护设备称为电涌保护器（Ⅱ级防雷器）。用 8/20μs 脉冲电流波形进行测试，从能量协调的角度来说，电涌保护器需要安装在雷电流保护器的下游。在数据处理系统安装的电涌保护器与电源系统上安装的电涌保护器不同，需要特别注意电涌保护器与测控系统的兼容性以及测控系统本身的工作特性。在数据处理系统安装的电涌保护器与数据线串联连接，而且必须将干扰水平限制在被保护设备的耐受能力以内。

3. 接地系统

（1）TN 系统，风力发电机组采用 TN 系统接地，可以较好地保护风力发电机组电气系统及人员的安全。

TN 系统中，T 表示系统中有一点（一般是电源的中性点）直接接大地，称为系统接地；N 表示与系统直接接地点连接而间接接地，称为保护接地。TN 系统就是风力发电机组宜设一共用接地装置，供所有设备接地之用，对于其他原因必须分开装设到接地装置，应采取等电位连接，连到共用接地装置上。

(2) TT 系统，前一个 T 表示系统接地是直接接地；后一个 T 表示用电设备外壳的保护接地是经 PE 线接单独的接地板直接接大地，与电源中的 N 线线路和系统接地点毫无关联。

风力发电机组的接地系统应包括一个围绕风机基础的环状导体，此环状导体埋设在距风机基础 1m 远的地面下 1m 处，采用 $50mm^2$ 铜导体或直径更大些的铜导体；每隔一定距离打入地下镀铜接地棒，作为铜导体电环的补充；铜导电环连接到塔架两个相反位置，地面的控制器连接到连接点之一。有的设计是在铜环导体与塔基中间加上两个环导体，以改善跨步电压。

4. 风力发电机组的接地电阻

为了将雷电流流散入大地而不会产生危险的过电压，风力发电机组的工频接地电阻一般应小于 4Ω，在土壤电阻率很大的地方可放宽到 10Ω。

如果风力发电机组放置在接地电阻率高的区域，要延伸接地网以保证接地电阻达到标准要求。若测得接地网电阻值大于要求的值，则必须采取降阻措施，直至达到标准要求。可以将多台风力发电机组的接地网相互连接，这样就可以通过延伸机组的接地网进一步降低接地电阻，使雷电流迅速流散入大地而不产生危险的过电压。

第 3 章　风力发电机组的控制技术

风力发电机组的控制系统是机组正常运行的核心，其控制技术是机组的关键技术之一，与机组的其他部分密切相关，其精确的控制和完善的功能将直接影响机组的安全与效率。我国风力发电事业还处于起步阶段，控制技术与国外先进技术有较大差距，这也是风电成本比国外高很多的主要原因。因此，有必要对风力发电机组的控制技术进行深入研究。

3.1　风力发电机组的基本控制要求

控制系统是风力发电机组的大脑指挥中心，它的安全运行保证了整个机组的安全运行。通常，风力发电机组运行所涉及的内容相当广泛，就运行工况而言，包括启动、停机、功率调解、变速控制和事故处理等方面的内容。

3.1.1　风力发电机组的控制思想

风力发电机组的控制思想是以安全运行控制技术要求为主，控制系统应以主动或被动的方式控制机组的运行，使机组运行在安全允许的规定范围内，且各项参数保持在正常工作范围内。控制系统可以控制的功能和参数包括功率极限、风轮转速、电气负载的连接、启动及停机过程、电网或负载丢失时的停机、纽缆限制、机舱时风、运行时电量和温度参数的限制。

保护环节以失效保护为原则进行设计，当控制失败后，受内部或外部故障影响，导致机组不能正常运行时，安全保护装置工作，保护风力发电机组处于安全状态。在超速、发电机过载或故障、过振动、电网或负载丢失、脱网时停机失败等情况下，系统自动执行保护功能。保护环节为多级安全链互锁，在控制过程中具有逻辑“与”的功能，而在达到控制目标方面，可实现逻辑“或”的结果。此外，机组还应配备防雷装置，对主电路和控制电路分别进行防雷保护。控制线路中每一电源和信号输入端均设有防高压元件，主控柜能良好地接地并提供简单有效的疏雷通道。

3.1.2　风力发电机组安全运行的条件

1. 风力发电机组安全运行的必备条件

（1）风力发电机组的开关出线侧相序必须与并网电网相序一致，与电网电压标称值相等，三相电压平衡。

（2）风力发电机组安全链系统硬件运行正常。

（3）调向系统处于正常状态，风速仪和风向标处于正常运行状态。

（4）制动和控制系统液压装置的油压、油温和油位在规定范围内。

（5）齿轮箱的油位和油温在规定范围内。

（6）保护装置在正常位置，且保护值与规定值相符。

（7）控制电源处于接通位置。

（8）监控系统显示正常运行状态。

（9）在寒冷和潮湿地区，停止运行一个月以上的风力发电机组投入运行前应检查绝缘装置，合格后方能启动。

（10）经维修的风力发电机组在投入启动前，应办理工作票终结手续。

2. 风力发电机组工作参数的安全运行范围

（1）风速。自然界风的变化是随机的，通常，当风速在 3～25m/s 的安全运行范围时，只对风力发电机组的发电有影响；当风速变化率较大且风速超过 25m/s 以上时，则会对机组的安全性产生威胁。

（2）转速。风力发电机组的风轮转速通常低于 40r/min，发电机的最高转速不超过额定转速的 30%，不同型号的机组数值不同。当风力发电机组超速时，机组的安全性将受到严重威胁。

（3）功率。当风力发电机组低于额定风速下运行时，不作功率调节控制；当风力发电机组在高于额定风速下运行时，才作限制最大功率的控制。通常，安全运行最大功率不超过设计值的 20%。

（4）温度。风力发电机组的运行将会引起各部件的温升，通常，控制器环境温度应为 0～30℃，齿轮箱油温低于 120℃，发电机温度低于 150℃，传动等环节温度低于 70℃。

（5）电压。发电电压的允许波动范围为设计值的 10%以内，当瞬间值超过额定值 30%时，视为系统故障。

（6）频率。发电频率应限制在（50±1）Hz，否则视为系统故障。

（7）压力。机组的许多执行机构由液压执行机构完成，所以必须监控各液压系统的压力值。压力的允许范围由压力开关设计额定值决定，通常低于 100MPa。

3. 风力发电机组接地保护的安全要求

（1）配电设备接地。变压器、开关设备和互感器外壳、配电柜、控制保护盘、金属构架、防雷设施以及电缆头等设备必须接地。

（2）塔筒与地基接地装置、接地体应水平敷设。塔内和地基的角钢基础及支架要用截面为 25mm×4mm 的扁钢相连作接地干线，塔筒做一组，地基做一组，两者焊接相连形成接地网。

（3）接地网形式以闭合环形为好，当接地电阻不满足要求时，克服架外引式接地体。

（4）接地体的外缘应闭合，外缘各角要做成圆弧形，其半径不宜小于均压带间距的一半，埋设深度应不小于 0.6m，并敷设水平均压带。

（5）变压器中性点的工作接地和保护地线，要分别与人工接地网连接。

（6）避雷线宜单独设置接地装置。

（7）整个接地网的接地电阻应小于 4Ω。

（8）电缆线路的接地电缆绝缘损坏时，在电缆的外皮、铠甲及接线头盒均可能带电，

要求必须接地。

（9）如果电缆在地下敷设，两端都应接地。低压电缆除在潮湿的环境必须接地外，其他正常环境不必接地。高压电缆任何情况都应接地。

3.1.3 风力发电机组安全运行的控制要求

1．开机并网控制

当风速10min平均值在系统工作区域内时，机械闸松开，叶尖复位，风力作用于风轮旋转平面上，风力发电机组慢慢启动。当发电机转速大于20%的额定转速持续5min，仍达不到60%额定转速时，发电机进入电网软拖动状态，软拖动方式视机组型号而定。正常情况下，风力发电机组转速连续增高，不必软拖动增速，当转速达到软切转速时，风力发电机组进入软切入状态；当转速升到发电机同步转速时，旁路主接触器动作，机组并入电网运行。对于有大、小发电机的失速型风力发电机组，按风速范围和功率大小确定大、小发电机的投入。大发电机和小发电机的发电工作转速不一致，通常为1500r/min和1000r/min，在小发电机脱网，大发电机并网的切换过程中，要求严格控制，通常必须在几秒内完成控制。

2．功率调节控制

当风力发电机组在额定风速以上并网运行时，对于失速型风力发电机组，由于叶片的失速特性，发电机的功率不会超过额定功率的15%，一旦发生过载，必须脱网停机。对于变桨距风力发电机组，必须进行变距调节，以减小风轮的捕风能力，以便达到调节功率的目的。通常桨距角的调节范围在−2°～86°。

3．对风控制

风力发电机组在工作风速区时，应根据机舱的控制灵敏度，确定每次偏航的调整角度。可以根据偏离的程度和风向传感器的灵敏度判定机舱与风向的偏离角度，时刻调整机舱偏左和偏右的角度。

4．偏转90°对风控制

风力发电机组在大风速或超转速工作时，为了风力发电机组的安全停机，必须降低风力发电机组的功率，释放风轮的能量。当10min平均风速大于25m/s或风力发电机组转速大于转速超速上限时，风力发电机组作偏转90°控制，同时投入气动刹车，脱网；转速降下来后，抱机械闸停机。在大风期间执行90°跟风控制，以保证机组大风期间的安全。

5．小风和逆功率脱网控制

小风和逆功率脱网是将风力发电机组停在待风状态。当10min平均风速小于小风脱网风速或发电机从电网中吸收功率达到一定值后，风力发电机组不允许长期在电网运行，必须脱网，处于自由状态，风力发电机组靠自身的摩擦阻力缓慢停机，进入待风状态。当风速再次上升，风力发电机组又可自动旋转起来，达到并网转速，风力发电机组又投入并网运行。

6．大风脱网控制

当10min平均风速大于25m/s时，风力发电机组可能出现超速和过载，为了机组的安全，必须进行大风脱网停机。风力发电机组先投入气动刹车，同时偏航90°，等功率下降后脱网，20s后或者低速轴转速小于一定值时，机械刹车，风力发电机组完全停止。

当风速回到工作风速区后，风力发电机组开始恢复自动对风，待转速上升后，风力发电机组又重新开始自动并网运行。

7. 普通故障脱网停机控制

机组运行时发生参数越限、状态异常等普通故障后，风力发电机组进入普通停机程序，机组投入气动刹车，软脱网，待低速轴转速低于一定值后，再抱机械闸。如果是由于内部因素产生的可恢复故障，计算机可自行处理，无需维护人员到现场即可恢复正常开机。

8. 紧急故障脱网停机控制

当系统发生紧急故障，如风力发电机组发生飞车、超速、振动及负载丢失等故障时，风力发电机组进入紧急停机程序，机组投入气动刹车的同时执行90°偏航控制，机舱旋转偏离主风向，转速达到一定限制后脱网，低速轴转速小于一定值后，抱机械闸。

9. 安全链动作停机控制

安全链动作停机指电控制系统软保护控制失败时，为安全起见所采取的硬性停机，叶尖气动刹车、机械刹车和脱网同时动作，风力发电机组在几秒内停下来。

10. 软切入和软切出控制

风力发电机组在进入电网运行时，必须进行软切入控制，当机组脱离电网运行时，也必须进行软切出控制。利用软并网装置可完成软切入/软切出的控制。通常软并网装置主要由大功率晶闸管和有关控制驱动电路组成。控制目的就是通过不断监测机组的三相电流和发电机的运行状态，限制软切入装置通过控制主回路晶闸管的导通角，以控制发电机的端电压，达到限制启动电流的目的。在风力发电机转速接近同步转速时，旁路接触器动作，将主回路晶闸管断开，软切入过程结束，软并网成功。通常限制软切入电流为额定电流的1.5倍。

3.1.4　风力发电机组安全保护的控制要求

1. 主电路保护

在变压器低压侧三相四线进线处设置低压配电断路器，以实现机组电气元件的维护操作安全和短路过载保护。该低压配电断路器还配有分动脱扣和辅动触点。发电机三相电缆线入口处也设有配电自动空气断路器，用来实现发电机的过电流、过载及短路保护。

2. 过电压、过电流保护

主电路计算机电源进线端、控制变压器进线端和相关伺服电动机进线端均设置过电压、过电流保护措施。如整流电源、液压控制电源、稳压电源、控制电源一次侧、调向系统、液压系统、机械闸系统、补偿控制电容都有相应的过电压、过电流保护控制装置。

3. 防雷及熔丝保护

主避雷器与熔丝和合理可靠的接地线为系统主避雷保护，同时控制系统有专门设计的防雷保护装置。在计算机电源及直流电源变压器一次侧以及所有信号的输入端均设有相应的瞬时过电压、过电流保护装置。

4. 热继电保护

运行的所有输出运转机构，如发电机、各传动机构均设有过热、过载保护控制装置。

5. 接地保护

设备因绝缘破坏或其他原因可能出现危险电压的金属部分，均应实现接地保护。所有风力发电机组的零部件、传动装置、执行电动机、发电机、变压器、传感器、照明器具及其他电器的金属底座和外壳，电气设备的传动机构，塔架机舱配电装置的金属框架及金属门，配电、控制和保护用的盘（台、箱）的框架，交流、直流电力电缆的接线盒和终端盒金属外壳及电缆的金属保护层，电流互感器和电压互感器的二次线圈，避雷器、保护间隙和电容器的底座、非金属护套信号线的屏蔽芯线，都要求接地保护。

3.2 定桨距机组的控制技术

本节对定桨距风力发电机组的控制系统的特点以及控制策略分别进行详细介绍。

3.2.1 定桨距机组的特点

并网型风力发电机组从 20 世纪 80 年代中期开始逐步实现了商品化、产业化。经过 30 余年的发展，容量已从数十千瓦级增大到兆瓦级，定桨距（失速型）风力发电机组在相当长的时间内占据主导地位。尽管在兆瓦级风力发电机组的设计中已开始采用变桨距技术和变速恒频技术，但由此增加了控制系统与伺服系统的复杂性，也对机组的成本和可靠性提出了新的挑战。但是，定桨距风力发电机组结构简单、性能可靠的优点是始终存在的。

3.2.1.1 定桨距风力发电机组的结构特点

1. 风轮结构

定桨距风力发电机组的主要结构特点是桨叶与轮毂的连接是固定的，即当风速变化时，桨叶的迎风角度不能随之变化。这一特点给定桨距风力发电机组提出了两个必须解决的问题：一是当风速高于风轮的设计点风速即额定风速时，桨叶必须能够自动地将功率限制在额定值附近，因为风力机上所有材料的物理性能是有限度的，桨叶的这一特性被称为自动失速性能；二是运行中的风力发电机组在突然失去电网（突甩负载）的情况下，桨叶自身必须具备制动能力，使风力发电机组能够在大风情况下安全停机。早期的定桨距风力发电机组风轮并不具备制动能力，脱网时完全依靠安装在低速轴或高速轴上的机械刹车装置进行制动，这对于数十千瓦级的机组来说问题不大，但对于大型风力发电机组，如果只使用机械刹车，就会对整机结构强度产生严重的影响。为了解决上述问题，桨叶制造商首先在 20 世纪 70 年代用玻璃钢复合材料研制成功了失速性能良好的风力机桨叶，解决了定桨距风力发电机组在大风时的功率控制问题；20 世纪 80 年代又将叶尖扰流器成功地应用在风力发电机组上，解决了在突甩负载情况下的安全停机问题，使定桨距（失速型）风力发电机组在近 20 年的风能开发利用中始终占据主导地位，直到最新推出的兆瓦级风力发电机组仍然有机型采用该项技术。

2. 桨叶的失速调节原理

当气流流经上下翼面形状不同的叶片时，因突面的弯曲而使气流加速，压力较低，凹面较平缓面使气流速度缓慢，压力较高，因而产生升力。桨叶的失速性能是指它在最大升

力系数 C_{lmax} 附近的性能。当桨叶的安装角 β 不变时，随着风速增加攻角 α 增大，升力系数 C_l 线性增大；在接近 C_{lmax} 时，增加变缓，达到 C_{lmax} 后开始减小。另一方面，阻力系数 C_d 初期不断增大；在升力开始减小时，C_d 继续增大，这是由于气流在叶片上的分离随攻角的增大而增大，分离区形成大的涡流，流动失去翼型效应，与未分离时相比，上下翼面压力差减小，致使阻力激增，升力减少，造成叶片失速，从而限制了功率的增加，如图 3-1 所示。

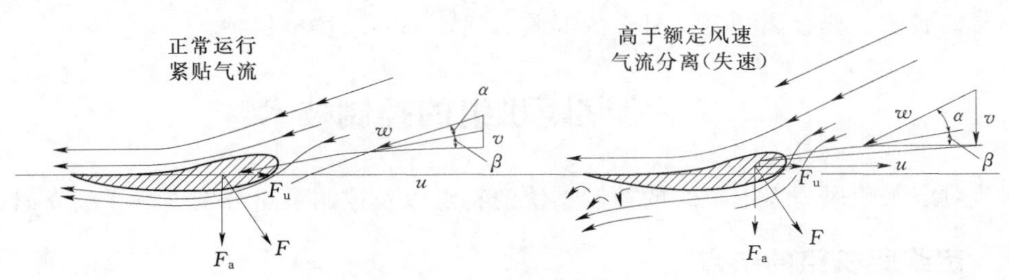

图 3-1　定桨距风力机的气动特性

失速调节叶片的攻角沿轴向由根部向叶尖逐渐减少，因而根部叶面先进入失速，随着风速的增大，失速部分向叶尖处扩展，原先已失速的部分失速程度加深，未失速的部分逐渐进入失速区。失速部分使功率减少，未失速部分仍有功率增加，从而使输入功率保持在额定功率附近。

3. 叶尖扰流器

由于风力机具有风轮巨大的转动惯量，如果风轮自身不具备有效的制动能力，在高风速下要求脱网停机是不可想象的。早年的风力发电机组正是不能解决这一问题，使灾难性的飞车事故不断发生。目前所有的定桨距风力发电机组均采用了叶尖扰流器的设计。叶尖扰流器的结构如图 3-2 所示。当风力机正常运行时，在液压系统的作用下，叶尖扰流器与桨叶主体部分精密地合为一体，组成完整的桨叶。当风力机需要脱网停机时，液压系统按控制指令将叶尖扰流器释放并使之旋转 80°～90°形成阻尼板。由于叶尖部分处于距离轴最远点，整个叶片作为一个长的杠杆，使叶尖扰流器产生的气动阻力相当高，足以使风力机在几乎没有任何磨损的情况下迅速减速，这一过程即为桨叶空气动力刹车。叶尖扰流器是风力发电机组的主要制动器，每次制动时都是它起主要作用。在风轮旋转时，作用在叶尖扰流器上的离心力和弹簧力会使叶尖扰流器力图脱离桨叶主体转动到制动位置；而液压力的释放，不论是由于控制系统是正常指令，还是液压系统的故障引起的，都将导致扰流器展开从而使风轮停止运行。因此，空气动力刹车是一种失效保护装置，它使整个风力发电机组的制动系统具有很高的可靠性。

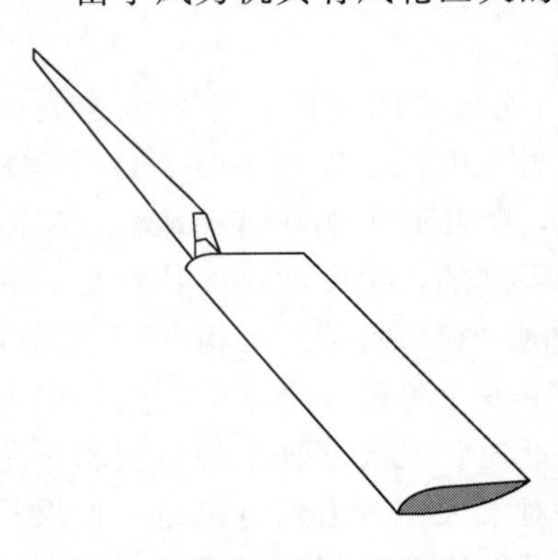

图 3-2　叶尖扰流器的结构

4. 空气动力刹车系统

空气动力刹车系统常用于失速控制型机组安全保护系统，安装在叶片上。与变距系统不同，空气动力刹车系统主要是限制风轮的转速，并不能使风轮完全停止转动，而是使其转速限定在允许的范围内。这种空气动力刹车系统一般采用失效—安全型设计原则，即在风力发电机组的控制系统和安全系统正常工作时，空气动力刹车系统才可以恢复到机组的正常运行位置，机组可以正常投入运行；一旦风力发电机组的控制系统或安全系统出现故障，则空气动力刹车系统立即启动，使机组安全停机。叶片空气动力刹车系统主要通过叶片形状的改变使气流受阻碍，如叶片部分旋转大约90°，主要是叶尖部分旋转，产生阻力，使风轮转速下降。图3-3、图3-4所示为空气动力刹车系统的正常运行位置和叶尖刹车位置。使叶片空气动力刹车系统维持在正常位置需要克服叶尖部分的离心力的动力通常由液压系统提供。

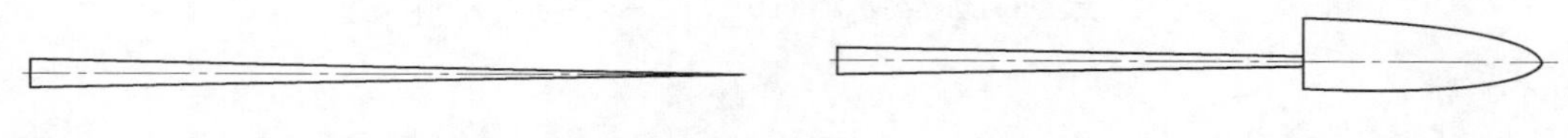

图3-3 叶片空气动力刹车系统正常运行位置　　图3-4 叶尖刹车位置

叶片空气动力刹车系统也有的采用降落伞或在叶片的工作面或非工作面加装阻流板达到空气动力刹车的目的。空气动力刹车系统作为第二个安全系统，常通过超速时的离心力起作用。

空气动力刹车系统可以是主动式或被动式的。主动式空气动力刹车系统在转速下降停机后，空气动力刹车系统借助控制系统能自动复位；而被动式空气动力刹车系统一般需要人工进行复位。早期风力发电机组有采用被动式结构的，大型风力发电机组很少采用。

5. 双速发电机

事实上，定桨距风力发电机组还存在在低风速运行时的效率问题。在整个运行风速范围内（$3m/s < v < 25m/s$）由于气流的速度不断变化，如果风力机的转速不能随风速的变化而调整，就必然要使风轮在低风速时效率降低（而设计低风速时效率过高，会使桨叶过早进入失速状态）。同时发电机本身也存在低负荷时的效率问题，尽管目前用于风力发电机组的发电机已能设计得非常理想，它们在P大于额定功率的30%范围内，均有高于90%的效率，但当功率P小于额定功率的25%时，效率仍然会急剧下降。为了解决上述问题，定桨距风力发电机组普遍采用双速发电机，分别设计成4极和6极。一般6极发电机的额定功率设计成4极发电机的1/4～1/50。例如，600kW定桨距风力发电机组一般设计成6极150kW和4极600kW；750kW定桨距风力发电机组设计成6极200kW和4极750kW；最新推出的1000kW定桨距风力发电机组设计成6极200kW和4极1000kW。这样，当风力发电机组在低风速段进行时，不仅桨叶具有较高的气动效率，发电机的效率也能保持在较高水平，从而使定桨距风力发电机组与变桨距风力发电机组在进入额定功率前的功率曲线差异不大。双速发电机功率曲线如图3-5所示。

6. 功率输出

根据风能转换的原理，风力发电机组的功率输出主要取决于风速，但除此以外，气压、气温和气流扰动等因素也显著地影响其功率输出。因为定桨距叶片的功率曲线是在空气的标准状态下测出的，这时空气密度$\rho=1.225kg/m^3$。当气压与气温变化时，ρ会跟着变化，一般当温度变化±10%时，相应的空气密度变化±4%。而桨叶的失速性能只与风

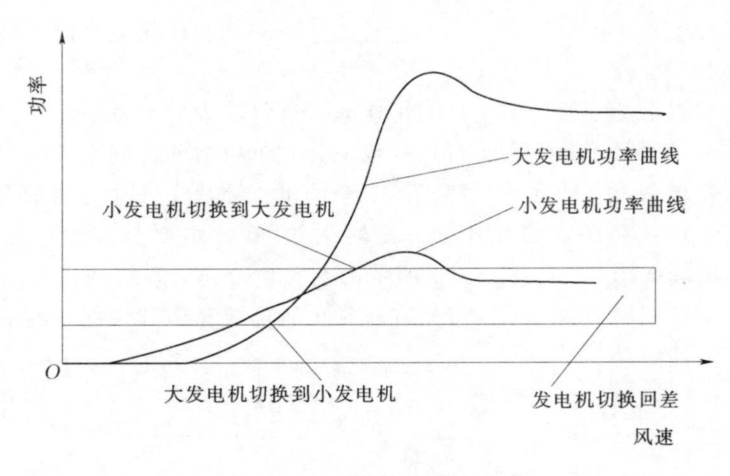

图 3-5　双速发电机功率曲线

速有关，只要达到了叶片气动外形所决定的失速调节风速，不论是否满足输出功率，桨叶的失速性能都要起作用，影响功率输出。因此，当气温升高时，空气密度就会降低，相应的功率输出就会减少，反之，功率输出就会增大（图 3-6）。对于一台 750kW 容量的定桨距风力发电机组，最大的功率输出可能会出现 30～50kW 的偏差。因此在冬季与夏季，应对桨叶的安装角各作一次调整。

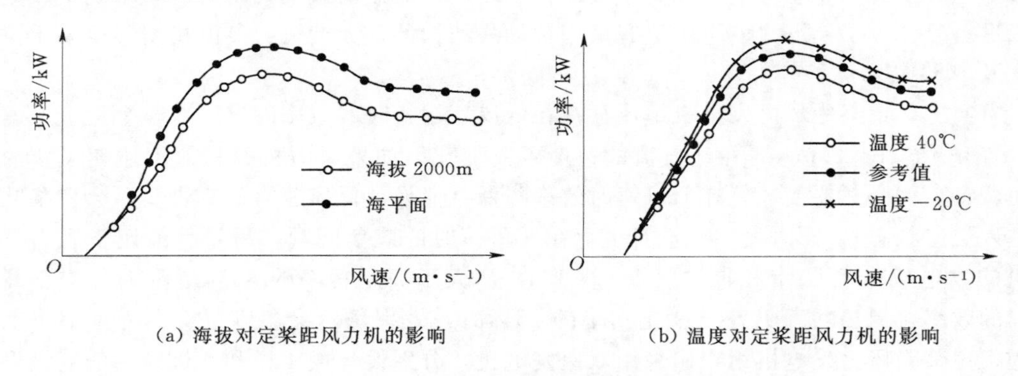

(a) 海拔对定桨距风力机的影响　　(b) 温度对定桨距风力机的影响

图 3-6　空气密度变化对功率输出的影响

为了解决这一问题，近年来定桨距风力发电机组制造商又研制了主动失速型定桨距风力发电机组。采取主动失速的风力发电机组开机时，将桨叶节距推进到可获得最大功率的位置，当风力发电机组超过额定功率后，桨叶节距主动向失速方向调节，将功率调整在额定值上。由于功率曲线在失速范围的变化率比失速前要低得多，控制相对容易，输出功率也更加平稳。

7. 节距角与额定转速的设定对功率输出的影响

定桨距风力发电机组的桨叶节距角和转速都是固定不变的，这一限制使得风力发电机组的功率曲线上只有一点具有最大功率系数，这一点对应于某一个叶尖速比。当风速变化时，功率系数也随之改变。而要在变化的风速下保持最大功率系数，必须保持转速与风速之比不变，也就是说，风力发电机组的转速要能够跟随风速的变化。对同样直径的风轮驱动的风力发电机组，其发电机额定转速可以有很大变化，而额定转速较低的发电机在低风速时具有较高的功率系数；额定转速较高的发电机在高风速时具有较高的功率系数，这就是选用双速发电机的根据。需要说明的是，额定转速并不是按在额定风速时具有最大的功率系数设定的。因为风力发电机组与一般发电机组不同，它并不是经常运行在额定风速点上，并且功率与风速的三次方成正比，只要风速超过额定风速，功率就会显著上升，这对于定桨距风力发电机组来说根本无法控制。事实上，定桨距风力发电机组早在风速达到额定值以前就已开始失速，到额定风速时的功率系数已相当小，如图 3-7 所示。

另一方面，改变桨叶节距角的设定，也显著影响额定功率的输出。根据定桨距风力发电机组的特点，应当尽量提高低风速时的功率系数和考虑高风速时的失速性能。为此需要了解桨叶节距角的改变如何影响风力机的功率输出。图 3-8 所示为一组 200kW 风力发电机组的功率曲线，反映出了桨叶节距角对输出功率的影响。

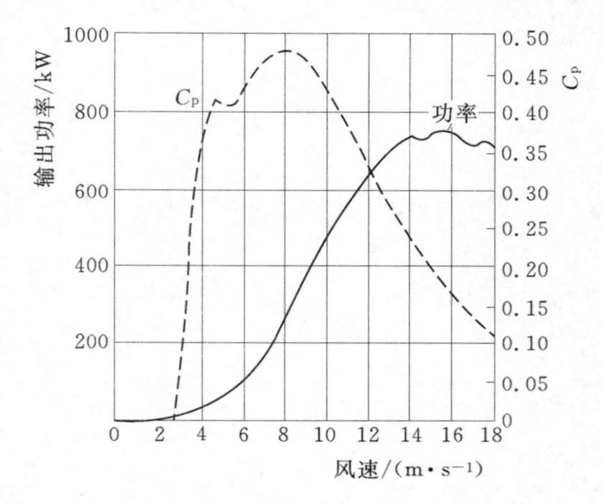

图 3-7　定桨距风力发电机组的功率曲线与功率系数

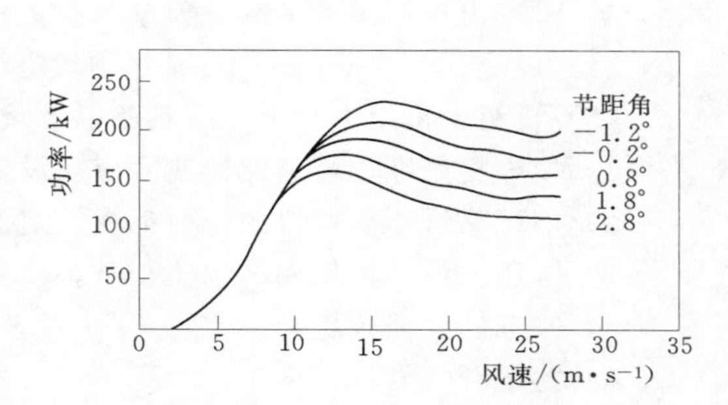

图 3-8　200kW 风力发电机组的功率曲线

无论从实际测量还是理论计算所得的功率曲线都可以说明，定桨距风力发电机组在额定风速以下运行时：在低风速区，不同的节距角所对应的功率曲线几乎重合；但在高风速区，节距角的变化对最大输出功率（额定功率点）的影响十分明显。事实上，调整桨叶的节距角，只是改变了桨叶对气流的失速点。根据实验结果，节距角越小，气流对桨叶的失速点越高，其最大输出功率也越高。这就是定桨距风力发电机组可以在不同的空气密度下调整桨叶安装角的根据。

3.2.1.2　定桨距风力发电机组的基本运行过程

1. 待机状态

当风速 $v>3$m/s 但又不足以将风力发电机组拖动到切入的转速，或者风力发电机组从小功率（逆功率）状态切出、没有重新并入电网时，这时的风力机处于自由转动状态，这种状态称为待机状态。待机状态除了发电机没有并入电网，机组实际上已处于工作状态。这时控制系统已做好切入电网的一切准备：机械刹车已松开；叶尖阻尼板已收回；风轮处于迎风状态；液压系统的压力保持在设定值上，风况、电网和机组的所有状态参数均在控制系统检测之中，一旦风速增大，转速升高，发电机即可并入电网。

2. 风力发电机组的自启动

风力发电机组的自启动是指风轮在自然风速的作用下，不依靠其他外力的协助，将发电机拖动到额定转速。早期的定桨距风力发电机组不具有自启动能力，风轮的启动是在发电机的协助下完成的，这时发电机作电动机运行，通常称为电动机启动（motor start）。直到现在，绝大多数定桨距风力机仍具备电动机启动的功能。由于桨叶气动性能的不断改进，目前绝大多数风力发电机组的风轮具有良好的自启动性能。一般在风速 $v>4\mathrm{m/s}$ 的条件下，即可自启动到发电机的额定转速。

3. 自启动的条件

正常启动前10min，风力发电机组控制系统对电网、风况和机组的状态进行检测。这些状态必需满足以下条件：

(1) 电网。

1) 连续10min内电网没有出现过电压、低电压。

2) 电网电压0.1s内跌落值均小于设定值。

3) 电网频率在设定范围之内。

4) 没有出现三相不平衡等现象。

(2) 风况。连续10min风速在风力发电机组运行风速的范围内（$3.0\mathrm{m/s}<v<25\mathrm{m/s}$）。

(3) 机组。机组本身至少应具备以下条件：

1) 发电机温度、增速器油温度应在设定值范围以内。

2) 液压系统所有部位的压力都在设定值。

3) 液压油位和齿轮润滑油位正常。

4) 制动器摩擦片正常。

5) 扭缆开关复位。

6) 控制系统DC 24V、AC 24V、DC 5V、DC ±15V电源正常。

7) 非正常停机后显示的所有故障均已排除。

8) 维护开关在运行位置。

上述条件满足时，按控制程序机组开始执行“风轮对风”与“制动解除”指令。

(4) 风轮对风。当风速传感器测得10min平均风速 $v>3\mathrm{m/s}$ 时，控制器允许风轮对风。

(5) 偏航角度通过风向仪测定。当风力机向左或向右偏离风向时，需延迟10s后才执行向左或向右偏航。以避免在风向扰动情况下的频繁启动。释放偏航刹车1s后，偏航电动机根据指令执行左右偏航；偏航停止时，偏航刹车投入。

(6) 制动解除。当自启动的条件满足时，控制叶尖扰流器的电磁阀打开，压力油进入桨叶液压缸，扰流器被收回与桨叶主体合为一体。控制器收到叶尖扰流器已回收的反馈信号后，压力油的另一路进入机械盘式制动器液压缸，松开盘式制动器。

3.2.2 定桨距机组的控制策略

3.2.2.1 控制系统的基本功能

并网运行的风力发电机组的控制系统必须具备以下功能：

（1）根据风速信号自动进入启动状态或从电网切出。

（2）根据功率及风速大小自动进行转速和功率控制。

（3）根据风向信号自动对风。

（4）根据功率因素自动投入（或切出）相应的补偿电容。

（5）当发电机脱网时，能确保机组安全停机。

（6）在机组运行过程中，能对电网、风况和机组的运行状况进行监测和记录，对出现的异常情况能够自行判断并采取相应的保护措施，还要能够根据记录的数据生成各种图表，以反映风力发电机组的各项性能指标。

（7）对在风电场中运行的风力发电机组还应具备远程通信的功能。

3.2.2.2 运行过程中的主要参数监测

1. 电力参数监测

风力发电机组需要持续监测的电力参数包括电网三相电压、发电机输出的三相电流、电网频率、发电机功率因数等。这些参数无论风力发电机组是处于并网状态还是脱网状态都被监测，用于判断风力发电机组的启动条件、工作状态及故障情况，还用于统计风力发电机组的有功功率、无功功率和总发电量。此外，还可以根据电力参数，主要是根据发电机有功功率和功率因数来确定补偿电容的投入与切出。

（1）电压测量。电压测量主要检测以下故障：

1）电网冲击相电压超过 450V，0.2s。

2）过电压相电压超过 433V，50s。

3）低电压相电压低于 329V，50s。

4）电网电压跌落，相电压低于 260V，0.1s。

5）相序故障。

对电压故障要求反应较快。在主电路中设有过电压保护，其动作设定值可参考冲击电压整定保护值。发生电压故障时，风力发电机组必须退出电网，一般采取正常停机，而后根据情况进行处理。

电压测量值经平均值算法处理后可用于计算机组的功率和发电量的计算。

（2）电流测量。关于电流的故障有：

1）电流跌落 0.1s 内一相电流跌落 80%。

2）不对称三相中有一相电流与其他两相相差过大，如相电流相差 25%，或在平均电流低于 50A 时，相电流相差 50%。

3）晶闸管故障软启动期间，某相电流大于额定电流或者触发脉冲发出后电流连续 0.1s 为 0。

对电流故障同样要求反应迅速。通常控制系统带有两个电流保护，即电流短路保护和过电流保护。电流短路保护采用断路器，动作电流按照发电机内部相间短路电流整定，动作时间 0～0.05s。过电流保护由软件控制，动作电流按照额定电流的 2 倍整定，动作时间 1～3s。

电流测量值经平均值算法处理后与电压、功率因数合成为有功功率、无功功率及其他电力参数。

电流是风力发电机组并网时需要持续监视的参数，如果切入电流不小于允许极限，则晶闸管导通角不再增大，当电流开始下降后，导通角逐渐打开直至完全开启。并网期间，通过电流测量可检测发电机或晶闸管的短路及三相电流不平衡信号。如果三相电流不平衡超出允许范围，控制系统将发出故障停机指令，风力发电机组退出电网。

(3) 频率。电网频率应持续测量。测量值经平均值算法处理与电网上、下限频率进行比较，超出时风力发电机组退出电网。

电网频率直接影响发电机的同步转速，进而影响发电机的瞬时出力。

(4) 功率因数。功率因数通过分别测量电压相角和电流相角获得，经过移相补偿算法和平均值算法处理后，用于统计发电机有功功率和无功功率。

由于无功功率会导致电网电流增加，线损增大，且占用系统容量，因而送入电网的功率中感性无功分量越少越好，一般要求功率因数保持在 0.95 以上。为此，风力发电机组使用了电容器补偿无功功率。考虑到风力发电机组的输出功率常在大范围内变化，补偿电容器一般按不同容量分成若干组，根据发电机输出功率的大小来投入与切出。这种方式投入补偿电容时，可能造成过补偿，此时会向电网输入容性无功。

电容补偿并不能改变发电机的运行状况。补偿后，发电机接触器上电流应大于主接触器电流。

(5) 功率。功率可通过测得的电压、电流、功率因数计算得出，用于统计风力发电机组的发电量。

风力发电机组的功率与风速有固定函数关系，如测得的功率与风速不符，可以作为风力发电机组故障判断的依据。当风力发电机组功率过高或过低时，可以作为风力发电机组退出电网的依据。

2. 风力参数监测

(1) 风速。风速通过机舱外的数字式风速仪测得。计算机每秒采集一次来自于风速仪的风速数据；每 10min 计算一次平均值，用于判别启动风速（$v>3$m/s 时，启动小发电机；$v>8$m/s 时，启动大发电机）和停机风速（$v>25$m/s）。安装在机舱顶上的风速仪处于风轮的下风向，本身并不精确，一般不用来产生功率曲线。

(2) 风向。风向标安装在机舱顶部两侧，主要测量风向与机舱中心线的偏差角。一般采用两个风向标，以便互相校验，排除可能产生的错误信号。控制器根据风向信号，启动偏航系统。当两个风向标不一致时，偏航会自动中断。当风速低于 3m/s 时，偏航系统不会启动。

3. 机组状态参数检测

(1) 转速。风力发电机组转速的测量点有两个，即发电机转速和风轮转速。

转速测量信号用于控制风力发电机组并网和脱网，还可用于启动超速保护系统，当风轮转速超过设定值 n_1 或发电机转速超过设定值 n_2 时，超速保护动作，风力发电机组停机。

风轮转速和发电机转速可以相互校验。如果不符，则提示风力发电机组故障。

(2) 温度。应测量 8 个点的温度，用于反映风力发电机组系统的工作状况。这 8 个点的温度包括：①增速器油温；②高速轴承温度；③大发电机温度；④小发电机温度；⑤前

主轴承温度；⑥后主轴承温度；⑦控制盘温度（主要是晶闸管的温度）；⑧控制器环境温度。

由于温度过高会引起风力发电机组退出运行，在温度降至允许值时，仍可自动启动风力发电机组运行。

（3）机舱振动。为了检测机组的异常振动，在机舱上应安装振动传感器。传感器由一个与微动开关相连的钢球及其支撑组成。异常振动时，钢球从支撑它的圆环上落下，拉动微动开关，引起安全停机。重新启动时，必须重新安装好钢球。

机舱后部还设有桨叶振动探测器（TAC84系统），过振动时将引起正常停机。

（4）电缆扭转。由于发电机电缆及所有电气、通信电缆均从机舱直接引入塔筒，直到地面控制柜。如果机舱经常向一个方向偏航，会引起电缆严重扭转，因此偏航系统还应具备扭缆保护的功能。偏航齿轮上安有一个独立的记数传感器，以记录相对初始方位所转过的齿数。当风力机向一个方向持续偏航达到设定值时，表示电缆已被扭转到危险的程度，控制器将发出停机指令并显示故障，风力发电机组停机并执行顺时针或逆时针解缆操作。为了提高可靠性，在电缆引入塔筒处（即塔筒顶部），还安装了行程开关。行程开关触点与电缆相连，当电缆扭转到一定程度时可直接拉动行程开关，安全停机。

为了便于了解偏航系统的当前状态，控制器可根据偏航记数传感器的报告，记录相对初始方位所转过的齿数，显示机舱当前方位与初始方位的偏转角度及正在偏航的方向。

（5）机械刹车状况。在机械刹车系统中装有刹车片磨损指示器，如果刹车片磨损到一定程度，控制器将显示故障信号，这时必须更换刹车片后才能启动风力发电机组。

在连续两次动作之间，有一个预置的时间间隔，使刹车装置有足够的冷却时间，以免重复使用造成刹车盘过热。不同型号的风力发电机组，可用温度传感器来取代设置延时程序。这时刹车盘的温度必须低于预置的温度才能启动风力发电机组。

（6）油位。风力发电机的油位包括润滑油位、液压系统油位。

4. 各种反馈信号的检测

控制器在以下指令发出后的设定时间内应收到动作已执行的反馈信号：①回收叶尖扰流器；②松开机械刹车；③松开偏航制动器；④发电机脱网及脱网后的转速降落信号。否则将出现相应的故障信号，执行安全停机。

5. 增速器油温的控制

增速器箱体内一侧装有PT100温度传感器。运行前，保证齿轮油温高于0℃（根据润滑油的要求设定），否则加热至10℃再运行。正常运行时，润滑油泵始终工作，对齿轮和轴承进行强制喷射润滑。当油温高于60℃时，油冷却系统启动，油被送入增速器外的热交换器进行自然风冷或强制水冷。油温低于45℃时，冷却油回路切断，停止冷却。

目前大型风力发电机组增速器均带有强制润滑冷却系统和加热器，但油温加热器与箱外冷却系统并非缺一不可。例如，我国南方如广东省的沿海地区，气温很少低于0℃，可不用考虑加热器，对一些气温不高的地区，也可不用设置箱外冷却系统。

6. 发电机温升控制

通常在发电机的三相绕组及前后轴承里面各装有一个PT100温度传感器，发电机在额定状态下的温度为130～140℃，一般在额定功率状态下运行5～6h后达到这一温度。当温度高于150～155℃时，风力发电机组将会因温度过高而停机。当温度降落到100℃以下时，风力发电机组又会重新启动并入电网（如果自启动条件仍然满足）。发电机温度的控制点可根据当地情况进行现场调整。

对在安装在湿度和温差较大地点的风力发电机组，发电机内部可安装电加热器。以防止大温差引起发电机绕组表面的冷凝。

一般用于风力发电机组的发电机均采用强制风冷。但新推出的NM750/48风力发电机组设置了水冷系统。冷却水管道布置在定子绕组周围，通过水泵与外部散热器进行循环热交换。冷却系统不仅直接带走发电机内部的热量，同时通过热交换器带走齿轮润滑油的热量，如图3-9所示，从而使风力发电机组的机舱可以设计成密封型。采用强制水冷，大大提高了发电机的冷却效果，提高了发电机的工作效率，并且由于密封良好，避免了舱内风砂雨水的侵入，给机组创造了有利的工作环境。

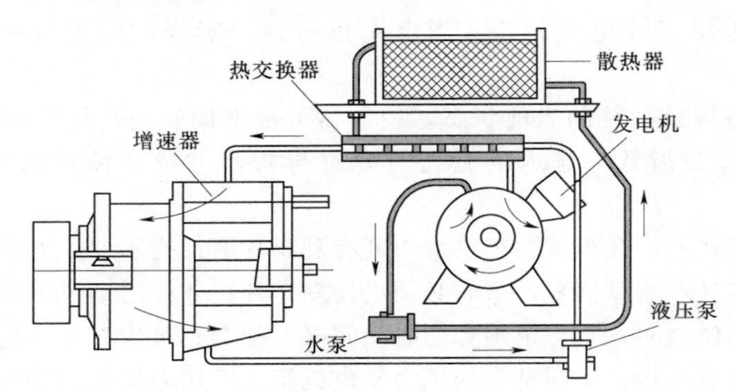

图3-9　发电机增速器循环冷却系统

7. 功率过高或过低的处理

（1）功率过低。如果发电机功率持续（一般设置30～60s）出现逆功率，其值小于预置值P_s，风力发电机组将退出电网，处于待机状态。脱网动作过程为：断开发电机接触器，断开旁路接触器，不释放叶尖扰流器，不投入机械刹车。重新切入可考虑将切入预置点自动提高0.5%，但转速下降到预置点以下后升起再并网时，预置值自动恢复到初始状态值。

重新并网动作过程为：合发电机接触器，软启动后晶闸管完全导通。当输出功率超过P_s的时间为3s时，投入旁路接触器，转速切入点变为原定值。功率低于P_s时由晶闸管通路向电网供电，这时输出电流不大，晶闸管可连续工作。这一过程是在风速较低时进行的。发电机出力为负功率时，吸收电网有功，风力发电机组几乎不做功。如果不提高切入设置点，启动后仍然可能是电动机运行状态。

（2）功率过高。一般说来，功率过高现象由以下两种情况引起：

1）由电网频率波动引起。电网频率降低时，同步转速下降，而发电机转速短时间不

会降低，转差较大；各项损耗及风力转换机械能瞬时不突变，因而功率瞬时会变得很大。

2）由气候变化、空气密度的增加引起。

如功率过高且持续一定时间，控制系统应作出反应。可设置为：当功率持续10min大于额定功率的15%时，正常停机；当功率持续2s大于额定功率的50%时，安全停机。

8. 风力发电机组退出电网

风力发电机组各部件受其物理性能的限制，当风速超过一定的限度时，必需脱网停机。例如，风速过高将导致叶片大部分严重失速，受剪切力矩超出承受限度而导致过早损坏。因而在风速超出容许值时，风力发电机组应退出电网。

由于风速过高引起的风力发电机组退出电网有以下几种情况：

（1）风速$v>25$m/s，持续10min。一般来说，由于受叶片失速性能限制，在风速超出额定值时发电机转速不会因此上升。但当电网频率上升时，发电机同步转速上升，要维持发电机出力基本不变，只有在原有转速的基础上进一步上升，可能超出预置值。这种情况通过转速检测和电网频率监测可以做出迅速反应。如果过转速，释放叶尖扰流器后还应使风力发电机组偏航90°，以便转速迅速降下来。当然，只要转速没有超出允许限额，只需执行正常停机。

（2）风速$v>33$m/s，持续2s，正常停机。

（3）风速$v>50$m/s，持续1s，安全停机，侧风90°。

3.2.2.3 风力发电机组的基本控制策略

1. 风力发电机组的工作状态

风力发电机组总是工作在如下状态之一：①运行状态；②暂停状态；③停机状态；④紧急停机状态。每种工作状态可看做风力发电机组的一个活动层次，运行状态处在最高层次，紧急停机状态处在最低层次。

为了能够清楚地了解机组在各种状态条件下控制系统是如何反应的，必须对每种工作状态作出精确的定义。这样，控制软件就可以根据机组所处的状态，按设定的控制策略对调向系统、液压系统、变桨距系统、制动系统、晶闸管等进行操作，实现状态之间的转换。

风力发电机组在工作状态时的主要特征及其简要说明如下：

（1）运行状态。

1）机械刹车松开。

2）允许机组并网发电。

3）机组自动调向。

4）液压系统保持工作压力。

5）叶尖阻尼板回收或变桨距系统选择最佳工作状态。

（2）暂停状态。

1）机械刹车松开。

2）液压泵保持工作压力。

3）自动调向保持工作状态。

4）叶尖阻尼板回收或变距系统调整桨叶节距角向90°方向。

5）风力发电机组空转。这个工作状态在调试风力发电机组时非常有用，因为调试风力发电机组的目的是要求机组的各种功能正常，而不一定要求发电运行。

（3）停机状态。

1）机械刹车松开。

2）液压系统打开电磁阀使叶尖阻尼板弹出，或变距系统失去压力而实现机械旁路。

3）液压系统保持工作压力。

4）调向系统停止工作。

（4）紧急停机状态。

1）机械刹车与气动刹车同时动作。

2）紧急电路（安全链）开启。

3）计算机所有输出信号无效。

4）计算机仍在运行和测量所有输入信号。

当紧停电路动作时，所有接触器断开，计算机输出信号被旁路，使计算机没有可能去激活任何机构。

2. 工作状态之间转变

按图 3-10 箭头所示，提高工作状态层次只能一层一层地上升，而要降低工作状态层次可以是一层或多层。这种工作状态之间转变方法是基本的控制策略，它的主要出发点是确保机组的安全运行。

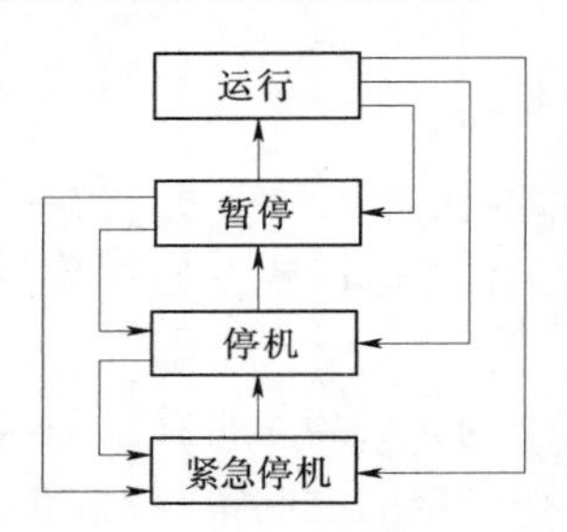

图 3-10　工作状态之间转换

如果风力发电机组的工作状态要往更高层次转化，必须一层一层往上升，用这种过程确定系统的每个故障是否被检测。当系统在状态转变过程中检测到故障，则自动进入停机状态。

当系统在运行状态中检测到故障，并且这种故障是致命的，那么工作状态不得不从运行状态直接到紧急停机状态，这可以立即实现而不需要通过暂停和停止。

（1）工作状态层次上升。

1）紧急停机→停机。如果停机状态的条件满足，则：①关闭紧急停机电路；②建立液压工作压力；③松开机械刹车。

2）停机→暂停。如果暂停的条件满足，则：①启动偏航系统；②对变桨距风力发电机组，接通变桨距系统压力阀。

3）暂停→运行。如果运行的条件满足，则：①核对风力发电机组是否处于上风向；②叶尖阻尼板回收或变桨距系统投入工作；③根据所测转速，发电机是否可以切入电网。

（2）工作状态层次下降。工作状态层次下降包括以下 3 种情况：

1）紧急停机。紧急停机也包含了 3 种情况，即停止→紧急停机；暂停→紧急停机；运行→紧急停机。其主要控制指令为：①打开紧急停机电路；②置所有输出信号于无效；③机械刹车作用；④逻辑电路复位。

2）停机。停机操作包含了两种情况，即暂停→停机；运行→停机。

a. 暂停→停机。

（a）停止自动调向。

（b）打开气动刹车或变桨距机构回油阀（使失压）。

b. 运行→停机。

（a）变桨距系统停止自动调节。

（b）打开气动刹车或变桨距机构回油阀（使失压）。

（c）发电机脱网。

3）暂停。

a. 如果发电机并网，调节功率降到0后通过晶闸管切出发电机。

b. 如果发电机没有并入电网，则降低风轮转速至0。

3. 故障处理

图3-10所示的工作状态转换过程实际上还包含着一个重要的内容：当故障发生时，风力发电机组将自动地从较高的工作状态转换到较低的工作状态。故障处理实际上是针对风力发电机组从某一工作状态转换到较低的状态层次可能产生的问题，因此检测的范围是限定的。

为了便于介绍安全措施和对发生的每个故障类型处理，对每个故障定义如下信息：①故障名称；②故障被检测的描述；③当故障存在或没有恢复时工作状态层次；④故障复位情况（能自动或手动复位，在机上或远程控制复位）。

（1）故障检测。控制系统设在顶部和地面的处理器都能够扫描传感器信号以检测故障。故障由故障处理器分类，每次只能有一个故障通过，只有能够引起机组从较高工作状态转入较低工作状态的故障才能通过。

（2）故障记录。故障处理器将故障存储在运行记录表和报警表中。

（3）对故障的反应。对故障的反应可以为以下状态：

1）降为暂停状态。

2）降为停机状态。

3）降为紧急停机状态。

（4）故障处理后的重新启动。在故障已被接受之前，工作状态层不可能任意上升。

（5）故障被接受的方式。

1）如果外部条件良好，此外部原因引起的故障状态可能自动复位。

2）一般故障可以通过远程控制复位，如果操作者发现该故障可接受并允许启动风力发电机组，操作者可以复位故障。

3）有些故障是致命的，不允许自动复位或远程控制复位，必须有工作人员到机组工作现场检查，这些故障必须在风力发电机组内的控制面板上得到复位。

故障状态被自动复位后10min将自动重新启动。但一天发生次数应有限定，并记录显示在控制面板上。

如果控制器出错可通过自检（看门狗watchdog）重新启动。

3.3 变桨距机组的控制技术

本节对变桨距风力发电机组控制系统的特点以及控制策略分别进行详细介绍。

3.3.1　变桨距机组控制系统的特点

从空气动力学角度考虑，当风速过高时，只有通过调整桨叶节距，改变气流对叶片的攻角，从而改变风力发电机组获得的空气动力转矩，才能使功率输出保持稳定。同时，风力机在启动过程中也需要通过改变节距来获得足够的启动转矩。采用变桨距机构的风力发电机组可使桨叶和整机的受力状况大为改善，这对大型风力发电机组的总体设计十分有利。目前已有多种型号的变桨距 600kW 级风力发电机组进入市场。其中较为成功的有丹麦 VESTAS 的 V39/V42－600kW 机组和美国 Zand 的 Z－40－600kW 机组。从今后的发展趋势看，在大型风力发电机组中将会普遍采用变桨距技术。

变桨距风力发电机组又分为主动变桨距控制与被动变桨距控制。主动变桨距控制可以在大于额定风速时限制功率，这种控制的实现是通过将每个叶片的部分或全部相对于叶片轴方向进行旋转以减小攻角，同时也减小了升力系数。被动变桨距控制是一种令人关注的可替代主动变桨距限制功率的方式，其思路是将叶片或叶片的轮毂设计成在叶片载荷的作用下扭转，以便在高风速下获得所需的节距角。但因为所必需的叶片随风速变换而扭转的变化量一般并不与叶片相应的载荷变化相匹配，所以很难实现。对于独立运行的风力发电机组，发电量的最大化不是主要目标，被动变桨距控制方案有时候被采用，但是这一概念在并网运行的风力发电机组中尚未应用。

变桨距控制主要是通过改变翼型迎角变化，从而使翼型升力变化来进行调节的。变桨距控制多用于大型风力发电机组。

变桨距控制是通过叶片和轮毂之间的轴承机构转动叶片减小迎角，由此来减小翼型的升力，以达到减小作用在风轮叶片上的扭矩和功率的目的。变桨距调节时叶片迎角可相对气流连续地变化，以便得到风轮功率输出达到希望的范围。在 90°迎角时是叶片的顺桨位置。在风力发电机组正常运行时，叶片向小迎角方向变化从而限制功率，一般变桨距范围为 90°～100°。从启动角度 0°到顺桨，叶片就像飞机的垂直尾翼一样。

除此之外，还有一种方式，即主动失速，又称负变桨距，就像失速一样进行调节。负变桨距范围一般在－5°左右；在额定功率点以前，叶片的节距角是固定不变的，与定桨距风轮一样，在额定功率以后（即失速点以后），由于叶片失速导致风轮功率下降，风轮输出功率低于额定功率，为了补偿这部分损失，应适当调整叶片的节距角，来提高风轮的功率输出。

变桨距叶片变桨距时气流变化过程和叶片角度变化如图 3－11 所示。

当达到最佳运行时，一般已达到额定功率，就不再变桨了。70%～80%的时间运行在 0 至额定功率之间，桨距处于非最佳状态，这样会产生很大的能量损失，而且确定最佳迎角由测量风速来决定，而风速测量往往不准确，反而产生副作用。阵风时，风轮叶片变桨距反应滞后会产生能量损失，以至于最佳迎角在部分负载运行时无法达到稳定的调节。

功率调节的好坏与叶片变桨距速度有关。叶片变桨距速度应很快，以产生很小的风轮回转质量惯性力矩，且调节质量保持不变。

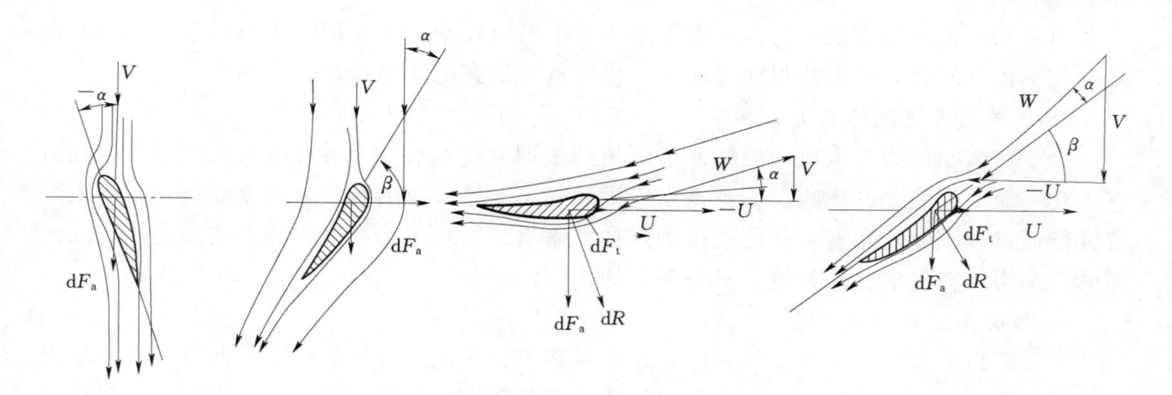

图 3-11 变桨距叶片变桨距时气流连续变化过程和角度变化

3.3.1.1 变桨距机组的特点

1. 输出功率特性

变桨距风力发电机组与定桨距风力发电机组相比，具有在额定功率点以上输出功率平稳的特点，如图 3-12、图 3-13 所示。变桨距风力发电机组的功率调节不完全依靠叶片的气动性能。当在额定功率以下时，控制器将叶片节距角置于0°附近，不作变化，可认为其输出功率等于定桨距风力发电机组的，发电机的功率根据叶片的气动性能随风速的变化而变化；当功率超过额定功率时，变桨距机构开始工作，调整叶片节距角，将发电机的输出功率限制在额定值附近。但是，随着并网型风力发电机组容量的增大，大型风力发电机组的单个叶片已重达数吨，对操纵如此巨大的惯性体，并且响应速度要能跟得上风速的变化相当困难。事实上，如果没有其他措施，变桨距风力发电机组的功率调节对高频风速变化仍然无能为力。因此，近年来设计的变桨距风力发电机组，除了对桨叶进行节距控制以外，还通过控制发电机转子电流来控制发电机转差率，使得发电机转速在一定范围内能够快速响应风速的变化，以吸收瞬变的风能，使输出的功率曲线更加平稳。

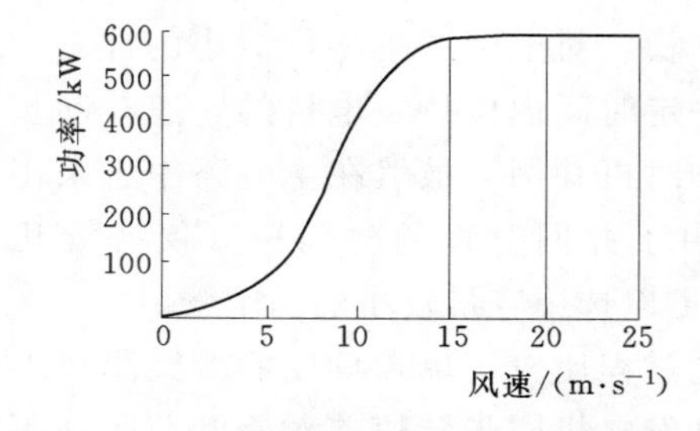

图 3-12 变桨距风力发电机组功率曲线

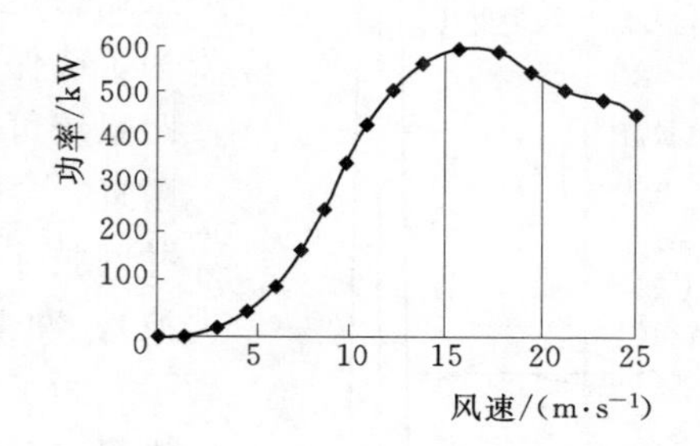

图 3-13 定桨距风力发电机组功率曲线

2. 在额定点具有较高的风能利用系数

与定桨距风力发电机组相比，在相同的额定功率点，变桨距风力发电机组额定风速比定桨距风力发电机组的要低。对于定桨距风力发电机组，一般在低风速段的风能利用系数较高。当风速接近额定功率点时，风能利用系数开始大幅下降。因为这时随着风速的升高，功率上升已趋缓，而过了额定功率点后，桨叶已开始失速，风速升高，功率反而有所下降。对于变桨距风力发电机组，由于桨叶节距可以控制，无需担心风速超过额定功率点后的功率控制问题，可以使得额定功率点仍然具有较高的功率系数。

3. *确保高风速段的额定功率*

由于变桨距风力发电机组的桨叶节距角是根据发电机输出功率的反馈信号来控制的，它不受气流密度变化的影响。无论是由于温度变化还是海拔引起空气密度变化，变桨距系统都能通过调整叶片角度，使之获得额定功率输出。这对于功率输出完全依靠桨叶气动性能的定桨距风力发电机组来说，具有明显的优越性。

4. *启动性能与制动性能*

变桨距风力发电机组在低风速时，桨叶节距可以转动到合适的角度，使风轮具有最大的启动力矩，从而使变桨距风力发电机组比定桨距风力发电机组更容易启动。在变桨距风力发电机组上，一般不再设计电动机启动的程序。

当风力发电机组需要脱离电网时，变桨距系统可以先转动叶片使之减小功率，在发电机与电网断开之前，功率减小至0。这意味着当发电机与电网脱开时，没有转矩作用于风力发电机组，避免了在定桨距风力发电机组上每次脱网时所要经历的突甩负载的过程。

3.3.1.2　变桨距风力发电机组的运行状态

变桨距风力发电机组根据变桨距系统所起的作用可分为三种运行状态，即风力发电机组的启动状态（转速控制）、欠功率状态（不控制）和额定功率状态（功率控制）。

1. *启动状态*

变距风轮的桨叶在静止时，节距角为90°，如图3-14所示，这时气流对桨叶不产生转矩，整个桨叶实际上是一块阻尼板。当风速达到启动风速时，桨叶向0°方向转动，直到气流对桨叶产生一定的攻角，风轮开始启动，在发电机并入电网以前，变桨距系统的节距给定值由发电机转速信号控制。转速控制器按一定的速度上升斜率给出速度参考值，变桨距系统根据给定的速度参考值，调整节距角，进行速度控制。为了确保并网平稳，对电网产生尽可能小的冲击，变桨距系统可以在一定时间内保持发电机的转速在同步转速附近，寻找最佳时机并网。虽然在主电路中也采用了软并网技术，但由于并网过程的时间短（仅持续几个周波）、冲击小，可以选用容量较小的晶闸管。

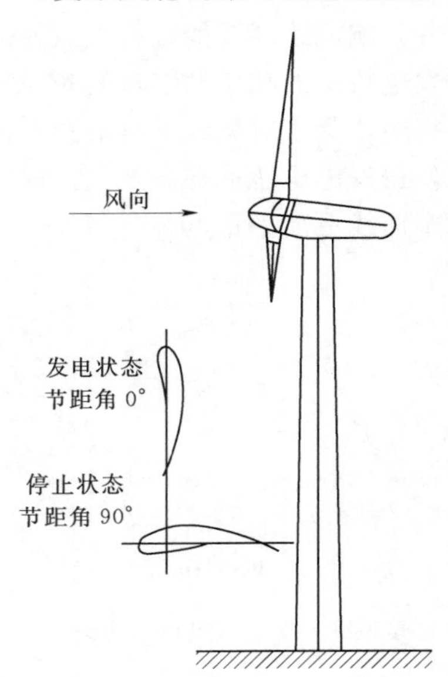

图3-14　不同节距角时的桨叶截面

为了使控制过程比较简单，早期的变桨距风力发电机组在转速达到发电机同步转速前对桨叶节距并不加以控制。在这种情况下，桨叶节距只是按所设定的变桨距速度将节距角向0°方向打开。直到发电机转速上升到同步速附近，变桨距系统才开始投入工作。转速控制的给定值是恒定的，即同步转速，转速反馈信号与给定值进行比较，当转速超过同步转速时，桨叶节距就向迎风面积减小的方向转动一个角度，反之则向迎风面积增大的方向转动一个角度。当转速在同步转速附近保持一定时间后发电机即并入电网。

2. 欠功率状态

欠功率状态是指发电机并入电网后，由于风速低于额定风速，发电机在额定功率以下的低功率状态运行。与转速控制道理相同，在早期的变桨距风力发电机组中，对欠功率状态不加控制。这时的变桨距风力发电机组与定桨距风力发电机组相同，其功率输出完全取决于桨叶的气动性能。

近年来，以 Vestas 为代表的新型变桨距风力发电机组，为了改善低风速时桨叶的气动性能，采用了所谓 OptiTip 技术，即根据风速的大小，调整发电机转差率，使其尽量运行在最佳叶尖速比上，以优化功率输出。当然，能够作为控制信号的只是风速变化稳定的低频分量，对于高频分量并不响应。这种优化只是弥补了变桨距风力发电机组在低风速时的不足之处，与定桨距风力发电机组相比，并没有明显的优势。

3. 额定功率状态

当风速达到或超过额定风速后，风力发电机组进入额定功率状态。在传统的变桨距控制方式中，这时将转速控制切换到功率控制，变桨距系统开始根据发电机的功率信号进行控制。控制信号的给定值是恒定的，即额定功率。功率反馈信号与给定值进行比较，当功率超过额定功率时，桨叶节距就向迎风面积减小的方向转动一个角度，反之则向迎风面积增大的方向转动一个角度。传统的变桨距风力发电机组的控制系统框图如图 3-15 所示。

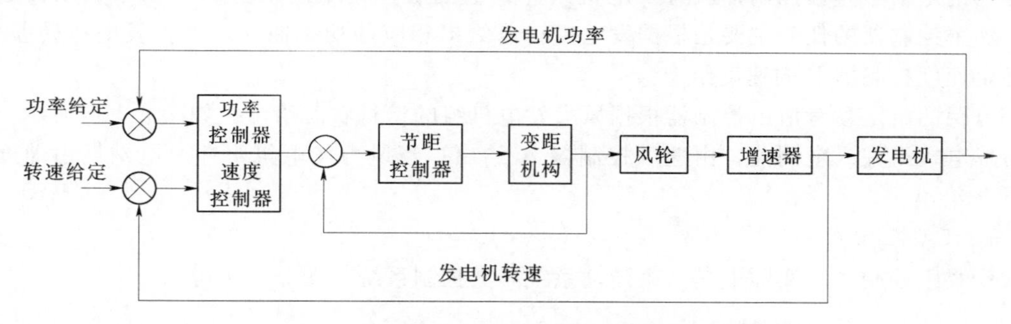

图 3-15 传统的变桨距风力发电机组的控制系统框图

由于变桨距系统的响应速度受到限制，对快速变化的风速，通过改变节距来控制输出功率的效果并不理想。因此，为了优化功率曲线，最新设计的变桨距风力发电机组在进行功率控制的过程中，其功率反馈信号不再作为直接控制桨叶节距的变量。变桨距系统由风速低频分量和发电机转速控制，风速的高频分量产生的机械能波动，通过迅速改变发电机的转速来进行平衡，即通过转子电流控制器对发电机转差率进行控制。当风速高于额定风速时，允许发电机转速升高，将瞬变的风能以风轮动能的形式储存起来；速转降低时，再将动能释放出来，使功率曲线达到理想的状态。

3.3.2 变桨距机组的控制策略

变桨距控制型风轮的优点为：①启动性好；②刹车机构简单，叶片顺桨后风轮转速可以逐渐下降；③额定点以前的功率输出饱满；④额定点以后的输出功率平滑；⑤风轮叶根承受的静、动载荷小。

变桨距控制型风轮的缺点为：①由于有叶片变距机构、轮毂较复杂，可靠性设计要求高，维护费用高；②功率调节系统复杂，费用高。

3.3.2.1　变桨距控制系统

新型变桨距控制系统框图如图 3-16 所示。

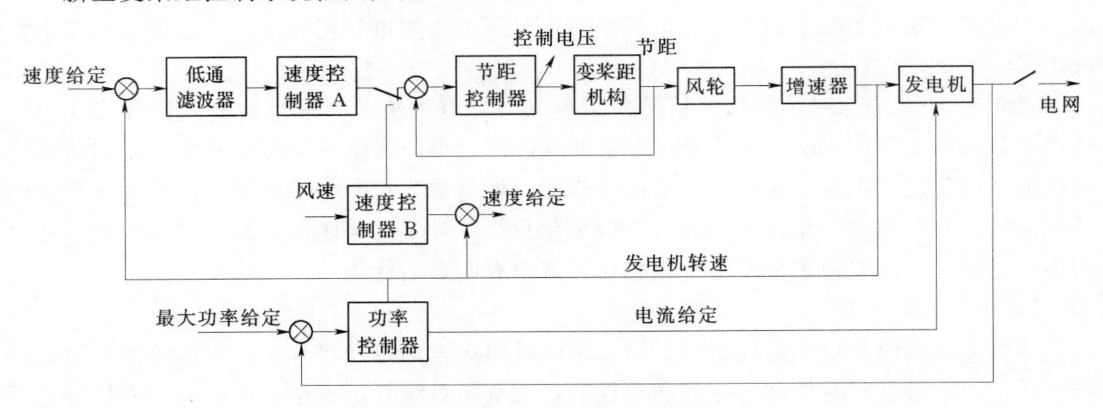

图 3-16　新型变桨距控制系统框图

在风力发电机组并入电网前，风力发电机转速由速度控制器 A 根据发电机转速反馈信号与给定信号直接控制；风力发电机组并入电网后，速度控制器 B 与功率控制器起作用。功率控制器的任务主要是根据发电机转速给出相应的功率曲线，调整发电机转差率，并确定速度控制器 B 的速度给定。

节距的给定参考值由控制器根据风力发电机组的运行状态给出。如图 3-16 所示，当风力发电机组并入电网前，由速度控制器 A 给出；当风力发电机组并入电网后由速度控制器 B 给出。

1. 变桨距控制

变桨距控制系统实际上是一个随动系统，其控制系统如图 3-17 所示。

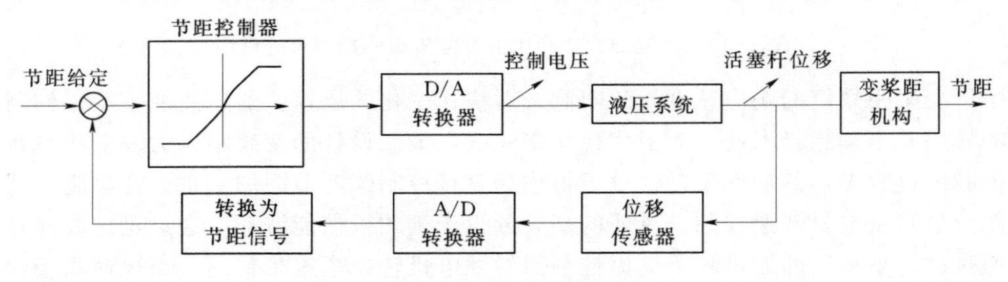

图 3-17　变桨距控制系统

变桨距控制器是一个非线性比例控制器，它可以补偿比例阀的死带和极限。变桨距系统的执行机构是液压系统，节距控制器的输出信号经 D/A 转换后变成电压信号控制比例阀（或电液伺服阀），驱动液压缸活塞，推动变桨距机构，使桨叶节距角变化。活塞的位移反馈信号由位移传感器测量，经转换后输入比较器。

2. 速度控制系统 A（发电机脱网）

转速控制系统 A 在风力发电机组进入待机状态或从待机状态重新启动时投入工作，如图 3-18 所示。在这些过程中，通过对节距角的控制，转速以一定的变化率上升，控制

器也用于在同步转速（50Hz 时 1500r/min）时的控制。当发电机转速在同步转速±10r/min 内持续 1s 发电机将切入电网。

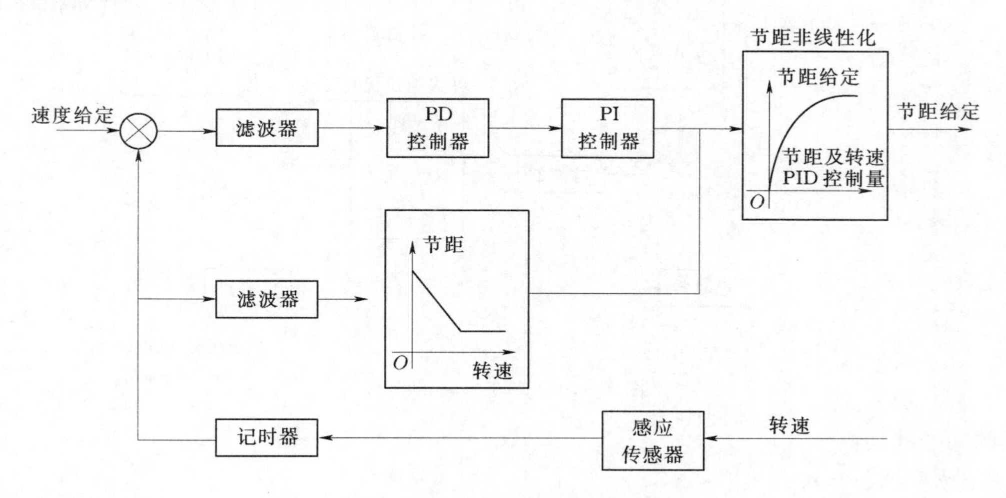

图 3-18 速度控制系统 A

控制器包含着常规的 PD 控制器和 PI 控制器，接着是节距角的非线性化环节，通过非线性化处理，增益随节距角的增加而减小，以此补偿由于转子空气动力学产生的非线性，因为当功率不变时，转矩对节距角的比是随节距角的增加而增加的。

当风力发电机组从待机状态进入运行状态时，变桨距系统先将桨叶节距角快速地转到 45°，风轮在空转状态进入同步转速。当转速从 0 增加到 500r/min 时，节距角给定值从 45°线性地减小到 5°。这一过程不仅使转子具有高启动力矩，而且在风速快速地增大时能够快速启动。

发电机转速通过主轴上的感应传感器测量，每个周期信号被送到微处理器作进一步处理，以产生新的控制信号。

3. 速度控制系统 B（发电机并网）

风力发电机组切入电网以后，速度控制系统 B 作用。如图 3-19 所示，速度控制系统 B 受发电机转速和风速的双重控制。在达到额定值前，速度给定值随功率给定值按比例增加。额定的速度给定值为 1560r/min，相应的发电机转差率为 4%。如果风速和功率输出一直低于额定值，发电机转差率将降低到 2%，节距控制将根据风速调整到最佳状态，以优化叶尖速比。

如果风速高于额定值，发电机转速通过改变节距来跟踪相应的速度给定值。功率输出将稳定地保持在额定值上。从图 3-16 中可以看到，在风速信号输入端设有低通滤波器，节距控制对瞬变风速并不响应，与速度控制器 A 的结构相比，速度控制器 B 增加了速度非线性化环节。这一特性增加了小转差率时的增益，以便控制节距角趋于 0°。

3.3.2.2 功率控制

为了有效地控制高速变化的风速引起的功率波动，新型的变桨距风力发电机组采用了转子电流控制器（Rootor Current Control，RCC）技术，即发电机转子电流控制技术，通过对发电机转子电流的控制来迅速改变发电机转差率，从而改变风轮转速，吸收由于瞬变风速

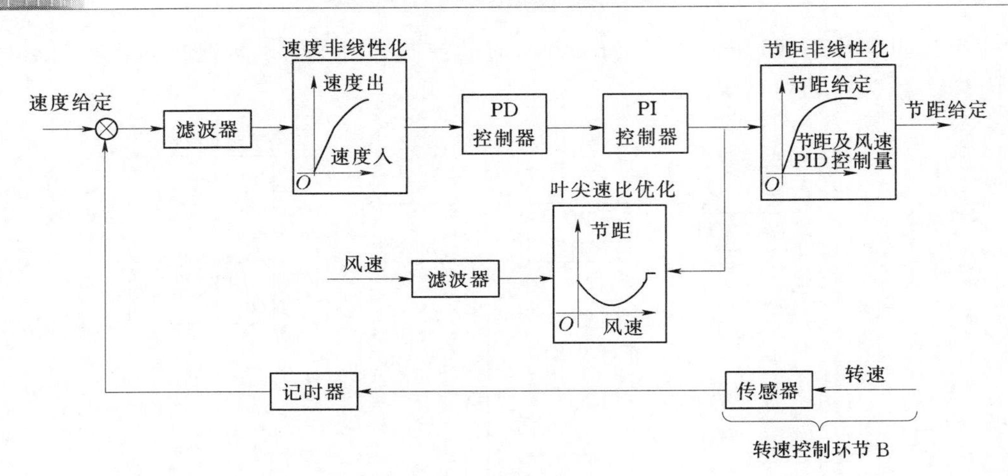

图3-19　速度控制系统B

引起的功率波动。

1. 功率控制系统

功率控制系统如图3-20所示，它由两个控制环组成。外环通过测量转速产生功率参考曲线。发电机的功率参考曲线如图3-21所示，参考功率以额定功率的百分比的形式给出，在点划线限制的范围内，功率给定曲线是可变的。内环是一个功率伺服环，它通过RCC对发电机转差率进行控制，使发电机功率跟踪功率给定值。如果功率低于额定功率值，这一控制环将通过改变转差率，进而改变桨叶节距角，使风轮获得最大功率。如果功率参考值是恒定的，电流参考值也是恒定的。

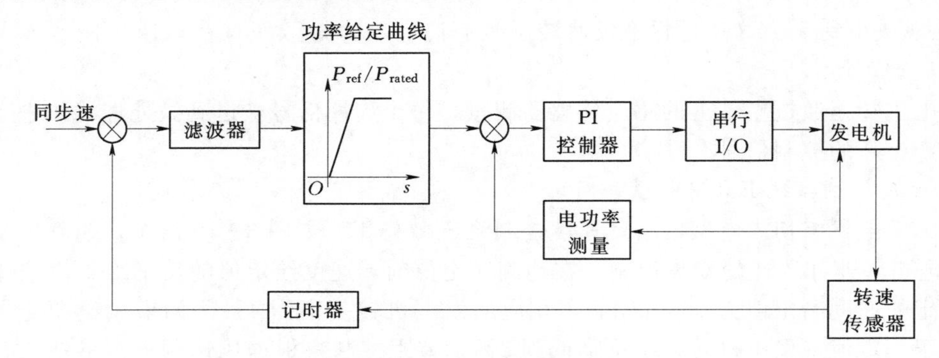

图3-20　功率控制系统

2. 转子电流控制器原理

图3-20所示的功率控制环实际上是一个发电机转子电流控制环。如图3-22所示，转子电流控制器由快速数字式PI控制器和一个等效变阻器构成。它根据给定的电流值，通过改变转子电路的电阻来改变发电机的转差率。在额定功率时，发电机的转差率能够从1%到10%（1515～1650r/min）变化，相应的转子平均电阻从0到100%变化。当功率变化即转子电流变化时，PI调节器迅速调整转子电阻，使转子电流跟踪给定值，如果从主控制器传出的电流给定值是恒定的，它将保持转子电流恒定，从而使功率输出保持不变。与此同时，发电机转差率却在作相应的调整以平衡输入功率的变化。

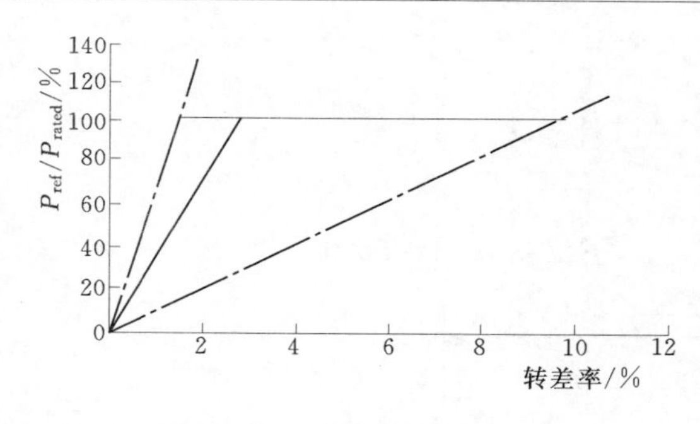

图 3-21 功率参考曲线

为了进一步说明转子电流控制器的原理，下面从电磁转矩的关系式来说明转子电阻与发电机转差率的关系。从电机学可知，发电机的电磁转矩为

$$T_e=\frac{m_1 p U_1^2 \frac{R_2'}{s}}{\omega_1\left[R_1+\left(\frac{R_2'}{s}\right)^2+(X_1+X_2')^2\right]} \tag{3-1}$$

式中 p——电机极对数；

m_1——电机定子相数；

ω_1——定子角频率，即电网角频率；

U_1——定子额定相电压；

s——转差率；

R_1——定子绕组的电阻；

X_1——定子绕组的漏抗；

R_2'——折算到定子侧的转子每相电阻；

X_2'——折算到定子侧的转子每相漏抗。

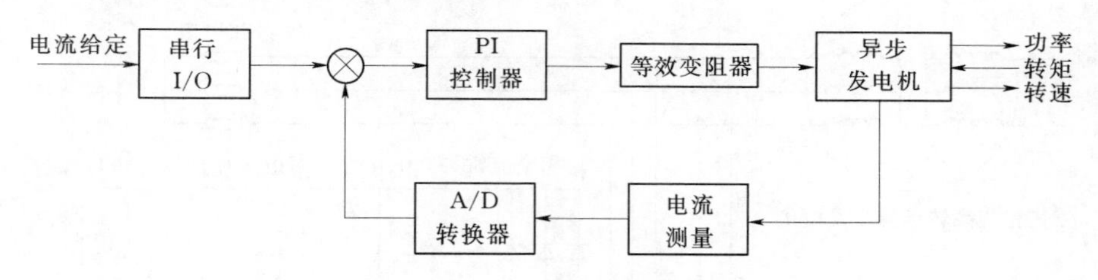

图 3-22 转子电流控制系统

由式（3-1）可知，只要 R_2'/s 不变，电磁转矩 T_e 就可保持不变，从而发电机功率就可保持不变。因此，当风速变大，风轮及发电机的转速上升，即发电机转差率 s 增大，只要改变发电机的转子电阻 R_2'，使 R_2'/s 保持不变，就能保持发电机输出功率不变。如图 3-23 所示，当发电机的转子电阻改变时，其特性曲线由 1 变为 2，运行点也由 a 点变到 b 点，而电磁转矩 T_e 保持不变，发电机转差率则从 s_1 上升到 s_2。

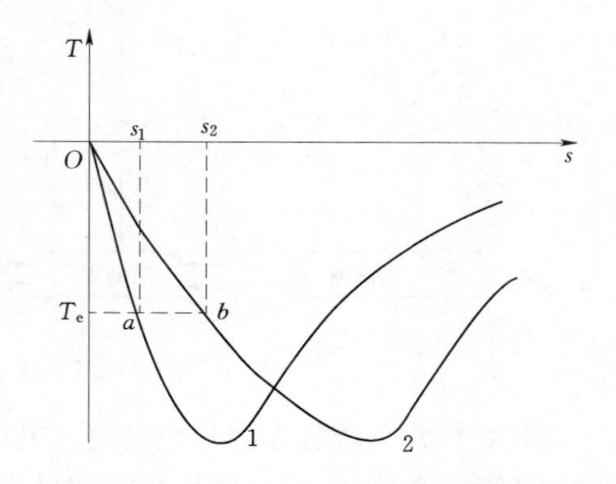

图 3-23 发电机运行特性曲线的变化

3. 转子电流控制器的结构

转子电流控制技术必须使用在绕线转子异步发电机上，用于控制发电机的转子电流，使异步发电机成为可变转差率发电机。采用转子电流控制器的可变转差率异步发电机结构如图 3-24 所示。

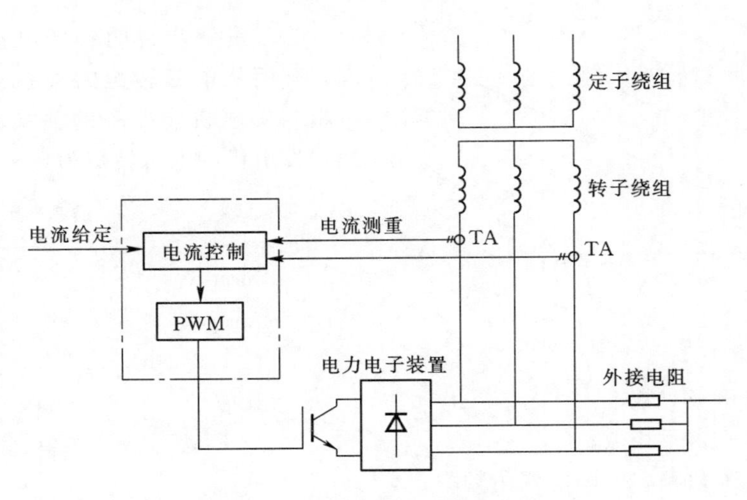

图 3－24　可变转差率异步发电机结构示意图

转子电流控制器安装在发电机的轴上，与转子上的三相绕组连接，构成一电气回路。将普通三相异步发电机的转子引出，外接转子电阻，使发电机的转差率增大至 10%，通过一组电力电子元器件来调整转子回路的电阻，从而调节发电机的转差率。转子电流控制器电气原理如图 3－25 所示。

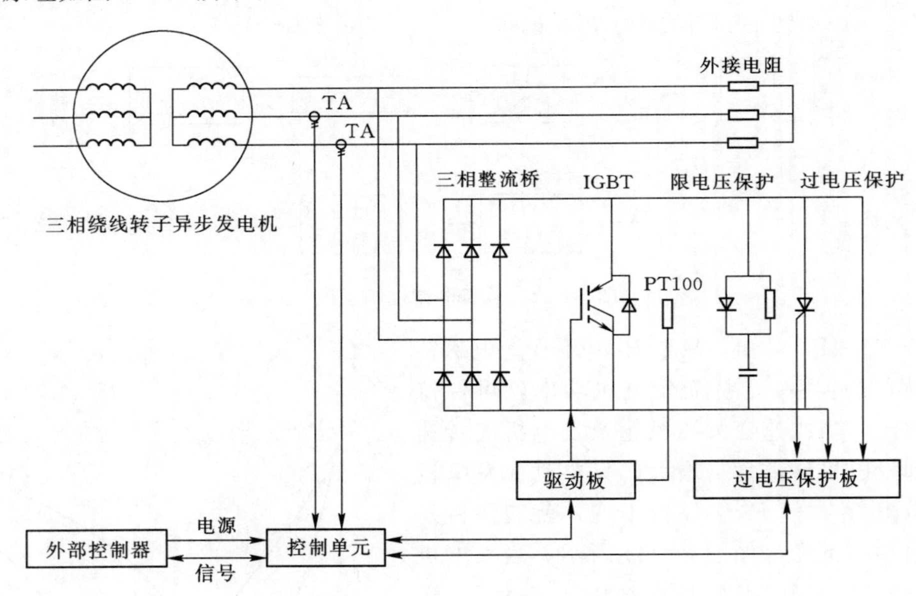

图 3－25　转子电流控制器电气原理图

RCC 依靠外部控制器给出的电流基准值和两个电流互感器的测量值计算出转子回路的电阻值，通过 IGBT（绝缘栅极双极型晶体管）的导通和关断来进行调整。IGBT 的导通与关断受一宽度可调的脉冲信号（PWM）控制。

IGBT 是双极型晶体管和 MOSFET（场效应晶体管）的复合体，所需驱动功率小，饱和压降低，在关断时不需要负栅极电压来减少关断时间，开关速度较高；饱和压降低减

少了功率损耗，提高了发电机的效率；采用脉宽调制（PWM）电路，提高了整个电路的功率因数，同时只用一级可控的功率单元，减少了元件数，电路结构简单。由于通过对输出脉冲宽度的控制就可控制 IGBT 的开关，所以转子电流控制系统的响应速度加快。

转子电流控制器可在维持额定转子电流（即发电机额定功率）的情况下，在 0 至最大值之间调节转子电阻，使发电机的转差率大约在 0.6%（转子自身电阻）至 10%（IGBT 关断，转子电阻为自身电阻与外接电阻之和）之间连续变化。

为了保护 RCC 单元中的主元件，IGBT 设有阻容回路和过电压保护。阻容回路用来限制 IGBT 每次关断时产生的过电压峰值。过电压保护采用晶闸管，当电网发生短路或短时中断时，晶闸管全导通，使 IGBT 处于两端短路状态，转子总电阻接近于转子自身的电阻。

4. 采用转子电流控制器的功率调节

如图 3-19 所示，并网后，控制系统切换至状态 B（发电机并网状态），由于发电机内安装了 RCC 控制器，发电机转差率可在一定范围内调整，发电机转速可变。因此，在状态 B 中增加了转速控制环节，当风速低于额定风速时，速度控制环节 B 根据转速给定值（高出同步转速的 3%～4%）和风速，给出一个节距角，此时发电机输出功率小于最大功率给定值，功率控制环节根据功率反馈值，给出转子电流最大值，转子电流控制环节将发电机转差率调至最小，发电机转速高出同步转速 1%，与转速给定值存在一定的差值，反馈回速度控制环节 B，速度控制环节 B 根据该差值，调整桨叶节距参考值，变桨距机构将桨叶节距角保持在零度附近，优化叶尖速比；当风速高于额定风速时，发电机输出功率上升到额定功率，当风轮吸收的风能高于发电机输出功率时，发电机转速上升，速度控制环节 B 的输出值变化，反馈信号与参考值比较后又给出新的节距参考值，使得叶片攻角发生改变，减少风轮能量的吸入，将发电机输出功率保持在额定值上；功率控制环节根据功率反馈值和速度反馈值，改变转子电流给定值，转子电流控制器根据该值，调节发电机转差率，使发电机转速发生变化，以保证发电机输出功率的稳定。

如果风速仅为瞬时上升，由于变桨距机构的动作滞后，发电机转速上升后，叶片攻角尚未变化，风速下降，发电机输出功率下降，功率控制单元将使 RCC 控制单元减小发电机转差率，使得发电机转速下降。在发电机转速上升或下降的过程中，转子的电流保持不变，发电机输出的功率也保持不变。如果风速持续增加，发电机转速持续上升，转速控制器将使变桨距机构动作，改变叶片攻角，使得发电机在额定功率状态下运行。风速下降时，原理与风速上升时相同，但动作方向相反。由于转子电流控制器的动作时间在毫秒级以下，变桨距机构的动作时间以秒计，因此在短暂的风速变化时，仅仅依靠转子电流控制器的控制作用就可保持发电机功率的稳定输出，减少对电网的不良影响；同时也可降低变桨距机构的动作频率，延长变桨距机构的使用寿命。

5. 转子电流控制器在实际应用中的效果

由于自然界风速处于不断的变化中，较短时间 3～4s 内的风速上升或下降总是不断地发生，因此变桨距机构也在不断地动作。在转子电流控制器的作用下，其桨距实际变化情况如图 3-26 所示。

从图 3-26 可以看出，RCC 控制单元有效地减少了变桨距机构的动作频率及动作幅

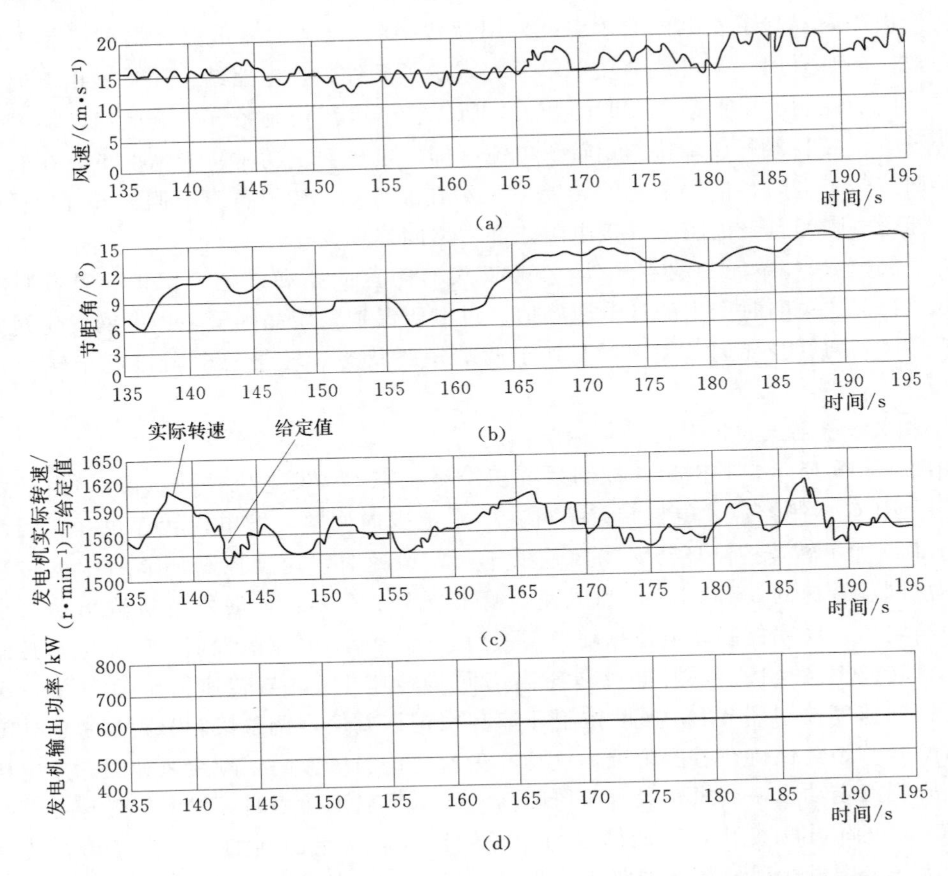

图3-26 变桨距风力发电机组在额定风速以上运行时节距角、转速与功率曲线

度，使得发电机的输出功率保持平衡，实现了变桨距风力发电机组在额定风速以上的额定功率输出，有效地减少了风力发电机组因风速的变化而造成的对电网的不良影响。

3.4 变速机组的控制技术

本节将对变速风力发电机组控制系统的特点以及控制策略分别进行详细介绍。

3.4.1 变速变距风力发电机组的特点

3.4.1.1 变速变距风力发电机组控制系统构成

控制系统是风力发电机组安全运行的大脑指挥中心，控制系统的安全运行就是机组安全运行的保证。各类机型中，变速变桨距型风力发电机组控制技术较复杂，其控制系统主要由三部分组成，即主控制器、桨距调节器、功率控制器（转矩控制器），如图3-27所示。典型的模态线性化变速变桨距风力发电机组模型如图3-28所示。

（1）主控制器主要完成机组运行逻辑控制，如偏航、对风、解绕等，并在桨距调节器和功率控制器之间进行协调控制。

（2）桨距调节器主要完成叶片节距调节，控制叶片节距角，在额定风速之下，保持最大风能捕获效率；在额定风速之上，限制功率输出。

（3）功率控制器主要完成变速恒频控制，保证上网电能质量，与电网同压、同频、同相输出，在额定风速之下，在最大升力节距角位置，调节发电机、叶轮转速，保持最佳叶尖速比运行，达到最大风能捕获效率；在额定风速之上配合变桨距机构，最大恒功率输出。小范围内抑制功率波动，由功率控制器驱动变流器完成，大范围内超出额定功率部分由变桨距控制完成。

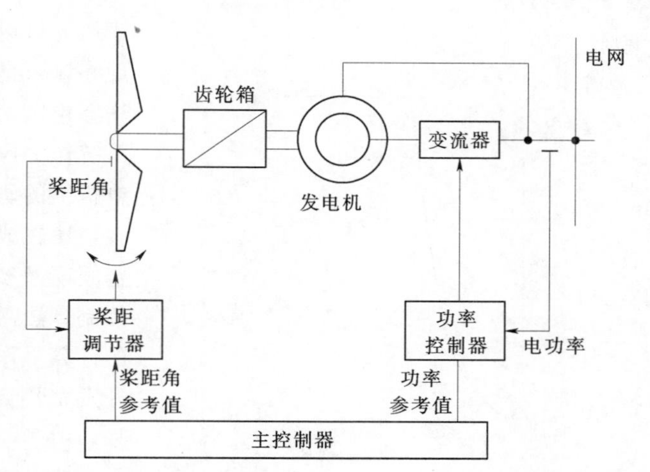

图 3-27　变速变距风力发电机组控制系统构成图

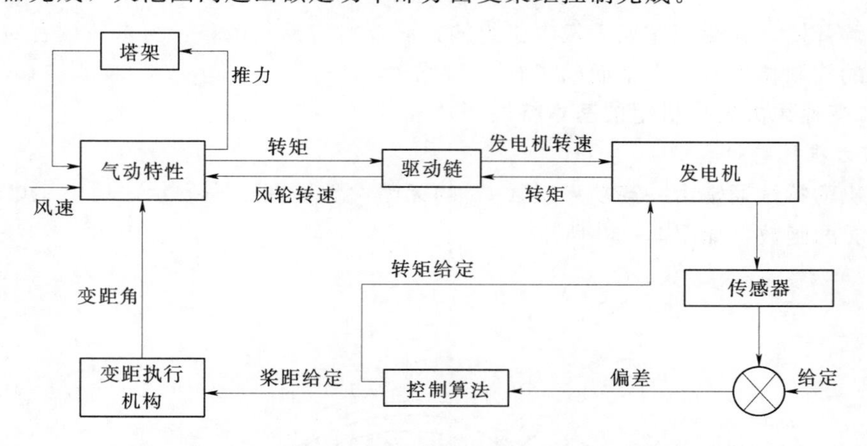

图 3-28　典型的模态线性化变速变桨距风力发电机组模型

变速风力发电机组于 20 世纪的最后几年加入到大型风力发电机组主流机型的行列中。与恒速风力发电机组相比，变速风力发电机组的优越性在于：低风速时能够根据风速变化，在运行中保持最佳叶尖速比以获得最大风能；高风速时利用风轮转速的变化，储存或释放部分能量，提高传动系统的柔性，使功率输出更加平稳，其功率曲线如图 3-29 所示。因而在更大容量上，变速风力发电机组有可能取代恒速风力发电机组而成为风力发电的主力机型。

变速风力发电机组的控制主要通过两个阶段来实现。在额定风速以下时，主要是调节发电机反力矩使转速跟随风速变化，以获得最佳叶尖速比，因此可作为跟踪问题来处理。在高于额定风速时，主要通过变桨距系统改变桨叶节距来限制风力机获取能量，使风力发电机组保持在额定值下发电，并使系统失速负荷最小化。可以将风力发电机组作为一个连续的、随机的非线性多变量系统来考虑。采用带输出反馈的线性二次最佳控制技术，根据已知系统的有效模型，设计出满足变速风力发电机组运行要求的控制器。一台变速风力发电机组通常需要两个控制器：一个通过电力电子装置控制发电机的反力矩；另一个通过伺服系统控制桨叶节距。由

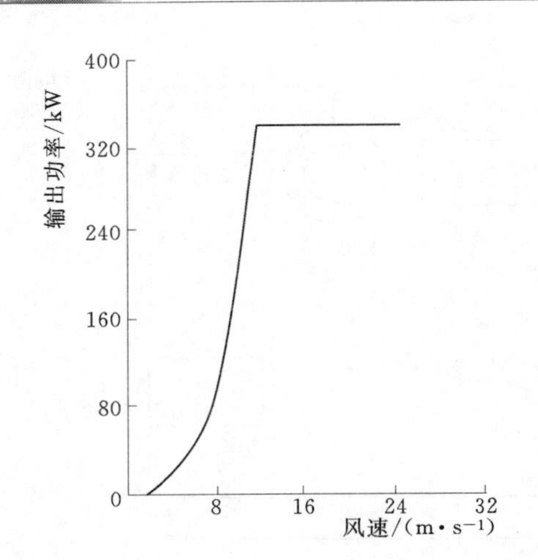

图 3-29　变速风力发电机组的功率曲线

于风力机可获取的能量随风速的三次方增加，因此在输入量大幅度地、快速地变化时，要求控制增益也随之改变，通常用工业标准 PID 型控制系统作为风力发电机组的控制器。在变速风力发电机组的研究中，也有采用适应性控制技术的方案，比较成功的是带非线性卡尔曼滤波器的状态空间模型参考适应性控制器的应用。由于适应性控制算法需要在每一步比简单 PI 控制器多得多的计算工作量，因此用户需要增加额外的设备及开发费用，其实用性仍在进一步探讨中。近年来，由于模糊逻辑控制技术在工业控制领域的巨大成功，基于模糊逻辑控制的智能控制技术也引入变速风力发电机组控制系统的研究并取得了成效。

从本章开始，介绍变速风力发电机组的控制技术与控制策略，力求使读者对变速风力发电机组的控制技术有一个全面的了解。

3.4.1.2　变速风力发电机组的基本特性

1. 风力机的特性

风力机的特性通常由一簇功率系数 C_p 的无因次性能曲线来表示，功率系数是风力机叶尖速比 λ 的函数，如图 3-30 所示。

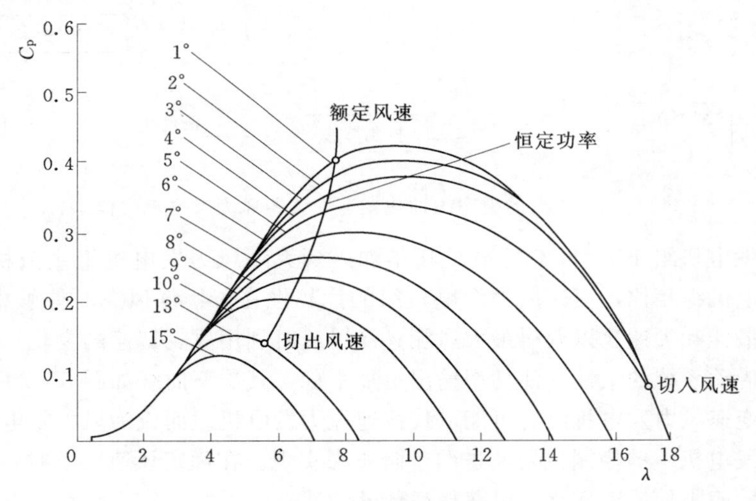

图 3-30　风力机特性曲线

C_p 曲线是桨叶节距角的函数。从图 3-30 可以看到 C_p 曲线对桨叶节距角的变化规律：当桨叶节距角逐渐增大时，C_p 曲线将显著地缩小，如果保持节距角不变，用一条曲线就能描述出它作为 λ 的函数的性能和表示从风能中获取的最大功率。图 3-31 所示为一条典型的 C_p 曲线。

叶尖速比可以表示为

$$\lambda=\frac{R\omega_r}{v}\frac{v_T}{v} \tag{3-2}$$

式中 ω_r——风力机风轮角速度，rad/s；

R——叶片半径，m；

v——主导风速，m/s；

v_T——叶尖线速度，m/s。

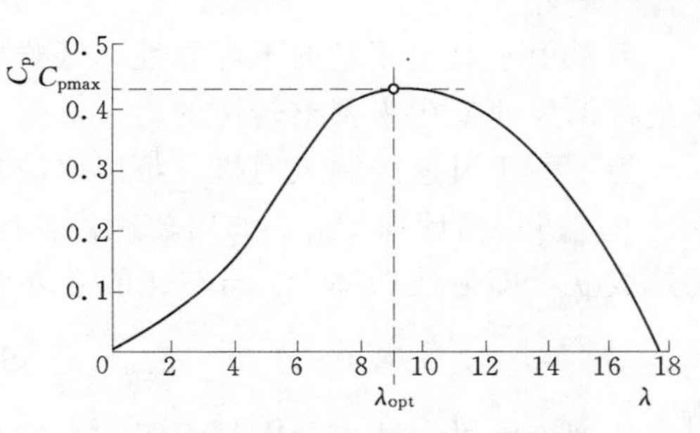

图 3-31 定桨距风力机的性能曲线

对于恒速风力发电机组，发电机转速的变化只比同步转速高百分之几，但风速的变化范围可以很宽。按式（3-2），叶尖速比可以在很宽范围内变化，因此它只有很小的机会运行在 C_{pmax} 点。风力机从风中捕获的机械功率为

$$P_m=\frac{1}{2}\rho SC_p v^3 \tag{3-3}$$

由式（3-3）可见，在风速给定的情况下，风轮获得的功率将取决于功率系数。如果在任何风速下，风力机都能在 C_{pmax} 点运行，便可增加其输出功率。根据图 3-31，在任何风速下，只要使得风轮的叶尖速比 $\lambda=\lambda_{opt}$，就可维持风力机在 C_{pmax} 下运行。因此，风速变化时，只要调节风轮转速，使其叶尖速度与风速之比保持不变，就可获得最佳的功率系数。图 3-32 所示为变速风力发电机组进行转速控制的基本目标。

根据图 3-31，获得最佳功率系数的条件是

$$\lambda=\lambda_{opt}=9$$

这时，$C_p=C_{pmax}=0.43$，从而风能中获取的机械功率为

$$P_m=kC_{pmax}v^3 \tag{3-4}$$

$$k=\frac{1}{2}\rho S$$

式中 k——常系数。

设 v_{TS} 为同步转速下的叶尖线速度，即

$$v_{TS}=2\pi Rn_s \tag{3-5}$$

式中 n_s——在发电机同步转速下的风轮转速。

对于任何其他转速 n_r，有

$$\frac{v_T}{v_{TS}}=\frac{n_r}{n_s}=1-s \tag{3-6}$$

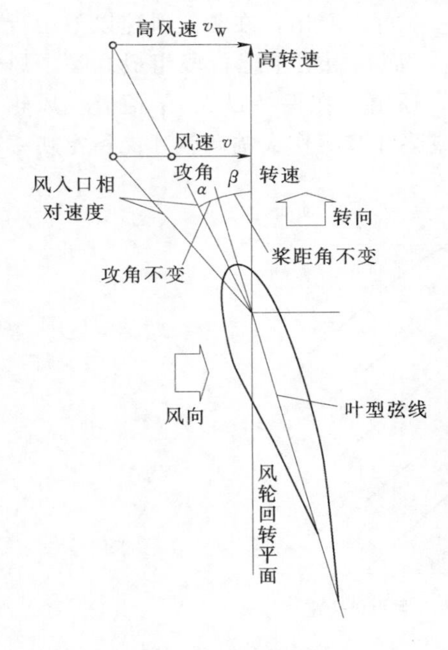

图 3-32 变转速控制

根据式（3-2）和式（3-4）～式（3-6），可以建立给定风速 v 与最佳转差率 s（最佳转差率是指在该转差率下，发电机转速使得风力机运行在最佳的功率系数 C_{pmax}）的关系式

$$v=\frac{1-s}{\lambda_{opt}}=\frac{1-s}{9} \tag{3-7}$$

这样，对于给定风速的相应转差率可由式（3-7）来计算。

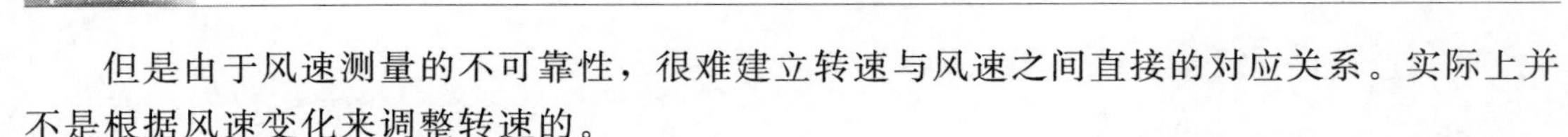

但是由于风速测量的不可靠性，很难建立转速与风速之间直接的对应关系。实际上并不是根据风速变化来调整转速的。

为了不用风速控制风力机，可以修改功率表达式，以消除对风速的依赖关系，即按已知的 C_{pmax} 和 λ_{opt} 计算 P_{opt}。如用转速代替风速，则可以导出功率是转速的函数，立方关系仍然成立，即最佳功率 P_{opt} 与转速的立方成正比，即

$$P_{opt}=\frac{1}{2}\rho SC_{pmax}\left[\left(\frac{R}{\lambda_{opt}}\right)\omega_r\right]^3 \tag{3-8}$$

从理论上讲，输出功率是无限的，它是风速立方的函数。但实际上，由于机械强度和其他物理性能的限制，输出功率是有限度的，越过这个限度，风力发电机组的某些部分便不能工作。因此变速风力发电机组受到两个基本限制：①功率限制，所有电路及电力电子器件受功率限制；②转速限制，所有旋转部件的机械强度受转速限制。

2. 风力机的转矩-转速特性

图 3－33 所示为风力机在不同风速下的转矩-转速特性曲线。由转矩、转速和功率的限制线划出的区域为风力机安全运行区域，即图 3－33 中由 $OABC$ 所围的区域。在这个区间中有若干种可能的控制方式。恒速运行的风力机的工作点为直线 XY。从图 3－33 可以看到：恒速风力机只有一个工作点运行在 C_{pmax} 曲线上。变速运行的风力机的工作点是由若干条曲线组成，其中在额定风速以下的 ab 段运行在 C_{pmax} 曲线上。a 点与 b 点的转速即为变速运行的转速范围。由于 b 点已达到转速极限，此后直到最大功率点，转速将保持不变，即 bc 段为转速恒定区，运行方式与定桨距风力机相同。在 c 点，功率已达到限制点，当风速继续增加时，风力机将沿着 cd 线运行以保持最大功率，但必须通过某种控制来降低 C_p 值，以限制气动力转矩。如果不采用变桨距方法，就只有降低风力机的转速，使桨叶失速程度逐渐加深以限制气动力转矩。从图 3－33 可以看出，在额定风速以下运行时，变速风力发电机组并没有始终运行在最大 C_p 线上，而是由两个运行段组成。除了风力发电机组的旋转部件受到机械强度的限制原因以外，还由于在保持最大 C_p 值时，风轮功率的增加与风速的 3 次方成正比，需要对风轮转速或桨叶节距作大幅调整才能稳定功率

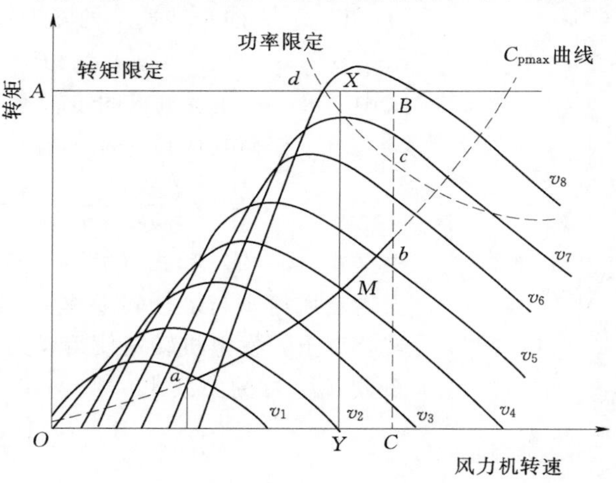

图 3－33　风力机在不同风速下的转矩-转速特性曲线

输出，这将给控制系统的设计带来困难。

3.4.1.3 变速发电机及其控制方式

变速风力发电机组的基本构成如图 3-34 所示。为了达到变速控制的要求，变速风力发电机组通常包含变速发电机、整流器、逆变器和变桨距机构。变速发电机目前主要采用双馈异步发电机。在低于额定风速时，通过整流器及逆变器来控制双馈异步发电机的电磁转矩，实现对风力机的转速控制；在高于额定风速时，考虑传动系统对变化负荷的承受能力，一般采用节距调节的方法将多余的能量除去。这时，机组有两个控制环同时工作，内部的发电机转速（电磁转矩）控制环和外部桨叶节距控制环。

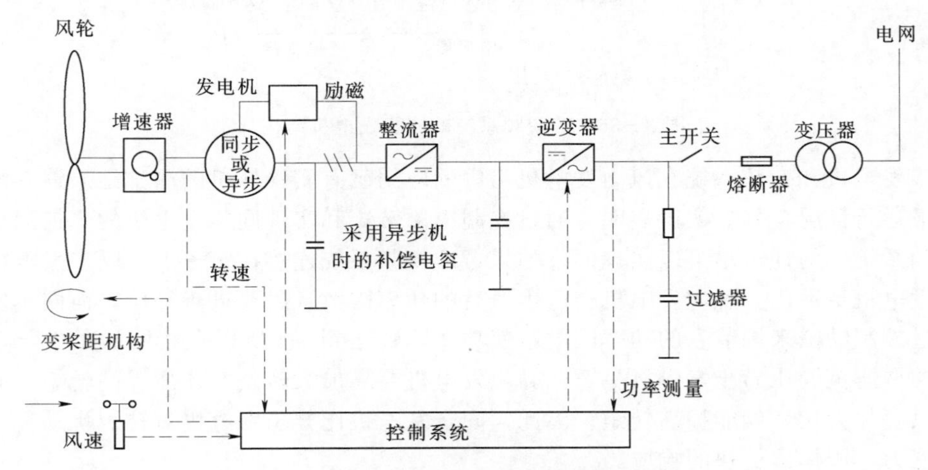

图 3-34　变速风力发电机组的基本结构

1. 双馈异步发电机

交流励磁双馈异步发电机变速恒频原理如图 3-35 所示。双馈异步发电机由绕线转子感应发电机和在转子电路上带有整流器和直流侧连接的逆变器组成。发电机向电网输出的功率由两部分组成，即直接从定于输出的功率和通过逆变器从转子输出的功率。风力机的机械速度允许随着风速而变化。通过对发电机的控制使风力机运行在最佳叶尖速比，从而使其在整个运行速度的范围内均有最佳功率系数。

2. 低速永磁同步发电机

用同步发电机发电是今天最普遍的发电方式。然而，同步发电机的转速和电网频率之间是刚性耦合的，如果原动力是风力，那么变化的风速将给发电机输入变化的能量，这不仅给风力机带来高负荷和冲击力，而且不能以优化方式运行。如果在发电机和电网之间使用频率转换器，转速和电网频率之间的耦合问题将得以解决。变频器的使用使风力发电机组可以在不同的速度下运行，并且使发电机内部的转矩得以控制，从而减轻传动系统应力。通过对变频器电流的控制可以实现对发电机转矩的控

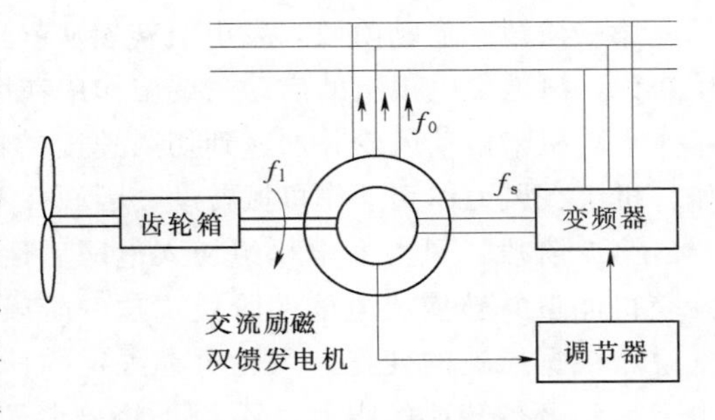

图 3-35　交流励磁双馈异步发电机变速恒频原理图

制，而控制电磁转矩可以控制风力机的转速，使之达到最佳运行状态。

带变频系统的同步发电机结构如图3-36所示，其使用的是凸极转子和笼型阻尼绕组同步发电机。变频器由一个三相二极管整流器、一个平波电抗器和一个三相晶闸管逆变器组成。

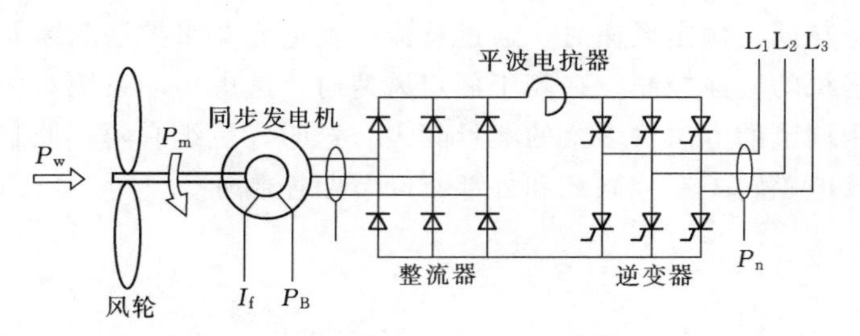

图3-36　带变频系统的同步发电机结构

同步发电机和变频系统在风力发电机组中的应用已有实验样机的测试结果，系统在不同转速下运行情况良好。实验表明，通过控制电磁转矩和实现同步发电机的变速运行，减缓在传动系统上的冲击是可以实现的。如果考虑变频系统连接在定子上，同步发电机或许比感应发电机更适用。感应发电机会产生滞后的功率因数且需要进行补偿，而同步发电机可以通过控制励磁来调节它的功率因数，使功率因数达到1。所以在相同的条件下，同步发电机的调速范围比异步发电机更宽。异步发电机要靠加大转差率才能提高转矩，而同步发电机只要加大功角就能提高转矩。因此，同步发电机比异步发电机对转矩扰动具有更强的承受能力，能作出更快的响应。

3.4.2　变速机组的控制策略

3.4.2.1　变速风力发电机组的运行区域

变速机型与恒速机型相比，优越性在于：低风速时，它能够根据风速变化，在运行中保持最佳叶尖速比，以获得最大风能利用系数；高风速时，利用风轮转速变化储存或释放部分能量，提高传动系统的柔性，使功率输出更加平稳。与变桨距风力发电机组类似，变速风力发电机组的运行根据不同的风况可分为三个不同阶段。

第一阶段：启动阶段，发电机转速从静止上升到切入速度。对于目前大多数风力发电机组来说，风力发电机组的启动只要当作用在风轮上的风速达到启动风速便可实现（发电机被用作电动机来启动风轮并加速到切入速度的情况例外）。在切入速度以下，发电机并没有工作，机组在风力作用下作机械转动，因而并不涉及发电机变速的控制，对该阶段不作讨论。

第二阶段：风力发电机组切入电网后运行在额定风速以下的阶段，是风力发电机组开始获得能量并转换成电能的阶段。这一阶段决定了变速风力发电机组的运行方式。从理论上说，根据风速的变化，风轮可在限定的任何转速下运行，以便最大限度地获取能量，但由于受到运行转速的限制，不得不将该阶段分成两个运行区域，即变速运行区域（C_p恒定区）和恒速运行区域。为了使风轮能在C_p恒定区运行，必须设计一种变速发电机，其转速能够被控制以跟踪风速的变化。

第三阶段：功率恒定阶段。在更高的风速下，风力发电机组的机械和电气极限要求转

子速度和输出功率维持在限定值以下，这个限制就确定了变速风力发电机组的第三运行阶段，该阶段称为功率恒定阶段。对于定速风力发电机组，风速增大，能量转换效率反而降低，而从风力中可获得的能量与风速的三次方成正比，这样对变速风力发电机组来说，有很大的余地可以提高能量的获取。例如，利用第三阶段的大风速波动特点，将风力机转速充分地控制在高速状态，并适时地将动能转换成电能。

图 3-37 所示为典型风力发电机组的等值线图。从图 3-37 上可以看出变速风力发电机组的控制途径。在低风速段，按恒定 C_p（或恒定叶尖速比）途径控制风力发电机组，直到转速达到极限，然后按恒定转速控制机组，直到功率达到最大，最后按恒定功率控制机组。

从图 3-37 还可以看出风轮转速随风速的变化情况。在 C_p 恒定区，转速随风速呈线性变化，斜率与 λ_{opt} 成正比。转速达到极限后，便保持不变。转速随风速增大而减少时功率恒定区开始，转速与风速呈线性关系，因为在该区域 λ 与 C_p 呈线性关系。为使功率保持恒定，C_p 必须设置为与 $1/v^3$ 成正比的函数。

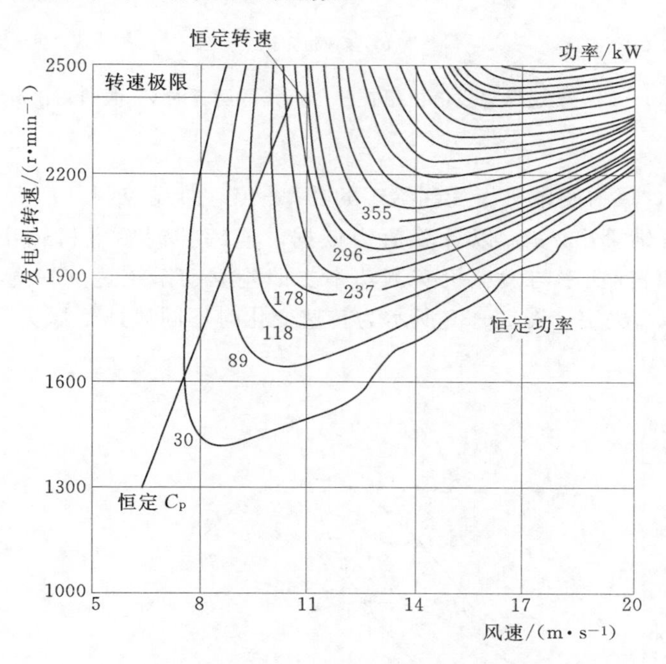

图 3-37 典型风力发电机组的等值线图

3.4.2.2 理想情况下总的控制策略

根据变速风力发电机组在不同区域的运行，将基本控制策略确定为：低于额定风速时，跟踪 P_{pmax} 曲线，以获得最大能量；高于额定风速时，跟踪 C_{pmax} 曲线，并保持输出稳定。

为了便于理解，先假定变速风力发电机组的桨叶节距角是恒定的。当风速达到启动风速后，风轮转速由零增大到发电机可以切入的转速，C_p 值不断上升，风力发电机组开始发电。通过对发电机转速进行控制，风力发电机组逐渐进入 C_p 恒定区（$C_p = C_{pmax}$），这时机组在最佳状态下运行。随着风速增大，转速亦增大，最终达到一个容许的最大值，这时，只要功率低于允许的最大功率，转速便保持恒定。在转速恒定区，随着风速的增大，C_p 值减少，但功率仍然增大。达到功率极限后，机组进入功率恒定区，这时随风速的增大，转速必须降低，使叶尖速比减少的速度比在转速恒定区更快，从而使风力发电机组在更小的 C_p 值下作恒功率运行。图 3－38 所示为变速风力发电机组在三个工作区运行时 C_p 值的变化情况。

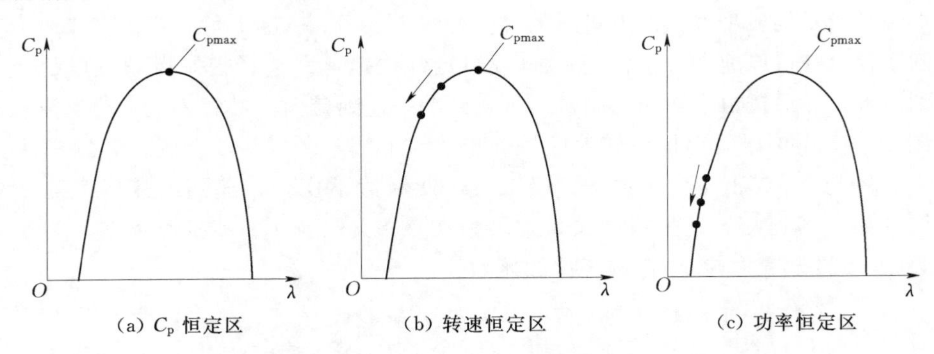

图 3－38 变速风力发电机组在三个工作区运行时 C_p 值的变化情况

1. C_p 恒定区

在 C_p 恒定区，风力发电机组受到给定的功率-转速曲线控制。P_{opt} 的给定参考值随转速变化，由转速反馈算出。P_{opt} 以计算值为依据，连续控制发电机输出功率，使其跟踪 P_{opt} 曲线变化。用目标功率与发电机实测功率之偏差驱动系统达到平衡。功率-转速曲线的形状由 C_{pmax} 和 λ_{opt} 决定。图 3－39 所示为转速变化时不同风速下风力发电机组功率与目标功率的关系。

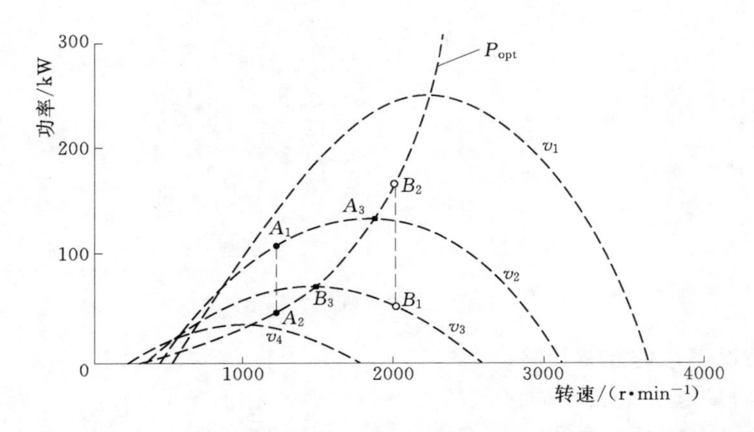

图 3－39 转速变化时不同风速下风力发电机组功率与目标功率的关系

如图 3－39 所示，假定风速为 v_2，点 A_2 为转速为 1200r/min 时发电机的工作点，点 A_1 为风力机的工作点，它们都不是最佳点。由于风力机的机械功率（A_2 点），过剩功率使转速增大（产生加速功率），过剩功率等于 A_1 和 A_2 两点功率之差。随着转速的增大，目标功率遵循 P_{opt} 曲线持续增大。同样，风力机的工作点也沿 v_2 曲线变化。工作点 A_1 和 A_2 最终将在 A_3 点交汇，风力机和发电机在 A_3 点功率达成平衡。当风速为 v_3 时，发电机

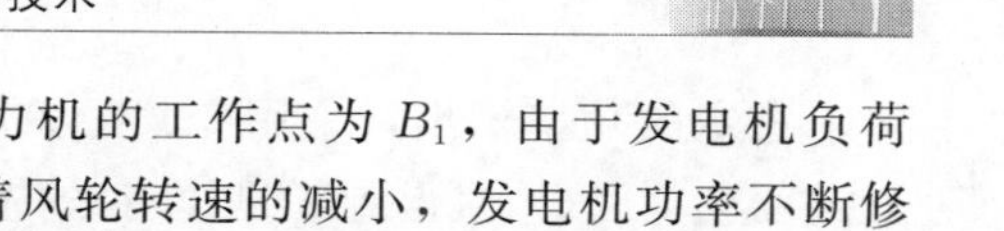

转速大约是 2000r/min。发电机的工作点为 B_2，风力机的工作点为 B_1，由于发电机负荷大于风力机产生的机械功率，故风轮转速减小。随着风轮转速的减小，发电机功率不断修正，沿 P_{opt} 曲线变化。风力机械输出功率亦沿 v_3 曲线变化。随着风轮转速降低，风轮功率与发电机功率之差减小，最终二者将在 B_3 点交汇。

2. 转速恒定区

如果保持 C_{pmax}（或 λ_{opt}）恒定，即使没有达到额定功率，发电机最终将达到其转速极限，此后风力机进入转速恒定区。在这个恒定区域，随着风速的增大，发电机转速保持恒定，功率在达到极值之前一直增大。控制系统按转速控制方式工作，风力机在较小的 λ 区（C_{pmax}的左面）工作。图 3-40 所示为发电机在转速恒定区的控制方案。

3. 功率恒定区

随着功率的增大，发电机和变流器将最终达到其功率极限。在功率恒定区，必须靠降低发电机的转速使功率低于其极限。随着风速的增大，发电机转速降低，使 C_p 值迅速降低，从而保持功率不变。

增大发电机负荷可以降低转速。只是风力机惯性较大，要降低发电机转速，将有动能转换为电能。

如图 3-41 所示，以恒定速度降低转速，从而限制动能变成电能的能量转换。这样，为降低转速，发电机不仅有功率抵消风的气动能量，而且抵消惯性释放的能量。因此，要考虑发电机和变流器两者的功率极限，避免在转速降低过程中释放过多功率。例如，把风轮转速降低率限制到 1(r/min)/s，按风力机的惯性，这大约相当于额定功率的 10%。

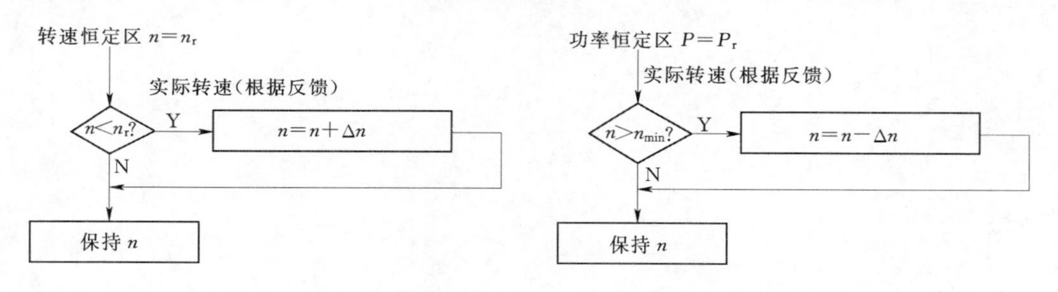

图 3-40　发电机在转速恒定区的控制方案

n—转速当前值；Δn—设定的转速增量；

n_r—转速限制值

图 3-41　恒定功率的实现

由于系统惯性较大，必须增大发电机的功率极限，使之大于风力机的功率极限，以便有足够的空间承接风轮转速降低所释放的能量。这样，一旦发电机的输出功率高于设定点，就直接控制风轮，以降低其转速。因此，当转速慢慢降低，功率重新低于功率极限以前，功率会有一个变化范围。

高于额定风速时，变速风力发电机组的变速能力主要用来提高传动系统的柔性。为了获得良好的动态特性和稳定性，在高于额定风速的条件下采用变桨距控制能得到更为理想的效果。在变速风力发电机组的开发过程中，对采用单一的转速控制和加入变桨距控制两种方法均作了大量的实验研究。结果表明：在高于额定风速的条件下，加入变桨距控制的风力发电机组，其传动系统的柔性及输出的稳定性显著提高。因为在高于额定风速时，应追求稳定的功率输出，采用变桨距控制，可以限制转速变化的幅度。当桨叶节距角向增大方向变化时，C_p 值得到了迅速有效的调整，从而控制了由转速引起的发电机反力矩及输出电压的变化。采用转速与变桨距双重控制，虽然增加了额外的变桨距机构和相应控制系统的复杂性，但由于改善了控制系统的动态特性，仍然被普遍认为是变速风力发电机组理想的控制方案。

在低于额定风速的条件下，变速风力发电机组的基本控制目标是跟踪 C_{pmax} 曲线。改变桨叶节距角会迅速降低功率系数 C_p 值，这与控制目标相违背，因此在低于额定风速的条件下加入变桨距控制不合适。

第4章 风电场无功补偿设备的运行与维护

4.1 风电场无功调节的需求和原则

4.1.1 风电场无功调节的需求

风能是一种间歇性的能源，受环境影响较大，不能提供持续可靠的电能。我国适合开发风电的地区一般都处于电网末端，电网架构比较薄弱，风电的并入会对电网产生重要影响，其中最突出的问题就是风电场的并网会引起系统无功的变化，进而影响系统电压，甚至可能导致电网崩溃。因此，有必要研究风电场接入电网后对电网电压的影响，并给出合理的无功优化补偿方案，保证电压稳定、改善电能质量，提高电网对风电的吸纳能力。

风力发电机组主要有恒速和变速两种形式。恒速风力发电机组一般采用异步发电机，发出有功功率的同时吸收无功功率。变速风力发电机组多为双馈式风力发电机，本身有一定的无功调节能力，但当风电场出力较大时，线路上也消耗一定数量的无功功率，仍需要从电网吸收无功功率。此外，风电场的变压器和集电线路上的无功损耗和接入电网时输电线路上的充电功率也需要考虑。随机性强、变化频率高、波动范围大、变化速度快是风电场无功波动的特点。

4.1.2 相关标准和规定

1.《国家电网公司风电场接入电网技术规定》中对无功功率的要求

（1）当风力发电机组运行在不同的输出功率时，要求功率因数变化范围保持在－0.95～0.95之间。当同步发电机的功率因素控制在－0.95～0.95时，需要励磁装置具有功率因素调节的功能。

（2）风电场无功功率的调节范围和响应速度应满足风电场并网点电压调节的要求。原则上风电场升压变电站高压侧功率因数按1.0配置，运行过程中可按－0.98～0.98控制。

（3）风电场的无功电源包括风力发电机组和风电场的无功补偿装置。首先应当充分利用风力发电机组的无功容量及其调节能力，如果仅靠风力发电机组的无功容量不能满足系统电压调节需要，则需要考虑在风电场加装无功补偿装置。风电场无功补偿装置可采用分组投切的电容器或电抗器组，必要时采用可以连续调节的静止无功补偿器或其他更为先进的无功补偿装置。由于同步发电机能够提供一定的无功容量，因此风电场无功补偿装置的容量需要相应地减小，一般来说最好不要使用分组投切电容器，宜使用SVC（静止无功补偿器）和STATCOM（静止同步补偿器）。

2.《国家电网公司风电场接入电网技术规定》中对风电场运行电压的要求

（1）当风电场并网点的电压偏差在－10%～10%之间时，风电场应能正常运行。

（2）当风电场并网点电压偏差超过 10%时，风电场的运行状态由风电场所选用风力发电机组的性能确定。

（3）当风电场并网点电压低于额定电压 90%时，风电场应具有一定的低电压维持能力（低电压维持能力是指风电场在电压发生降低时能够维持并网运行的能力）。

（4）风电场参与电压调节的方式包括调节风电场的无功功率和调整风电场升压变电站主变压器的变比（当低压侧装有无功补偿装置时）。

（5）风电场无功功率应当能够在其容量范围内进行自动调节，使风电场变电站高压侧母线电压正、负偏差的绝对值之和不超过额定电压的 10%，一般应控制在额定电压的－3%～7%。

（6）风电场变电站的主变压器宜采用有载调压变压器。分接头切换可手动控制或自动控制，根据电力调度部门的指令进行调整。

4.1.3　风电场无功调节的原则

由于风电场所处电网的特性和结构不同，风电场的无功配置也应作出相应调整，一般需要根据系统的实际情况作出计算分析，实现与并网系统相适应、协调。

（1）为保证风电场的安全稳定运行，在采用有载调压变压器的基础上，合理的无功补偿可以控制高压侧的电压在允许范围之内，补偿设备通常可以采用动态调节型，使得相应的响应速度、调节步长可以满足风力发电机组的随机性以及功率快速变化的条件。

（2）风电场配置的无功补偿装置应采用包括电压及功率因数动态控制的补偿装置，相应的响应速度达到秒级，静止无功补偿器可以考虑但不一定需要采用，风电场容量较大时最好不要采用分组投切的电容器。

（3）在正常运行情况下突然出现风力发电机瞬时整体退出运行时，容性无功补偿设备应随之立即退出，以避免风电场的并网电压过高超过容许值。

（4）如果风电场是分期建设的，而无功补偿设备需要一次建设，则补偿的容量最小值应当满足风电场一期建设的要求。安装的无功补偿设备包括感性和容性无功补偿时，防止谐振是自动控制策略的一个重点。

4.2　风力发电机组的无功功率调节

风电场主要由风力发电机组、箱式变电站、集电线路、主变压器组成。通常这些设备均吸收一定的感性无功。对于笼型异步发电机组成的风电场，发电机工作要吸收一定的无功功率，因此笼型异步发电机组成的风电场的无功呈感性。对于由双馈异步发电机或永磁直驱式同步发电机组成的风电场，当风速较小、送出的风功率很低时，风电场的无功呈容性；风速较高、送出的风功率很大时，风电场的无功呈感性。风电场的无功补偿应起到以下作用：

（1）补偿风电场设备自身的无功消耗，包括风电场内的电缆线路、箱式变压器等。

（2）稳定和调节系统的电压。由于风速的随机性导致了风力发电机组出力的波动，进一步引起风电场的并网点或当地电网其他节点的电压波动。对于弱电网结构，风力发电机功率波动引起的电压波动尤其明显。因此要利用风电场的无功补偿对电压波动进行抑制，起稳定电压的作用。由于本地负载变化或运行方式变化引起的并网点电压偏低或偏高，风

电场的无功要对并网点或其他节点进行电压调节，起调节系统电压的作用。

（3）对于电网故障引起的低电压，风电场的无功补偿尽可能向电网提供一定的无功，起到支撑电网的作用，具体情况根据风电场的无功设备而定。

（4）对于具有一定无功调节能力的双馈风力发电机或永磁直驱式风力发电机组成的风电场，除了具有上述三点外，还可以作为电力系统中的无功提供者，应向电网中提供无功，提高电网的功率因数。

4.2.1 直接并网的鼠笼型异步发电机

对于恒速恒频发电机组，普遍采用普通异步发电机，这种发电机正常运行在超同步状态，转差率 s 为负值，电机工作在发电机状态，且转差率的可变范围很小（$s<5\%$），风速变化时发电机转速基本不变。在正常运行时无法对电压进行控制，不能像同步发电机一样提供电压支撑能力，不利于电网故障时系统电压的恢复和系统稳定；发出的电能也随风速波动而敏感波动，若风速急剧变化，感应电机消耗的无功功率随着转速的变化而不断变化。由于恒速恒频发电机组自身不能控制无功交换并且需要吸收一定数量的无功功率，因此通常在机组出口端并联电容器组。但是，单纯地依赖常规的补偿电容器无法满足无功功率补偿要求，可能会引起风力发电机组发出的电有电能质量问题，如电压闪变、无功波动以及故障条件下的穿越能力。因此，恒速恒频发电机组需要静止无功补偿装置来优化其在正常条件和故障状态下的运行。在工程中通常采用静止无功补偿器 SVC 或 STATCOM 来进行无功调节，采用软启动来减小启动时发电机的电流。恒速恒频发电机组适合用于小功率，通常不高于 600kW 的系统。

4.2.2 恒频变速双馈发电机

恒频变速双馈发电机本身的结构类似于绕线式异步发电机，不过其转子绕组需经过变流器与电网的连接，由变流器对转子绕组提供交流励磁电流。变流器一般采用背靠背的整流器和逆变器组合结构和双 PWM 控制方式，两个变流器都可以作为整流器或都可以作为逆变器，保证功率可以根据需要在转子绕组和电网之间双向流动。正常运行时，可以通过控制转子电流的频率、幅值和相位让定子频率、机端电压和功率因数保持恒定，而不需要电网提供无功功率支持。

4.2.3 直驱永磁同步发电机

对于直驱式同步电机的风力发电机组，由于目前普遍采用永磁式同步电机，风力发电机组叶轮通过主轴与发电机直接相连，其对风能的利用率最高，但风力发电机组的成本也是最高的。由于永磁同步发电机不需从电网吸收无功功率来建立磁场，因此采用永磁同步发电机的风电场，只需少量的无功补偿装置，工作过程中不会产生大量的谐波。通常风电场的无功需求为：在无风或小风时由于整个风电场输出的功率较小，整个风电场只需较小的激磁功率，而线路或电缆的充电功率较大，因此仅需安装少量的无功补偿设备即可满足系统对功率因数的要求。当风力发电机组满载发电时，由于不同机组对无功的调节不同，风电场的感性设备如变压器等需要很大的无功功率，必须安装大量无功补偿设备支撑系统的电压和功率因数。

4.3　常见的无功补偿设备

4.3.1　并联电容器和电抗器

1. 并联电容器

并联电容器原称移相电容器，主要用于补偿电力系统感性负荷的无功功率，以提高功率因数，改善电压质量，降低线路损耗。单相并联电容器主要由芯子、外壳和出线结构等几部分组成。用金属箔（作为极板）与绝缘纸或塑料薄膜叠起来一起卷绕，由若干元件、绝缘件和紧固件经过压装而构成电容芯子，并浸渍绝缘油。电容极板的引线经串联、并联后引至出线瓷套管下端的出线连接片。电容器的金属外壳内充以绝缘介质油。并联电容器组是一种应用广泛的无功补偿装置，这主要基于其投资少、运行简单、结构简单、易维护等优点。并联电容器通过断路器与系统电力节点相连，其只能为系统提供感性无功功率。由于并联电容器具有以上优点，因此得到广泛的应用。然而在特定情况下，并联电容器由于具有以下缺点因此使用会受到限制：

（1）并联电容器通常多组并联在一起，通过投切开关进行投切，每组电容器的状态为投或不投，这造成了其阶梯性的调节效果，不够平滑，无法达到最优补偿状态。并联电容器的补偿效果与分组数和每组的容量有关。

（2）通常将并联电容器定义为慢速无功补偿设备，其原因是电容器通常采用真空断路器进行投切，因而投切响应慢，且不适合频繁操作，故不能够快速跟踪无功负荷进行补偿。若采用晶闸管投切开关来代替真空开关投切，可以实现并联电容器的快速响应，但是依旧无法解决无功调节的离散性。且大功率的电力电子器件通常较为昂贵，这也相应提高了系统的造价。

（3）并联电容器组的离散性导致其投切会出现过补偿或欠补偿状态。根据电压和无功功率的关系，过补偿会引起系统电压升高，而欠补偿会导致电压降低。

（4）由于电容器提供的无功功率的大小与电压的平方成正比，在低电压时，其提供的无功功率会骤减，而此时需要的无功补偿明显增多，若不能够及时补偿无功功率，会使系统电压下降。

风电场中风速波动性大，风速波动带来频繁的电压波动，这会导致用于无功补偿的并联电容器组频繁地投切，使电容器组频繁地充电和放电，最终导致其寿命缩减。因而在风电场无功补偿中，要减少并联电容器组投切的频率。

图 4-1　电抗器

2. 电抗器

电抗器也称为电感器，如图 4-1 所示。电力系统中所采取的电抗器常见的有串联电抗器和并联电抗器。串联电抗器主要用来限制短路电流，也有用在滤波器中与电容器串联或并

联以限制电网中的高次谐波。220kV、110kV、35kV、10kV 电网中的电抗器用以吸收电缆线路的充电容性无功功率。可以通过调整并联电抗器的数量来调整运行电压。超高压并联电抗器有改善电力系统无功功率有关运行状况的多种功能，主要包括：

(1) 轻空载或轻负荷线路上的电容效应，以降低工频暂态过电压。

(2) 改善长输电线路上的电压分布。

(3) 使轻负荷时线路中的无功功率尽可能就地平衡，防止无功功率不合理流动，同时也减轻线路上的功率损失。

(4) 在大机组与系统并列时降低高压母线上工频稳态电压，便于发电机同期并列。

(5) 防止发电机带长线路可能出现的自励磁谐振现象。

(6) 当采用电抗器中性点经小电抗接地装置时，还可用小电抗器补偿线路相间及相地电容，以加速潜供电流自动熄灭，便于采用。

4.3.2 静止无功补偿器

静止无功补偿器又称 SVC，传统无功补偿用断路器或接触器投切电容，SVC 用晶闸管等电子开关，没有机械运动部分，所以与静态无功补偿装置相比，通常 SVC 由以下部分组成：

(1) 固定电容器和固定电抗器组成的一个无功补偿加滤波支路。该部分适当选择电抗器和电容器容量，可滤除电网谐波，并补偿容性无功，将电网补偿到容性状态。

(2) 固定电抗器。

(3) 晶闸管电子开关。晶闸管用来调节电抗器导通角，改变感性无功输出来抵消补偿滤波支路容性无功，并保持在感性较高功率因数。

静止无功补偿器是由晶闸管所控制投切的电抗器和电容器组成。由于晶闸管对于控制信号反应极为迅速，而且通断次数也可以不受限制，当电压变化时，静止补偿器能快速、平滑地调节，以满足动态无功补偿的需要，同时还能做到分相补偿。静止无功补偿器对于三相不平衡负荷及冲击负荷有较强的适应性，但由于用晶闸管控制，对电抗器的投切过程中会产生高次谐波，为此需加装专门的滤波器。

4.3.3 静止同步补偿器

静止同步补偿器（STATCOM）是一种并联型无功补偿的 FACTS 装置，它能够发出或吸收无功功率，并可以控制电力系统中的特定参数。一般的，STATCOM 是一种固态开关变流器，当其输入端接有电源或储能装置时，其输出端可独立发出或吸收可控的有功功率和无功功率。STATCOM 可在多方面改善电力系统功能，如：①动态电压控制；②功率振荡阻尼；③暂态稳定；④电压闪变控制等。与传统的无功补偿装置相比，STATCOM 具有调节连续、谐波小、损耗低、运行范围宽、可靠性高、调节速度快等优点，自问世以来，便得到了广泛关注和飞速发展。

4.3.4 各种补偿设备的比较

为适应不同场合的需要，适用于风电场的无功补偿装置已发展出多种类型，它们所需成本不尽相同，对电网电压暂态特性的影响也不一样。各种无功补偿装置的比较见表 4-1。

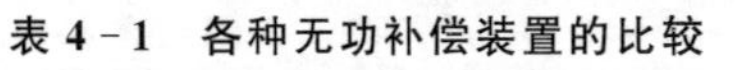

表4-1　各种无功补偿装置的比较

大类	名称	型号	工作原理	技术指标	优　点	缺　点	应用场合
旋转式无功补偿	同步发电机/调相机		欠励磁运行时，向系统发出有功功率，吸收无功功率；系统电压偏低时，过励磁运行，提供无功功率，将系统电压抬高		可双向或连续调节；能独立调节励磁调节无功功率，有较大的过载能力	其损耗、噪声都很大，设备投资高，启动、运行、维修复杂，动态响应速度慢，不适应太大或太小的补偿，只用于三相平衡补偿，增加系统短路容量	适用于大容量的系统中枢点无功补偿
静止式静态无功补偿	机械投切电容器	MSC	用断路器/接触器分级投切电容	投切时间10～30s	控制器简单，市场普遍供货，价格低，投资成本少，无漏电流	不能快速跟踪负载无功功率的变化，而且投切电容器时常会引起较为严重的冲击涌流和操作过电压，这样不但易造成接触点开焊，而且使补偿电容器内部击穿，所受的应力大，维修量大	适用无功量比较稳定，不需频繁投切电容补偿的用户
	机械投切电抗器	MSR	并联在线路末端或中间，吸收线路上的充电功率	其补偿度60%～85%	防止长线路在空载充电或轻载时末端电压升高	不能跟踪补偿，为固定补偿	超高压系统（330kV及以上）的线路上
静止式动态无功补偿SVC	自饱和电抗器	SSR	依靠自饱和电抗器自身固有的能力来稳定电压，它利用铁芯的饱和特性来控制发出或吸收无功功率的大小	调整时间长，动态补偿速度慢	动态补偿	原材料消耗大，噪声大，震动大，补偿不对称电炉负荷自身产生较多谐波电流，不具备平衡有功负荷的能力，制造复杂，造价高	超高压输电线路
	晶闸管投切电容器	TSC	分级用晶闸管在电压过零时投入电容，在380V低压配电系统中应用较多	10～20ms	无涌流，无触点，投切速度快，级数分得足够细化，基本上可以实现无级调节	晶闸管结构复杂，需散热，损耗大，遇到操作过电压及雷击等电压突变情况下易误导通而被涌流损坏，有漏电流	需快速、频繁投切电容补偿的用户
	复合开关投切电容器	TSC+MSC	分级先由晶闸管在电压过零时投入电容，再由磁保持交流接触器触点并联闭合，晶闸管退出，电容器在磁保持交流接触器触点闭合下运行	0.5s左右	无涌流，不发热，节能	使用寿命短，故障较多，有漏电流	一般工厂或小区和普通设备，无功量变化大于30s
	晶闸管控制电容器	TCC	采用同时选择截止角β和导通角α的方式控制电容器电流，实现补偿电流无级、快速跟踪	20ms	价格低廉，效率非常高	产生谐波	低压小容量，非常适合广大终端低压用户

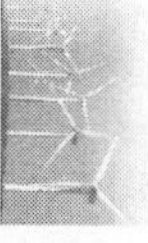

续表

大类	名称	型号	工作原理	技术指标	优 点	缺 点	应用场合
静止式动态无功补偿SVC	晶闸管阀控制高阻抗变压器	TCT	通过调整触发角的大小就可以改变高阻抗变压器所吸收的无功分量，达到调整无功功率的效果	阻抗最大做到85%	和TCR型差不多	高阻抗变压器制造复杂，谐波分量也略大一些，价格较贵，而不能得到广泛应用	容量在30Mvar以上时价格较高，而不能得到广泛应用
	晶闸管投切电抗器	TSR+FC	分级用晶闸管作为无触点的静止可控开关投切电抗器	功率因数0.95	不会产生谐波，而且响应速度快，不会产生冲击电流	分级多，成本高，制造复杂，维护繁琐	与TSC配合使用在牵引变电站
	晶闸管控制空芯电抗器	TCR	通过调整触发角的大小就可以改变电抗器所吸收的无功分量，达到调整无功功率的效果	40ms	可以实现较快、连续的无功功率调节，具有反应时间快、运行可靠、无级补偿、可分相调节、能平衡有功、适用范围广	结构复杂，损耗大，任何一只SCR击穿都会使晶闸管整体损坏；对冷却要求严格，设备造价、建设施工及运行维护费用很高，对维护人员要专门培训以提高维护水平；占地面积大，产生谐波等	35kV及以下系统，与FC、MSC、TSC配合
	磁控可调电抗器	MCR	采用直流励磁原理，利用附加直流励磁磁化铁芯，改变铁芯磁导率，实现电抗值的连续可调，改变电抗器感抗电流，以投入的电抗器感性无功容量变化来补偿系统容性无功	300ms	功率因数达到0.90～0.99的要求，无功补偿容量自动无级调节，不产生谐波，可靠性高、维护简单，使用寿命长，应用电压等级广泛	相对于TCR型SVC，其谐波水平、有功损耗、占地面积都要小，但调节时间长，成本高，温升和噪声需要控制	0.4～500kV系统，适用于冲击性负荷：牵引变电站，电弧炉，轧钢机，造船厂
高级动态无功补偿SVG	新型静止无功发生器	SVG	动态补偿装置SVG是基于大功率逆变器的动态无功补偿装置，它以大功率三相电压型逆变器为核心，其输出电压通过连接电抗接入系统，与系统侧电压保持同频、同相，通过调节其输出电压幅值与系统电压幅值的关系来确定输出功率的性质，当其幅值大于系统侧电压幅值时输出容性无功，小于系统侧电压幅值时输出感性无功	响应时间10ms，从容性无功到感性无功连续平滑调节	去除较低次的谐波，并使较高的谐波限制在一定范围内；使用直流电容来维持稳定的直流电源电压，和SVC使用的交流电容相比，直流电容量相对较小，成本较低；另外，在系统电压很低的情况下，仍能输出额定无功电流，而SVC补偿的无功电流随系统电压的降低而降低	控制复杂，成本高，35kV以上系统没有产品	中低压系统：电力行业，指各大电网公司、省电力公司、各地的供电公司电气化铁道及城市轨道交通行业石化和天然气行业钢铁与冶金行业矿山造船业

4.4　风电场无功补偿方案设计

4.4.1　无功补偿方式的选择

4.4.1.1　配电网的无功补偿方式

一般来讲，配电网中常用的无功补偿方式为：在系统的部分变电站、配电所中，在各个用户中安装无功补偿装置；在高低压配电线路中分散安装并联电容器组；在配电变压器低压侧和车间配电屏间安装并联电容器以及在单台电动机附近安装并联电容器，进行集中或分散的就地补偿。

1. 分散、就地补偿

当各用户终端距主变压器较远时，宜在供电末端装设分散补偿装置，结合用户端的低压补偿，可以使线损大大降低，同时可以兼顾提升末端电压的作用。对于大型电机或者大功率用电设备，宜装设就地补偿装置。就地补偿是最经济、最简单以及最见效的补偿方式。在就地补偿方式中，把电容器直接接在用电设备上，中间只加串熔断器保护，用电设备投入时电容器同时投入，切除时同时切除，实现了最方便的无功自动补偿，切除时用电设备的线圈就是电容器的放电线圈。

2. 集中补偿

变电站内的无功补偿主要是补偿主变压器对无功容量的需求，结合考虑供电区内的无功潮流及配电线路和用户的无功补偿水平来确定无功补偿容量。35kV 变电站一般按主变压器容量的 10%～15%来确定；110kV 变电站可按 15%～20%来确定。

4.4.1.2　风电场的无功补偿方式

风电场的无功补偿方式与一般配电网的无功补偿方式类似：集中补偿是在风电场出口变电站集中装设无功补偿器进行补偿，主要目的是改善整个风电场的功率因数，提高风电场出口变电站的电压和补偿无功损耗；风电场无功分散、就地补偿是采用数学或者智能算法在合理的投资范围内选择补偿效果达到最优的若干个无功补偿点，进行就地补偿，从而降低风电场内部网损，改善电压质量。

通常，风电场的分散、就地补偿是在风力异步发电机机端并联电容来提高风电出口的功率因数，这样可以使接入点和风电场（高、低压侧的）电压处于合理的工作范围；否则由于风电场大量吸收无功功率，造成变压器上的电压损失过大，机端电压明显下降，严重影响发电机的正常运行，进而影响风电场电压的稳定性。

4.4.1.3　风电场无功补偿方式比较

1. 无功集中补偿方式存在的问题

风电场无功集中补偿方式存在以下问题：

（1）采用无功集中补偿方式，无功补偿装置的容量要求较大，考虑到装置的经济性，只能选择成本较低、较易维护的并联电容器补偿。但是通过电容器组的投切实现无功补偿，因调节不平滑，呈阶梯性，响应时间长，调节特性差，而且补偿容量受到装置自身容量的限制；并且电容器集中投切操作对风电场影响较大，开停投切过程中由于冲击涌流较

大而易造成设备损坏，设备故障将影响整个风电场的功率因数和系统接入点的电压稳定水平，因此其在系统运行中无法实现最佳补偿状态。

(2) 集中补偿能补偿整个风电场的整体无功功率，但是不能解决风电场内部网络无功电压平衡。因此，集中补偿比较适用于对系统影响不大、内部网络拓扑结构较简单且能适应与系统解裂后孤岛运行的小型风电场。

2. 分散、就地补偿方式的优点

与风电场无功集中补偿方式比较，分散、就地补偿方式具有以下优点：

(1) 风电场内所需无功由分散安装的无功补偿装置就地供给，电能交换距离最短，提高了风电场内线路的供电能力，降低了风电场内部网损。

(2) 分散就地补偿所需的补偿容量相对较小，可实现运用 SVC 或者 STATCOM 来取代并联电容器组，因此能够实时监控风电场一定区域内无功电压水平，迅速反应监控区内的无功电压变化，并予以快速补偿，实现无功功率的最优补偿。

(3) 分散补偿各点可以通过一定的通信机制互相协调，大大减小欠补偿或过补偿几率，使整个风电场的补偿效果达到最优。

4.4.2 无功补偿容量的确定

风电场的无功电源包括风力发电机组及风电场无功补偿装置。风电场安装的风力发电机组应满足功率因数在−0.95～0.95 的范围内动态可调。风电场要充分利用风力发电机组的无功容量及其调节能力；当风力发电机组的无功容量不能满足系统电压调节需要时，应在风电场集中加装适当容量的无功补偿装置，必要时加装动态无功补偿装置。

风电场的无功容量应按照分（电压）层和分（电）区基本平衡的原则进行配置，并满足检修备用要求。对于直接接入公共电网的风电场，其配置的容性无功容量能够补偿风电场满发时场内汇集线路、主变压器的感性无功及风电场送出线路的一半感性无功之和，其配置的感性无功容量能够补偿风电场自身的容性充电无功功率及风电场送出线路的一半充电无功功率。对于通过 220kV（或 330kV）风电汇集系统升压至 500kV（或 750kV）电压等级接入公共电网的风电场群中的风电场，其配置的容性无功容量能够补偿风电场满发时场内汇集线路、主变压器的感性无功及风电场送出线路的全部感性无功之和，其配置的感性无功容量能够补偿风电场自身的容性充电无功功率及风电场送出线路的全部充电无功功率。风电场配置的无功补偿装置类型及其容量范围应结合风电场实际接入情况，通过风电场接入电力系统无功电压专题研究来确定。

无功补偿容量需要经过计算得出，不能按风电场比例进行配置，要优先考虑利用风力发电机组自身的无功。风电场的无功损耗应计算箱式变压器、集电线路和升压站升压变压器的损耗，风电场升压站无功补偿容量应为箱式变压器、集电线路和升压站升压变压器的无功损耗减去风力发电机组本身可发的无功容量。风电送出线路的无功损耗是否需要补偿应具体情况具体分析，需要根据计算得出，变电站经过多条线路接入多个风电场时，无功补偿应综合考虑，最合理的补偿方式是在系统变电站侧补偿一定容量的无功。

第5章 风力发电机组的运行

风力发电机组的运行过程就是把风能转换为电能的过程，就是风以一定的速度和攻角作用在桨叶上，使桨叶产生旋转力矩而转动，并通过传动装置带动发电机旋转发电，进而将风能转变成为电能，再将风力发电机组发出的电能送入电网，即实现了风力发电机组的并网运行。在本章节中主要以某SL1500风力发电机组为例，对发电机组的运行进行具体阐述。该风力发电机组的额定功率为1500kW，三叶片，额定风速为12m/s，轮毂高度为70m，设计寿命为20年。

5.1 运 行 条 件

风力发电机组在投入运行前应具备以下条件：

(1) 电源相序正确，三相电压平衡。

(2) 调向系统处于正常状态，风速仪和风向标处于正常运行的状态。

(3) 制动和控制系统的液压装置的油压和油位在规定范围。

(4) 各项保护装置均在正确投入位置，且保护定值均与批准设定的值相符。

(5) 控制电源处于接通位置。

(6) 控制计算机显示处于正常运行状态。

(7) 手动启动前叶轮上应无结冰现象。

(8) 在寒冷和潮湿地区，长期停用和新投运的风力发电机组在投入运行前应检查绝缘，合格后才允许启动。

(9) 经维修的风力发电机组在启动前，所有为检修而设立的各种安全措施应已拆除。

5.2 运 行 状 态

风力发电机组的工作状态分为4种，即运行状态、暂停状态、停机状态和紧急停机状态，风力发电机组总是工作在以上4种状态之一。为了便于了解风力发电机组在各种状态条件下控制系统的反应情况，下面列出了4种工作状态的主要特征，并辅以简要说明。

1. 运行状态

风力发电机组的运行状态就是机组的发电工作状态。在这个状态中，机组的机械制动松开，液压系统保持工作压力，机组自动偏航，叶尖扰流器回收或变桨距系统选择最佳工作状态，控制系统自动控制机组并网发电。

2. 暂停状态

风力发电机组的暂停状态主要用于风力发电机组的调试，其部分工作单元处于运行状

态特征，如机械制动松开，液压泵保持工作压力，自动偏航保持工作状态。但叶尖扰流器弹出或者变桨距顺桨（变桨距系统调整桨距角向90°方向），风力发电机组停转或停止。

3. 停机状态

当风力发电机组处于正常停机状态时，机组的机械制动松开，叶尖扰流器弹出或变桨距系统失去压力而实现机械旁路（顺桨），偏航系统停止工作，但液压系统仍保持工作压力。

4. 紧急停机状态

当紧急停机电路动作时，所有接触器断开，计算机输出信号被旁路，则不可能激活任何机构。故紧急停机状态时，机组的机械制动与气动制动同时作用，安全链开启，控制器所有输出信号无效。紧急停机时，机组控制系统仍在运行和测量所有输入信号。

5.3 运 行 操 作

5.3.1 操作方式

5.3.1.1 运行操作方式

风力发电机组的运行操作有自动和手动两种操作方式。一般情况下，风力发电机组设置成自动方式。

1. 自动运行操作

风力发电机组设定为自动状态。机组在系统上电后，首先进行10min的系统自检，并对电网进行检测，系统正常，安全链复位；启动液压泵，液压系统建压。当风速达到启动风速范围时，风力发电机组按计算机程序自动与电网解列，停机。

2. 手动运行操作

当风速达到启动风速范围时，手动操作启动按钮，风力发电机组按计算机程序启动并入电网；当风速超出正常范围时，手动操作停机按钮，风力发电机组按计算机停机程序与电网解列，停机。

手动停机操作后，应再按启动按钮，风力发电机组进入自启动状态。风力发电机组在故障停机或紧急停机后，若故障排除并已具备启动条件，重新启动前应按“重置”或“复位”按钮，才能按正常启动的操作方式进行启动。

5.3.1.2 启动和停机的方式

对于SL1500风力发电机组，其启动和停机也有自动和手动两种方式。

1. 风力发电机组的自动启动和停机

(1) 风力发电机组的自动启动。风力发电机组处于自动状态，当风速达到切入风速范围时，风力发电机组按计算机程序自动启动切入电网。

(2) 风力发电机组的自动停机。风力发电机组处于自动状态，当风速超过切出风速范围时，风力发电机组按计算机程序自动与电网解列，停机。

2. 风力发电机组的手动启动和停机

(1) 风力发电机组手动启动和停机的操作方式。

1）主控室操作：在主控室操作计算机启动键或停机键。

2）就地操作：将维护旋钮切至“1”位置，在风力发电机组的控制面板上，操作启动或停机按钮，操作后再将维护旋钮切至中间位置。

3）远程操作：在远程终端操作启动键或停机键。

4）机舱上操作：在机舱的控制盘上操作启动键或停机键，但机舱上操作仅限于调试时使用。

（2）风力发电机组的手动启动。当风速达到启动风速范围时，手动操作启动键或按钮，风力发电机组按计算机启动程序启动和并网。

（3）风力发电机组的手动停机。当风速超出正常运行范围时，手动操作停机键或按钮，风力发电机组按计算机停机程序与电网解列、停机。

注意事项：①凡经手动停机操作后，须再按启动按钮，方能使风力发电机组进入自启动状态；②风力发电机组在故障停机和紧急停机后，必须就地检查故障原因，待故障排除后且确认风力发电机组具备启动条件后，才能按下风力发电机组的就地复位控制按钮，重新启动风力发电机组。

5.3.2 启动

1. 机组启动应具备的条件

（1）风力发电机组主断路器出线侧相序应与并联电网相序一致，电压标准值相等，三相电压平衡。

（2）变桨距、偏航系统处于正常状态，风速仪和风向标处于正常运行的状态。

（3）制动和控制系统液压装置的油压和油位在规定范围，无报警；齿轮箱油位和油温在正常范围。

（4）保护装置投入，且保护值均与批准设定值相符。

（5）控制电源投入，处于接通位置。

（6）远程风力发电机组监控系统处于正常运行状态，通信正常。

（7）手动启动前叶轮上应无结冰现象。

（8）停止运行一个月以上的风力发电机组在投入运行前应检查绝缘，确保绝缘合格后才允许启动。

（9）经维修的风力发电机组在启动前，应先办理工作票终结手续；新安装调试后的风力发电机组在正式并网运行前，应先通过现场验收，并具备并网运行条件。

（10）控制柜的温度正常，无报警。

2. 机组启动

（1）启动方式。风力发电机组的启动有自动启动和手动启动两种方式。

1）风力发电机组的自动启动。风力发电机组处于自动状态，并满足以下条件：①风速超过3m/s并持续10min（可设置）；②机组在自动解缆完毕后；③机组自动启动并网。

2）风力发电机组的手动启动。手动启动适用于认为停机、故障停机、紧急停机后的启动和初次开机的情况下。手动启动有主控室操作、机舱上操作和就地操作三种操作

方式。

a. 主控室操作。在主控室远程监控计算机上先登录，然后按启动按钮。主控室操作为风力发电机组启动、停机的一般操作。

b. 机舱上操作。在机舱的控制盘上先登录，然后按启动按钮，机舱上操作仅限于调试使用。

c. 就地操作。就地操作由操作人员在风力发电机组塔筒底部的主控制柜完成。正常停机情况下，先登录，然后按启动按钮开机。故障情况下，应先排除故障，按复位按钮，复位信号、故障信号复位后，按启动按钮。就地操作仅限于风力发电机组监控系统故障下的操作。

当风速达到启动风速范围时，风力发电机组自动启动并网。

(2) 机组启动过程的注意事项。

1) 凡经手动停机操作后，先登录后按启动按钮，方能使风力发电机组进入自动启动状态。

2) 若启动时控制柜温度不大于8℃，应投入加热器。

3) 风力发电机组在故障停机和紧急停机后，如故障已排除且具备启动的条件，重新启动前应按复位就地控制按钮，才能按正常启动操作方式进行启动。

4) 风力发电机组启动后应严密监视发电机温度、有功功率、电流、电压等参数。

5.3.3 停运

1. 停机前的准备

风力发电机组正常运行时，处于自动调整状态，当需要进行一月期、半年期、一年期维护时，需要进行正常停机，进行必需的维护工作。机组停运前的准备工作包括填写相应的检修工作票；认真履行工作监护制度；准备必要的安全工器具，如安全帽、安全带、安全鞋；零配件及工具应单独放在工具袋内，工具袋应背在肩上或与安全绳相连等。

2. 风力发电机组停机

风力发电机组停机包括主控室停机和就地停机两种形式。风力发电机组的主控室停机由操作人员在主控室风力发电机组监控计算机上完成，登录后单击停止按钮，风力发电机组进入停止状态。主控室停机是正常停机的一般操作。风力发电机组的就地停机由操作人员在风力发电机组底部的主控制柜登录后按停止按钮完成。就地停机仅限于风力发电机组监控系统故障情况下操作。

3. 紧急停机

(1) 当正常停机无效或风力发电机组存在紧急故障（如设备起火等情况）时，使用“紧急停止”按钮停机。风力发电机组就地共有4个“紧急停止”按钮，分别在塔筒底部主控制柜上、机舱控制柜上及齿轮箱的两侧。

风力发电机组紧急停机分为远方紧急停机和就地紧急停机。风力发电机组的远方紧急停机由操作人员在主控室风力发电机组监控计算机上完成，登录后单击“紧急停止”按钮，风力发电机组进入紧急停机状态；风力发电机组的就地紧急停机由操作人员在风力发电机组塔筒底部主控制柜完成，登录后按下风力发电机组“紧急停止”红色按钮，风力发电机组进入紧急停机状态。仍然无效时，拉开风力发电机组所属箱式变压器低压侧开关。就地紧急停机只能通过按就地急停复位按钮来复位。

(2) 风力发电机组运行时，如遇以下状态之一，应立即采取措施紧急停机：

1) 叶片位置与正常运行状态不符，或出现叶片断裂等严重机械事故。

2) 齿轮箱液压子系统或制动系统发生严重油泄漏事故。

3) 风力发电机组运行时有异常噪声。

4) 负荷轴承结构生锈或出现裂纹；混凝土建筑物出现裂纹。

5) 风力发电机组因雷击损坏，电气设备烧焦或雷电保护仍然有火花。

6) 紧固螺钉连接松动或不牢靠。

7) 变压器站内进水或风力机内进水或沙子；变压器站内或风力机内有了鸟巢或虫穴。

4. 故障停机

故障停机是指风力发电机组故障情况下（如发电机温度高、变频器故障等）停止运行的一种停机方式。故障停机应及时联系检修人员处理。

5. 自动停机

自动停机是指风力发电机组处于自动状态，并满足以下条件时的一种停机方式：

(1) 当风速高于25m/s并持续10min时，将实现正常停机（变桨距系统控制叶片进行顺桨，转速低于切入转速时，风力发电机组脱网）。

(2) 当风速高于28m/s并持续10s时，实现正常停机。

(3) 当风速高于33m/s时并持续1s时，实现正常停机。

(4) 当遇到一般故障时，实现正常停机。

(5) 当遇到特定故障时，实现紧急停机（变流器脱网，叶片以10°/s的速度顺桨）。

(6) 当风力发电机组需要自动解缆时，风力发电机组自动停机。

(7) 电网异常波动时，风力发电机组自动停机。

(8) 风力发电机组按控制程序自动与电网解列、停机。

6. 停机检修隔离措施

(1) 停机后，维护人员进行塔上工作时，应将远程监控系统锁定并挂警示牌。

(2) 从主控室停止风力发电机组运行，检查风力发电机组处于停机状态，电压、电流、功率显示为零。

(3) 就地拉开箱式变压器低压侧开关和自用变压器高压侧开关，断开风力发电机组控制电源。

(4) 拉开箱式变压器高压侧负荷开关，取下箱式变压器高压侧熔断器。

(5) 在箱式变压器高压侧和低压侧开关机构上悬挂“禁止合闸，有人工作”标识牌。

5.3.4 运行模式

风力发电机组的运行模式是指风力发电机组的状态参数在某种特定条件的逻辑组合下，能构成一个风力发电机组运行中必然经历的状态，此种状态可定义为一种运行模式，如待机、等风、自检、启动、停止等不同运行工况。每一种风力发电机组所有状态的组合，可包含机组全部行为，不同运行模式之间都有特定切换条件。所以对运行模式的学习

可以帮助人们真正地了解风力发电机组的运行特性，进行针对性的学习。现将 SL1500 风力发电机组运行模式简介如下。

一旦启动机组，其在正常操作模式下运转的实际状态取决于风况。

1. 机组运行模式代码说明

机组运行模式代码说明见表 5-1。

表 5-1 机组运行模式代码说明

代 码	运行模式	代 码	运行模式
S0	机组可以被启动	S8	保留
S1	机组故障	S9	保留
S2	电网断电	S10	设置偏航和电池
S3	在启动前初始化	S11	自检状态
S4	就绪，待风	S12	风速超过切出风速
S5	机组正在加速	S13	维护模式
S6	保留	S14	慢速停止
S7	发电状态	S15	复位急停按钮

(1) 状态 S0。在状态 S0 中，风力发电机组等待被启动。在此状态下，执行启动风力发电机组的所有的操作。

(2) 状态 S1。在状态 S1 中，风力发电机组被停止，读出来自发电机的错误编号，风力发电机组等待复位；错误和其发生的时间被存储；功率变频器错误被存储。如果在偏航系统控制装置中没有出现错误并且风速大于 10m/s，则自动偏航系统控制装置将被激活，风力发电机组将被停止。

(3) 状态 S3。在此状态下，所有的初始化功能将被执行，检查所有的装置并准备启动。初始化步骤如下：

1) 功率变频器和变桨变频器复位。

2) 安全链复位。

3) 当叶片在顺桨位置时，机舱复位。

4) 机械制动器打开。

(4) 状态 S4。当没有足够的风进行发电时，风力发电机组被停止，然后轮毂和发电机关断，叶片转到顺桨位置，功率变频器关断，自动偏航系统控制装置关断。

(5) 状态 S5。在所有装置初始化后，执行启动功能。首先轮毂被启动，当达到一定速度时，变频器启动，叶片转到工作位置，功率变频器启动。

(6) 状态 S7。在此状态下，变频器和电网成功同步，发电机和电网相连，风力发电机组处于发电状态。

(7) 状态 S10。在 S10 状态下，风力发电机组创造启动所需的所有条件。通常需要等待，直到偏航就位，电池充电并且齿轮箱已经加热。当所有装置准备好进行启动时，设置状态完成，叶片转到顺桨位置，功率变频器关断，电池充电，齿轮箱加热（如果温度过低），电池每周检测一次，自动偏航控制系统调整机舱对着风向。

(8) 状态 S11。在正常检查状态，要检查重要的风力发电机组部件。每次当风力发电机组不在维护模式并且在自动模式启动时，都要激活正常检查。同时，正常检查也要在规定的时间间隔内定期进行。

(9) 状态 S12。当风速超过切出风速时，风力发电机组被停止，叶片转到顺桨位置，功率变频器关断，自动偏航系统控制装置激活。

(10) 状态 S13。在维护模式下，所有的风力发电机组功能都可以通过控制面板或远程被手动启动和停止。在此状态下，维护模式被预置，风力发电机组维护模式只能用于维护工作。在 PLC 维护模式下，除安全链外的所有安全装置都不能激活。为此，不允许将风力发电机组设置在维护模式下。只有在特殊情况如紧急状态下，风力发电机组才可以设置在维护模式下。风力发电机组的单个部件可以通过控制面板来操作。

(11) 状态 S14。通过控制面板或远程来停止风力发电机组。在风力发电机组停机后，可以通过控制面板或远程重新启动，叶片慢慢地转到顺桨位置，自动偏航控制系统关断。当发电机低于 1050r/min 时，发电机断开和电网的连接。

(12) 状态 S15。在此状态下，复位机舱内的紧急停止系统。

2. 运行模式说明

(1) 电网断电时，PLC 状态切换到状态 S2。

(2) 5min 平均风速低于 2.7m/s 时，PLC 状态切换到状态 S4。

(3) 环境温度低于－30℃时，PLC 状态切换到状态 S6。

(4) 5min 平均风速高于 20m/s 或瞬时风速高于 28m/s 时，PLC 状态切到状态 S12。

3. 停止模式

(1) 快速停止。在“快速停止”模式下，不使用机械盘式制动器。叶片以 9°/s 或 2.6°/s 的速度转回到顺桨位置，其速度取决于发电机的状态和发电机的速度。当发电机断开和电网的连接并且发电机的实际速度超过 1750r/min 时，变桨速度为 9°/s，否则变桨速度为 2.6°/s。当发电机的实际速度低于 1200r/min 并且功率小于 30kW 或者发电机的速度小于 1000r/min 时，发电机断开和电网的连接。

如果同时出现其他的停止状态的故障，则将实行具有较高变桨速度的停止状态。如果是机械制动器激活的停止状态，不管其他激活的停止状态如何，制动器都将动作。

(2) 正常停止。在“正常停止”模式下，不使用机械盘式制动器。叶片以 2.6°/s 或 1°/s 的速度转回到顺桨位置，其速度取决于发电机的状态。当发电机和电网断开时，变桨速度为 2.6°/s；当发电机和电网连接时，变桨速度为 1°/s。当发电机的速度低于 1100r/min 并且功率小于 30kW 或者发电机的速度大约为 1000r/min 时，发电机断开和电网的连接。

如果同时出现其他的停止状态的故障，则将实行具有较高变桨速度的停止状态。如果是机械制动器激活的停止状态，不管其他激活的停止状态如何，制动器都将动作。

(3) 安全链停止。在“安全链停止”模式下，不使用机械盘式制动器。叶片以 9°/s 的速度转回到顺桨位置。当发电机的实际速度低于 1200r/min 并且功率小于 30kW 或者发电机的速度小于 1000r/min 时，发电机断开和电网的连接。

如果同时出现其他的停止状态的故障，则将实行具有较高变桨速度的停止状态。如果是机械制动器激活的停止状态，不管其他激活的停止状态如何，制动器都将动作。

(4) 急停按钮停止。在“急停按钮停止”模式下，使用机械盘式制动器。叶片以9°/s的速度转回到顺桨位置。发电机立即断开和电网的连接。急停按钮只能在风力发电机组上就地复位。

(5) 完全停止。在“完全停止”模式下，不使用机械盘式制动器。叶片以9°/s的速度转回到顺桨位置。当发电机的实际速度低于1200r/min并且功率小于30kW或者发电机的速度小于1000r/min时，发电机断开和电网的连接。

如果同时出现其他的停止状态的故障，则将实行具有较高变桨速度的停止状态。如果是机械制动器激活的停止状态，不管其他激活的停止状态如何，制动器都将动作。

(6) 制动链停止。在“制动链停止”模式下，使用机械盘式制动器。叶片以9°/s的速度转回到顺桨位置。当发电机的实际速度低于1200r/min并且功率小于30kW或者发电机的速度小于1000r/min时，发电机断开和电网的连接。

(7) 无功率变频器的快速停止。在“无功率变频器的快速停止”模式下，不使用机械盘式制动器。叶片以9°/s或2.6°/s的速度转回到顺桨位置，其速度取决于发电机的速度。当发电机的实际速度超过1750r/min时，变桨速度为9°/s，否则变桨速度为2.6°/s，发电机立即断开和电网的连接。

如果同时出现其他的停止状态的故障，那么将实行具有较高变桨速度的停止状态。如果是机械制动器激活的停止状态，不管其他激活的停止状态如何，制动器都将动作。

5.4 运行监视与巡视

5.4.1 风电场运行监视

(1) 风电场运维人员每天应按时收听和记录当地天气预报，做好风电场安全运行的事故预想和对策。

(2) 运维人员每天应定时通过主控室计算机的屏幕监视风力发电机组各项参数变化情况及机组停运情况，当发现有停运风力发电机组时，应及时汇报当值值长进行及时处理。

(3) 运维人员应根据计算机显示的风力发电机组运行参数，检查分析各项参数变化情况，发现异常情况应通过计算机屏幕对该机组进行连续监视，并根据变化情况作出必要处理。同时在运行日志上写明原因，进行故障记录与统计。

5.4.2 风电场定期巡视

运维人员应定期对风力发电机组、风电场测风装置、升压站、场内高压配电线路进行巡回检查，发现缺陷及时处理，并登记在缺陷记录本上，发生一类缺陷请及时联系分公司维护部，紧急情况下应采取适当措施避免不必要的损失。具体巡视内容如下：

(1) 检查风力发电机组在运行中有无异常响声，叶片运行状态、调向系统动作是否正常，电缆有无绞缠情况。

(2) 检查风力发电机组各部分是否渗油。

(3) 当气候异常、机组非正常运行或新设备投入运行时，需要增加巡回检查内容及次数。

5.5　并网与脱网

5.5.1　并网

1. 并网条件

风力发电机有异步发电机和同步发电机两种，需要满足的并网条件也不同。

(1) 异步发电机的并网条件。发电机转子的转向与旋转磁场的方向一致，即发电机的相序与电网的相序相同；发电机的转速接近于同步转速。

(2) 同步发电机的并网条件。发电机的端电压大小等于电网电压，且电压波形相同；发电机的频率等于电网的频率；并联合闸的瞬间，发电机的电压相位与电网电压相位相同；发电机的电压相序与电网的电压相序相同。

2. 并网

当风力发电机组处于待机状态时，风速检测系统在一段持续时间内测得风速平均值达到切入风速，并且系统自检无故障时，机组由待机状态进入低风速启动，并切入电网。不同类型风力发电机组的并网方式不同，风能利用率也有所不同。

(1) 定桨距风力发电组的并网。当平均风速大于 3m/s 时，风轮开始逐渐启动；平均风速继续增大到 4m/s 时，风力发电机组可自启动直到某一设定转速。此时，风电机组将按控制程序被自动联入电网。一般总是小发电机先并网，当平均风速继续增大到 7～8m/s 时，发电机将被切换到大发电机运行。如果平均风速达到 8～20m/s，则直接从大发电机并网。发电机的并网过程通过三相主电路上的三组晶闸管完成。当发电机过渡到稳定的发电状态后，与晶闸管电路平行的旁路接触器合上，机组完成并网过程，进入稳定运行状态。

并网运行过程中，电流一般被限制在大发电机额定电流以下，如超出额定电流时间持续 3s，则可以断定晶闸管故障。晶闸管完全导通 1s 后，旁路接触器得电吸合，发出吸合命令 1s 内如没有收到旁路反馈信号，则旁路投入失败，正常停机。

(2) 变桨距风力发电机组的并网。当风速达到启动风速时，变桨距风力发电机组的桨叶向 0°方向转动，直到气流对叶片产生一定的攻角，风轮开始启动，转速控制器按一定的速度上升斜率给出速度参考值，变桨距系统以此调整节距角，进行速度控制。为使机组并网平稳，对电网产生尽可能小的冲击，变桨距系统可以在一定的时间内保持发电机的转速在同步转速附近，寻找最佳时机并网。并网方式仍采用晶闸管软并网，只是由于并网过程时间短、冲击小，可以选用容量较小的晶闸管。

并网运行过程中，当输出功率小于额定功率时，桨距角保持在 0°位置不变，不做任何调节；当发电机输出功率达到额定功率以后，调节系统根据输出功率的变化调整节距角的大小，使发电机的输出功率保持在额定功率。此时的控制系统参与调节，形成闭环控制。控制环通过改变发电机的转差率，进而改变节距角，使风轮获得最大功率。

与定桨距风力发电机组相比，在相同的额定功率点，变桨距风力发电机组的额定风速

比定桨距风力发电机组的要低。对于定桨距风力发电机组，一般在低风速段的风能利用系数较高。当风速接近额定点时，风能利用系数开始大幅下降。变桨距风力发电机组由于可以控制叶片节距角，不存在风速超过额定点的功率控制问题，使得额定功率点仍然可以获得较高的风能利用系数。

5.5.2 脱网

当风力发电机组运行中出现功率过低或过高、风速超过运行允许极限时，控制系统会发出脱网指令，机组将自动退出电网。

(1) 功率过低。如果发电机功率持续（一般设置 30～60s）出现逆功率，其值小于预置值，风力发电机组将退出电网，处于待机状态。脱网动作过程为：断开发电机接触器，断开旁路接触器，不释放叶尖扰流器，不投入机械制动。重新切入可考虑将切入预置点自动提高 0.5%，但转速下降到预置点以下后升起再并网时，预置值自动恢复到初始状态值。

(2) 功率过高。一般说来，功率过高现象由以下两种情况引起：

1) 由于电网频率波动引起。电网频率降低时，同步转速下降，而发电机转速短时间不会降低，转差较大；各项损耗及风能转换为机械能时不发生突变，因而功率瞬时会变得很大。

2) 由于气候变化，如空气密度增加引起。功率过高如持续一定时间，控制系统会作出反应。

一般情况下，当发电机出力持续 10min 大于额定功率的 15%后，正常停机；当功率持续 2s 大于额定功率的 50%时，安全停机。

(3) 风速过限。在风速超出允许值时，风力发电机组退出电网。

第6章　风力发电机组的维护

6.1　维护的基础工作

风力发电机组是集电气、机械、空气动力学等各学科于一体的综合产品，各部分紧密联系，息息相关。风力发电机组维护的好坏直接影响到发电量的多少和经济效益的高低；风力发电机组本身性能的好坏，也要通过维护检修来保持，维护工作及时有效可以发现故障隐患，减少故障的发生，提高风力发电机组的效率。

通常风力发电机组维护的要求如下：

（1）风力发电机组转动部位的轴承每隔3个月应注一次润滑油或润滑脂，最长不能超过6个月；机舱内的发电机等部件的润滑最长间隔时间不能超过1年，具体要视风力发电机组的运行情况而定。

（2）每月都应检查增速器内的润滑、冷却部位是否缺油、漏油。每年应换油1次，最多不能超过2年。

（3）每周都应检查1次有刷励磁发电机的炭刷、滑环是否因打火被烧出坑，发现问题应及时维修和更换。

（4）每月都应检查1次制动器的刹车片，调整间隙，确保制动刹车功能。

（5）每月应检查1次液压系统是否漏油。

（6）每月应检查1次所有紧固件是否松动，发现松动即时拧紧。

（7）每月应检查1次发电机输出用炭刷和集电环是否接触良好。检查输出用电缆是否打结，以防解绕失灵而机械停机开关未起作用造成电缆过缠绕。

（8）单机使用的风力发电机组经整流（或直接）给蓄电池充电，再经蓄电池至“直—交”逆变器或“交—直—交”逆变器。应每天都检查1次蓄电池的充电、放电情况及连锁开关是否正常，防止蓄电池过度充电、放电而报废，对逆变器也进行检查，防止交流频率发生变化对用电器造成损害。

（9）每天都应检查电控系统是否正常。

风力发电机组维护可分为定期检修维护和日常排故维护两种方式。

6.1.1　定期检修维护

风力发电机组的定期检修维护可以让设备保持最佳期的状态，并延长风力发电机组的使用寿命。定期检修维护工作的主要内容有风力发电机组连接件之间的螺栓力矩检查（包括电气连接）、各传动部件之间的润滑和各项功能测试。

风力发电机组在正常运行时，各连接部件的螺栓长期运行在各种振动的合力当中，极

易松动，为了不使其在松动后导致局部螺栓受力不均被剪切，必须定期对其进行螺栓力矩的检查。在环境温度低于-5℃时，应使其力矩下降到额定力矩的80%进行紧固，并在温度高于-5℃后进行复查。一般对螺栓的紧固检查都安排在无风或风小的夏季，以避开风力发电机组的高出力季节。

风力发电机组的润滑系统主要有稀油润滑（或称矿物油润滑）和干油润滑（或称润滑脂润滑）两种方式。风力发电机组的齿轮箱和偏航减速齿轮箱采用的是稀油润滑方式，维护方法是补加和采样化验，若化验结果表明该润滑油已无法再使用，应进行更换。干油润滑部件有发电机轴承、偏航轴承、偏航齿等。这些部件由于运行温度较高，极易变质，导致轴承磨损，定期检修维护时，必须每次都对其进行补加。另外，发电机轴承的补加剂量一定要按要求的量加入，不可过多，防止太多后挤入电机绕组，使电机烧坏。

定期检修维护的功能测试主要有过速测试、紧急停机测试、液压系统各元件定值测试、振动开关测试、扭缆开关测试，还可以对控制器的极限定值进行一些常规测试。

定期检修维护除以上三大项以外，还要检查液压油位是否正常、各传感器有无损坏、传感器的电源是否可靠工作、闸片及闸盘是否磨损等。

以SPT15型风力发电机组为例，对其定期检修维护的具体内容、方法、周期具体见表6-1。

6.1.2 日常排故维护

风力发电机组在运行当中，也会出现一些故障必须到现场去处理，这样就可顺便进行日常排故维护。

（1）观察。要仔细观察风力发电机组内的安全平台和梯子是否牢固，有无连接螺栓松动，控制柜内有无煳味，电缆线有无位移，夹板是否松动，扭缆传感器拉环是否磨损破裂，偏航齿的润滑是否干枯变质，偏航齿轮箱、液压油及齿轮箱油位是否正常，液压站的表计压力是否正常，转动部件与旋转部件之间有无磨损，看各油管接头有无渗漏，齿轮油及液压油的滤清器的指示是否在正常位置等。

（2）听。听控制柜里是否有放电的声音，有声音就可能是有接线端子松动或接触不良，必须仔细检查，听偏航时的声音是否正常，有无干磨的声响，听发电机轴承有无异响，听齿轮箱有无异响，听闸盘与闸垫之间有无异响，听叶片的切风声音是否正常。

（3）清理。清理干净自己的工作现场，并将液压站各元件及管接头擦净，以便于今后观察有无泄漏。

虽然上述日常排故维护项目并不是很完全，但只要每次都能做到认真、仔细，一定能很好地防范故障隐患，提高设备的完好率和可利用率。要想运行维护好风力发电机组，在平时还要对风力发电机组相关理论知识进行深入研究和学习，认真做好各种维护记录并存档，对库存的备件进行定时清点，对各类风力发电机组的多发性故障进行深入细致分析，并力求对其做出有效预防。只有防患于未然，才是运行维护的最高境界。

表6-1　风力发电机组定期检修的维护内容、方法及周期

部件名称	检查项目	标准	检查周期			结果		维护工具	备注
			试运行1～3个月	6个月	12个月	检查处无异常	检查处有异常并描述		
叶片	外观	检查叶片外观有无裂纹、变形、损伤（特别是叶根到最大弦长区域）、表面腐蚀、污物、积垢及雷击损伤等	★		◆			望远镜、防护面具、防护手套、照相机、手电筒、无纤维抹布	
	叶片法兰盘和叶片壳体间密封	是否完好	★						
	叶根腹板	腹板与叶片壳体连接处是否有缺陷	★						
	排水孔	是否堵塞	★						
	叶片内部外观	有无裂纹、损伤等缺陷及杂物	★						
	人孔盖板	安装是否牢固，螺栓是否松动	★					双头呆扳手10mm×13mm或16mm×18mm	
	叶片连接螺栓	检查螺栓力矩：1250N·m（或1300N·m） 叶片 变桨轴承	★					液压扳手1250N·m或1300N·m。 力矩扳手1250N·m或1300N·m、50mm套筒、防水记号笔	保定天威叶片螺栓力矩要求为1300N·m

续表

部件名称	检查项目	标准	检查周期			结果		维护工具	备注
			试运行1～3个月	6个月	12个月	检查处无异常	检查处有异常并描述		
变桨轴承	防腐	检查轴承的表面防腐涂层是否有脱落、开裂	★		◆			无纤维抹布、清洗剂、	
	表面	检查有无灰尘、油污或其他污物等	★						
	密封	检查密封是否有损坏或油脂泄漏	★	●				螺丝刀、尖嘴钳、瞬干胶	
	噪音	检查轴承是否有噪声	★	●					
	齿面	检查齿面是否有点蚀、断齿、腐蚀、磨损	★	●					
	轴承-轮毂连接螺栓M30、限位开关、编码器支撑板与轮毂连接螺栓M10	(1) M30螺栓：检查力矩1450N·m。 (2) M10螺栓：检查是否牢固	★	●				液压扳手3000N·m、力矩扳手3000N·m、50mm套筒、双头呆扳手16mm×18mm	
	变桨限位板与轴承连接螺栓M8	检查螺栓是否牢固	★	●				内六角扳手6mm	

续表

部件名称	检查项目	标　　准	检查周期			结　果		维护工具	备注
			试运行1～3个月	6个月	12个月	检查处无异常	检查处有异常并描述		
变桨轴承	滚道润滑	(1) 瓦轴：每2周补润滑脂约50g。 (2) 成都天马：每12个月补润滑脂960g。 (3) LYC（洛轴）每3个月补润滑脂约1200g	★	●				油脂加注枪	技术建议：每3个月补润滑脂250g。
	齿面润滑	齿面润滑：每3个月涂抹约2kg						刷子	技术建议：齿润滑每3个月涂抹一次，约500g
轮毂系统小件和变桨控制系统	外观	检查外观是否清洁	★	●				无纤维抹布、清洗剂	
	U形支架与轮毂、瑞能变桨系统槽钢和轮毂、横河系统变桨控制柜与箱体安装盘连接螺栓M16	检查力矩150N·m U形架 M16×40的螺栓 M16螺母	★	●				力矩扳手300N·m、24mm套筒	

续表

部件名称	检查项目	标　准	检查周期			结　果		维护工具	备注
			试运行1～3个月	6个月	12个月	检查处无异常	检查处有异常并描述		
轮毂系统小件和变桨控制系统	瑞能控制柜与箱体安装盘/槽钢连接螺栓/螺母M12、变桨电机和变桨齿轮箱连接螺栓M12	检查力矩60N·m M12螺栓 M12螺母	★	●				力矩扳手300N·m、18mm套筒	
变桨电机	外观	检查电机表面的防腐涂层是否脱落、是否有污物	★	●				无纤维抹布、清洗剂	
轮毂	外观	检查轮毂表面防腐涂层是否有脱落、表面是否有污渍、灰尘	★		◆			无纤维抹布、清洗剂、照相机、卡尺	
轮毂	缺陷	检查轮毂表面是否有裂纹等缺陷	★		◆				
轮毂	导流罩与轮毂连接螺栓M16	检查力矩150N·m						力矩扳手300N·m、24mm套筒	
变桨减速箱	外观	检查减速箱表面防腐涂层是否有脱落、渗油、油污或油渍	★	●				无纤维抹布、清洗剂	
变桨减速箱	轴承润滑脂	(1)南高齿：运行后每6个月补充新润滑脂约100g。 (2)重齿永进：正常运行2年后需定期补充润滑脂每台约340g	★	●				油脂加注枪	

续表

部件名称	检查项目	标　准	检查周期			结　果		维护工具	备注
			试运行 1～3个月	6个月	12个月	检查处无异常	检查处有异常并描述		
变桨减速箱	润滑油油位、抽样或更换	（1）检查变桨减速箱油位。 （2）抽油样。 1）南高齿：投运后每6个月对油质检查一次，如有问题换油，正常更换周期3年。 2）重齿永进：首次运行500h后换油，投运后每6个月对油质检查一次，如有问题换油，正常更换周期5年	★	●				油脂加注枪	技术建议：建议投运后6个月对油质检查一次，其后不再送检，正常更换周期为3年；每月巡查一次，如发现异常，可取样送检，必要时更换润滑油
	齿面	检查齿面是否有锈蚀或磨损	★	●					
	变桨齿轮箱和轮毂连接螺栓 M16	以力矩值210N·m检查变桨减速箱和轮毂连接螺栓 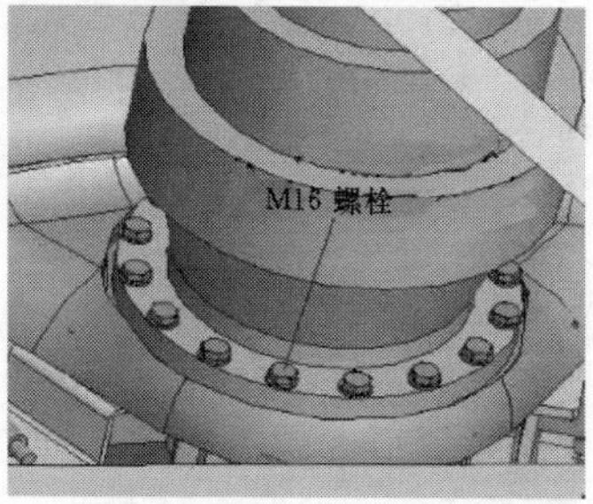	★	●				力矩扳手300N·m、24mm套筒	
	和变桨电机连接螺栓 M12	检查力矩60N·m						力矩扳手300N·m、18mm套筒	
主轴	外观	检查主轴防腐涂层是否有脱落，表面是否有污渍等	★		◆			无纤维抹布、清洗剂	
	缺陷	检查主轴表面是否有裂纹	★		◆			照相机、卡尺	

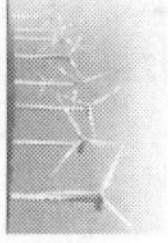

续表

部件名称	检查项目	标准	检查周期			结果		维护工具	备注
			试运行1～3个月	6个月	12个月	检查处无异常	检查处有异常并描述		
主轴承座	外观	检查轴承座表面防腐涂层是否有脱落，检查轴承座表面清洁度及污物	★		◆			无纤维抹布、清洗剂	
	缺陷	检查轴承座是否有裂纹等缺陷	★		◆			照相机、卡尺	
主轴组件紧固件	主轴前后端盖和轴承座连接螺栓 M24	以力矩值 603N·m 检查主轴前后端盖和轴承座连接螺栓	★		◆			液压扳手 3000N·m、力矩扳手 3000N·m、36mm 套筒	
	压盖连接螺栓 M10 或 M6	检查是否牢固	★		◆			双呆头开口扳手 16mm×18mm	
	锁紧螺母用连接螺钉 M20 或 M16	检查是否牢固	★		◆			内六角扳手 10mm、内六角扳手 8mm	
	与锁紧盘连接螺栓 M12	检查力矩 60N·m	★		◆			力矩扳手 300N·m、18mm 套筒	
主轴承	润滑	（1）瓦轴：每周约 100g。 （2）洛轴：每 3 个月补润滑脂 500g							技术建议：建议每月补充 300g
主轴与轮毂连接	主轴与轮毂连接螺栓 M36	检查力矩 2550N·m	★		◆			液压扳手 3000N·m、力矩扳手 3000N·m、60mm 套筒	

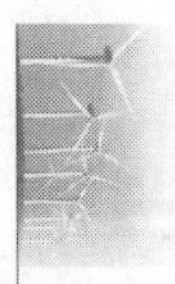

续表

部件名称	检查项目	标　　准	检查周期			结　果		维护工具	备注
			试运行1～3个月	6个月	12个月	检查处无异常	检查处有异常并描述		
主齿轮箱	外观	检查齿轮箱表面的防腐涂层是否脱落，表面清洁度，齿轮箱输入端和输出端，各管接口等部位是否有漏油、渗油现象，检查各部件是否有裂纹和其他损伤	★		◆			无纤维抹布、清洗剂、照相机、卡尺	
	螺栓检查	检查紧固情况或螺栓力矩	★		◆				
	齿轮箱支座与机架连接螺栓M36	检查力矩2550N·m	★		◆			液压扳手3000N·m、力矩扳手3000N·m、60mm套筒	
	齿轮箱收缩盘连接螺栓M30	(1) 南高齿：1550N·m。 (2) 重齿永进：1800N·m。 (3) 洛阳精联：1640N·m	★		◆			液压扳手3000N·m、力矩扳手3000N·m、50mm套筒	

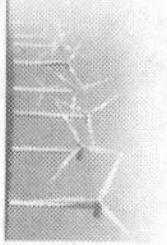

续表

部件名称	检查项目	标准	检查周期			结果		维护工具	备注
			试运行1～3个月	6个月	12个月	检查处无异常	检查处有异常并描述		
主齿轮箱	采集油样	（1）南高齿：每隔6个月对齿轮箱润滑油进行一次采样化验。 （2）重齿：使用1年内，每3个月检查一次油液品质，1年以后，每6个月检查一次。 （3）南高齿：对润滑油第一次取样检查应于齿轮箱运转72h内进行；第二次取样检查应于风力发电机组交付使用后不超过1000h的工作时间内进行；以后每6个月取样检查一次	★	●				取样瓶、粘贴纸、	换油：还需吊装滑轮、油桶、油泵、过滤网（不小于50μm）、新润滑油
	检查润滑油	从颜色、气味上检查润滑油是否变质	★	●					
	检查空气滤清器	检查滤清器是否污染	★	●					
	检查油压	检查齿轮箱油压是否在工作要求范围内	★	●					
	齿轮箱内部	检查齿轮啮合情况，齿表面情况	★	●				内窥镜	
	减震检查	检查弹性支承橡胶圈是否有裂纹、损伤及老化现象	★	●					
齿轮箱润滑系统	检查管路	检查冷却系统所有管路接头连接情况，检查是否有漏油、松动损坏，检查管路是否老化	★	●				无纤维抹布、清洗剂	
	检查风扇	检查风扇内有无异物							
	减产散热片	检查是否清洁						无纤维抹布、清洗剂	
	检查滤芯	检查滤芯是否堵塞	★	●					
	油泵和油泵电机	检查油泵和油泵电机清洁度，油泵和过滤器连接处是否漏油	★	●					
	球阀	检查球阀是否在正确工作位置，有无漏油	★	●					
	紧固件	检查紧固螺栓是否松动	★		◆				

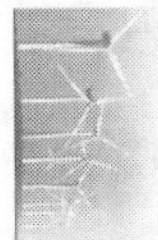

续表

部件名称	检查项目	标准	检查周期			结果		维护工具	备注
			试运行1～3个月	6个月	12个月	检查处无异常	检查处有异常并描述		
联轴器	外观	检查联轴器表面的防腐涂层是否有脱落，表面清洁度，联轴器是否有裂纹、金属屑和缺件等	★		◆			无纤维抹布、清洗剂、照相机、卡尺	
	连杆	检查连杆，特别是连杆的橡胶衬套是否有裂纹，若裂纹深度超过1mm，或衬套和连杆分离，则必须更换连杆	★		◆				
	M20螺栓	检查螺栓力矩值490N·m	★		◆			力矩扳手490N·m、30mm套筒、17mm内六角扳手	
	M16螺栓	检查螺栓力矩值250N·m	★		◆			力矩扳手490N·m、24mm套筒	
	M8螺栓	检查螺栓是否紧固	★		◆			双头呆扳手13mm×16mm	
	同轴度	检查联轴器的同轴度，使用激光对中仪检测或调整时，同轴度ϕ0.05，角度偏差0.05°以内	★	●				激光对中仪、液压千斤顶	

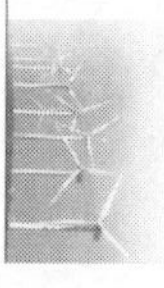

续表

部件名称	检查项目	标准	检查周期			结果		维护工具	备注
			试运行1～3个月	6个月	12个月	检查处无异常	检查处有异常并描述		
制动器	外观	检查制动器表面防腐涂层是否有脱落，检查表面清洁度	★	●				无纤维抹布、清洗剂	
	高速轴制动器与齿轮箱连接制动器的螺栓M20	检查螺栓力矩490N·m	★	●				力矩扳手490N·m、34mm套筒	
	偏航制动器和前机架连接螺栓M27	检查螺栓力矩1050N·m	★	●				液压扳手2000N·m、力矩扳手2000N·m、46mm套筒	
	高速轴制动器摩擦片与制动盘之间的间隙	用塞尺检测制动盘和摩擦片之间的间隙，间隙标准值为0.5mm，要求制动盘两侧间隙相等	★	●				塞尺	
	制动盘	检查制动盘是否有裂纹、损伤、清洁度	★	●				无纤维抹布、清洗剂	
	传感器和压力继电器的连接	是否松动	★		◆				

续表

部件名称	检查项目	标准	检查周期			结果		维护工具	备注
			试运行1～3个月	6个月	12个月	检查处无异常	检查处有异常并描述		
液压站	油质	(1) Hawe：检查液压油的清洁度，投运后每 6 个月对油质检查一次，如有问题换油，正常更换周期 3 年。 (2) 沈阳临瑞：定期更换液压油，应每年更换一次	★	●				取样瓶、20μm 的过滤器	
	压差	检查过滤器压差	★	●					
	外观	液压站及连接件外观检查	★	●				无纤维抹布、清洗剂	
	螺栓 M12	检查螺栓力矩 61N · m	★		◆			力矩扳手 300N · m、18mm 套筒	
发电机	外观	检查发电机表面是否清洁，防腐层是否有脱落	★		◆				
	集电环	检查集电环表面是否光滑平整，有无划痕和电弧灼伤痕迹							3 个月
	炭粉过滤器紧固件	检查炭粉过滤器紧固件是否牢固	★		◆				
	发电机弹性支撑安装螺栓 M16	检查螺栓力矩 210N · m M30 螺栓 M16 螺栓	★		◆			力矩扳手 300N · m、24mm 套筒	

续表

部件名称	检查项目	标准	检查周期			结果		维护工具	备注
			试运行1～3个月	6个月	12个月	检查处无异常	检查处有异常并描述		
发电机	发电机地脚螺栓M30（EMS）或M24（株洲时代）	检查螺栓力矩1000N·m（EMS）或力矩值603N·m（株洲时代）（见发电机弹性支撑安装螺栓M16图）	★		◆			液压扳手1000N·m、力矩扳手1000N·m、46mm或36mm套筒	
	发电机清洁	电机停机时，清洁接线箱内部，集电环外罩，空气冷却器，去除轴承绝缘灰尘。	★		◆			无纤维抹布、强碱清洗、剂吸尘设备	
	轴承润滑	（1）东风发电机：传动侧98g，非传动侧44g，润滑周期为4000h。 （2）盾安发电机：传动侧和非传动侧各100g，润滑周期为3500h							
	空气冷却器	检查空气冷却器的清洁度	★		◆			无纤维抹布、强碱清洗剂	
	气隙测量	用塞尺在端盖上均分的3个观察孔上测量定子与转子之间的气隙，允许偏差在平均值的5%以内	★		◆			塞尺	
机架系统	主机架外观	检查主机架表面是否清洁，表面漆层是否有脱落	★		◆			无纤维抹布、清洗剂	
	后机架焊缝	检查焊接裂纹等缺陷	★		◆			无纤维抹布、清洗剂、照相机、卡尺	
	后机架与机舱罩连接螺栓M20	检查机舱罩安装螺栓力矩290N·m	★		◆			力矩扳手490N·m、30mm套筒	
	前后机架安装螺栓M30	检查力矩1450N·m	★		◆			液压扳手3000N·m、力矩扳手3000N·m、50mm套筒	

续表

部件名称	检查项目	标准	检查周期			结果		维护工具	备注
			试运行1～3个月	6个月	12个月	检查处无异常	检查处有异常并描述		
机架系统	横梁与电动葫芦连接螺栓 M24	检查力矩 603N·m	★		◆			液压扳手 3000N·m、力矩扳手 3000N·m、36mm套筒	
	各支撑架、减震架及电气柜支架与前后机架连接、机舱罩与各减震支架连接螺栓 M20	检查螺栓力矩 490N·m	★		◆			力矩扳手 490N·m、30mm套筒	
	附属零部件的紧固件检查	检查其他附属零部件的安装螺栓是否紧固	★		◆				
	风轮锁定装置	检查风轮锁定装置的手柄是否灵活，表面光清洁度	★	●					
偏航系统	外观检查	(1) 检查偏航轴承齿圈外表面是否有污物。 (2) 检查偏航减速箱是否有渗漏油现象	★	●				无纤维抹布、清洗剂	
	偏航齿轮箱和前机架连接螺栓 M20	检查螺栓力矩 490N·m	★		◆			力矩扳手 490N·m、17mm内六角扳手	
偏航电机	偏航电机外观	检查偏航电机外表面防腐涂层是否有脱落和腐蚀现象	★	●				无纤维抹布、清洗剂	
偏航减速箱	外观	检查减速箱表面防腐涂层是否有脱落，渗油、油污或油渍						无纤维抹布、清洗剂	
	轴承润滑脂	(1) 南高齿：运行后每6个月补充新润滑脂约500g。 (2) 重齿永进：正常运行2年后需定期补充润滑脂每台约720g							

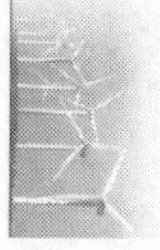

续表

部件名称	检查项目	标准	检查周期			结果		维护工具	备注
			试运行1～3个月	6个月	12个月	检查处无异常	检查处有异常并描述		
偏航轴承	外观	检查偏航轴承表面的防腐涂层是否有脱落，开裂现象，检查偏航轴承表面清洁度	★	●				无纤维抹布、清洗剂	
	密封检查	检查轴承密封系统，检查周期不超过6个月	★	●				螺丝刀、尖嘴钳、瞬干胶	
	齿面	检查偏航轴承齿面是否有点蚀、断齿、腐蚀等现象	★	●					
	偏航轴承和塔筒连接螺栓M30	检查螺栓力矩1450N·m	★	●				液压扳手3000N·m、力矩扳手3000N·m、50mm套筒	
	偏航轴承和前机架连接螺栓M36	检查螺栓力矩2500N·m	★	●				液压扳手3000N·m、力矩扳手3000N·m、60mm套筒	
	偏航轴承润滑	瓦轴：滚道润滑每2周补润滑脂约50g。 (1) 成都天马：滚道每12个月注油量应为1.35kg。 (2) LYC（洛轴）：滚道每3个月补润滑脂约1kg。 (3) 齿润滑：每3个月补充2kg							技术建议：建议每3个月补润滑脂300g；偏航轴承齿面每3个月补充润滑脂500g
塔筒	塔基柜底部密封	检查塔基柜底部密封是否完好	★	●					
	塔筒门外梯	检查塔筒外梯是否完好	★	●					
	塔筒门	检查塔筒门是否完好	★	●					

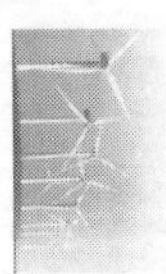

续表

部件名称	检查项目	标　准	检查周期			结　果		维护工具	备注
			试运行1～3个月	6个月	12个月	检查处无异常	检查处有异常并描述		
塔筒	检查塔筒内部各涂漆件	检查塔筒内部各涂漆件是否有漆层脱落	★	●				无纤维抹布、清洗剂、	
	钢丝绳和安全锁	检查塔筒钢丝绳和安全锁正常没损坏	★	●					
	梯子	检查塔筒梯子外形结构	★	●					
	各段平台	检查各段平台，特别要注意护栏、盖板	★	●					
	塔筒焊缝	随机检查塔筒焊缝，特别注意塔筒法兰和筒体之间过渡处的横向焊缝检查及门框和筒体之间过渡处的连续焊缝	★	●				照相机、卡尺	
	上塔筒下法兰和中塔筒上法兰连接螺栓 M36	（1）商都项目和霍林河项目：检查力矩 2550N·m。 （2）其他项目：检查力矩 2800N·m	★		◆			液压扳手 3000N·m、力矩扳手 3000N·m、60mm 套筒	
	中塔筒下法兰和下塔筒上法兰连接螺栓 M36	（1）商都项目和霍林河项目：检查力矩 2550N·m。 （2）其他项目：检查力矩 2800N·m	★		◆			液压扳手 3000N·m、力矩扳手 3000N·m、60mm 套筒	
	商都项目、霍林河项目、查汗庙项目下塔筒下法兰和基础环法兰连接螺栓 M36	检查力矩 2550N·m	★		◆			液压扳手 3000N·m、力矩扳手 3000N·m、60mm 套筒	

续表

部件名称	检查项目	标准	检查周期			结果		维护工具	备注
			试运行1～3个月	6个月	12个月	检查处无异常	检查处有异常并描述		
塔筒	其他项目下塔筒下法兰和基础环法兰连接螺栓 M48	检查力矩 6800N·m	★		◆			液压扳手 3000N·m、力矩扳手 3000N·m、80mm 套筒、5：1 倍的倍增器	
	塔基柜安装螺栓	检查螺栓是否松动	★		◆				
	塔筒门外梯、塔筒门安装螺栓	检查螺栓是否松动	★		◆				
	各层平台安装螺栓	检查螺栓是否松动	★		◆				
	塔筒爬梯安装螺栓	检查螺栓是否松动	★		◆				
	塔筒附件安装螺栓	检查螺栓是否松动	★		◆				
机舱罩导流罩	外观检查	检查机舱罩及导流罩是否有裂纹、损害、渗入雨水等	★		◆				
	机舱罩避雷针	检查安装是否牢靠	★		◆				
	螺栓检查	机舱罩、导流罩各组成部分连接螺栓是否松动	★		◆				
	机舱罩照明灯	检查安装是否牢靠	★		◆				
机舱加热器	外观	检查加热器表面是否清洁，防腐层是否脱落	★	●				无纤维抹布、清洗剂	
	加热器风扇	检查加热器风扇工作是否正常	★	●					
	安装螺栓	检查加热器安装螺栓安装是否牢固	★		◆				

注 ◆表示每12个月需要检查的项目；★表示试运行1～3个月需要检查的项目；●表示每运行6个月需要检查的项目。

6.2　维护项目及所需工具

6.2.1　维护项目

（1）风力发电机组安装调试完运行一个月后，需要进行全面维护，包括所有螺栓连接的紧固、各个润滑点的润滑，以及其他各个需要检查的项目。

（2）最初运行一个月的维护做完后，风力发电机组的正常维护分为间隔半年维护和间隔一年维护，两种维护类型的内容不尽相同，具体维护项目按维护表执行。一台1500kW风力发电机组一年需要进行两次正常维护，即间隔半年维护和间隔一年维护。间隔半年维护主要是检查风力发电机组的运行状况及各个润滑点加注润滑脂；间隔一年维护还需抽查螺栓力矩，如抽检时发现某处螺栓有松动现象，则应该对该处螺栓进行全部检查。

对于高强度螺栓维护检查项目主要应注意以下四方面的问题。

1. 维护检修周期

风力发电机组运行1000h要检查重点部位螺栓紧固情况，机组运行2500h进行机组紧固件定期检查，应全部检查。

2. 维护检查标准

进行第一次维护及检查时，应检查所有螺栓；进行第二次及后续维护和检查时，应检查10%的螺栓，要求均匀检查，只要一个螺栓可转动20°，说明预紧力仍在限度以内，但要检查该法兰内所有螺栓；如果螺母转动50°，则应更换螺栓和螺母，且该项剩余的所有螺栓必须重新紧固，更换后的螺栓应该做好相应的标记，并在维护报告中记录。

3. 允许使用的工具

维护检查时允许使用的工具有液压扳手、力矩放大器，但不要使用电动扳手。力矩误差要控制在±3%以内。

4. 防锈方法

目测螺栓是否锈蚀，对于锈蚀严重的，需要换；对于已经生锈但不严重的螺栓，手工除锈之后均匀涂红丹防锈漆做底漆，再涂银粉漆；对于未锈螺栓，均匀涂红丹防锈漆做底漆，再涂银粉漆。

6.2.2　维护所需工具

维护前需明确本次维护的内容，带上相应的维护表；备齐安全防护用具和维护所需的工具及油品，见表6-2和表6-3。不同的维护类型不一定用到表中所列的所有工具，可根据需要进行选择。处理风力发电机组故障时，可能会用到表6-2中没有列出的专用工具和备件，也应一并带上。

表 6-2 风力发电机组维护所需的常用工具

序号	维护部件名称	所需工具名称	工具规格型号	备注
1	叶片	防护面具		天威叶片
2		防护手套		
3		扭力扳手	1250N·m，M30	
4		液压扳手	1250N·m，M30	
5		套筒	50mm	
6		防水记号笔		
7		照相机		
8		木槌		
9		望远镜		
10		双头呆扳手	10mm×13mm	
11			16mm×18mm	
12		十字形改锥	Ⅱ型	
13		手电筒		
14		无纤维抹布		
15	轮毂与变桨系统	无纤维抹布		
16		清洗剂		
17		扭力扳手	3000N·m	
18			300N·m	
19		液压扳手	3000N·m	
20		套筒	18mm	
21			50mm	
22			24mm	
23		双头呆扳手	10mm×13mm	
24			16mm×18mm	
25			24mm×30mm	
26		开口梅花扳手	24mm	
27			19mm	
28		内六角扳手	3mm	
29			4mm	
30			6mm	
31		螺丝刀		
32		尖嘴钳		
33		瞬干胶		
34		黄油枪		
35		刷子		
36		塞尺		
37		卡尺	0～200mm	
38		记号笔		
39		照相机		

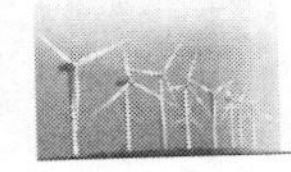

续表

序号	维护部件名称	所需工具名称	工具规格型号	备注
40	主轴组件	无纤维抹布		
41		清洗剂		
42		力矩扳手	3000N·m	
43			300N·m	
44		液压扳手	3000N·m	
45		双头呆扳手	10mm×13mm	
46			16mm×18mm	
47		套筒	18mm	
48			36mm	
49			60mm	
50		内六角扳手	4mm	
51			8mm	
52			10mm	
53		卡尺	0～200mm	
54		照相机		
55		记号笔		
56	齿轮箱	无纤维抹布		
57		清洗剂		
58		力矩扳手	3000N·m	
59		液压扳手	3000N·m	
60		套筒	60mm	
61			50mm	
62		吊装滑轮		
63		油泵		
64		内六角扳手	6mm	
65			8mm	
66			10mm	
67			14mm	
68			17mm	
69		双头呆扳手	7mm×8mm	
70			10mm×13mm	
71			16mm×18mm	
72			24mm×30mm	
73		活扳手	10″	
74			8″	
75		内窥镜		
76		取样瓶		
77		粘贴纸		
78		液压千斤顶		
79		防锈剂		

续表

序号	维护部件名称	所需工具名称	工具规格型号	备注
80	齿轮箱	油桶		
81		新润滑油		
82		游标卡尺	0～200mm	
83		过滤装置		滤网过滤精度不小于 50μm（南高齿齿轮箱）
84				过滤精度不少于 30μm（重齿齿轮箱）
85				滤网过滤精度不小于 50μm（太重齿轮箱）
86		记号笔		
87	齿轮箱润滑装置	无纤维抹布		
88		清洗剂		
89		内六角扳手	6mm	
90			8mm	
91			10mm	
92			14mm	
93		十字形螺丝刀	Ⅱ型	
94		双头呆扳手	7mm×8mm	
95			10mm×13mm	
96			16mm×18mm	
97			24mm×30mm	
98		钳子		
99		活扳手	33.33cm（10 市寸）	
100	联轴器	无纤维抹布		
101		清洗剂		
102		扭力扳手	490N·m	
103		套筒	30mm	
104			24mm	
105		双头呆扳手	16mm×18mm	
106			13mm×16mm	
107		内六角扳手	17mm	
108		激光对中仪		
109		液压千斤顶		
110		游标卡尺	0～200mm	
111		照相机		
112		记号笔		

续表

序号	维护部件名称	所需工具名称	工具规格型号	备注
113	制动器	无纤维抹布		
114		清洗剂		
115		游标卡尺	0～200mm	
116		扭力扳手	2000N·m	
117		液压扳手	2000N·m	
118		套筒	18mm	
119			34mm	
120			46mm	
121		双头呆扳手	7mm×8mm	
122			10mm×13mm	
123			16mm×18mm	
124			24mm×30mm	
125		内六角扳手	5mm	
126			6mm	
127			8mm	
128			10mm	
129		一字形螺丝刀	20.32cm（8 英寸）	
130		十字形螺丝刀	Ⅰ型	
131			Ⅱ型	
132		塞尺		
133		记号笔		
134	发电机	无纤维抹布		
135		强碱清洗剂		
136		酒精		
137		500V 兆欧表		
138		吸尘设备		
139		带塑料刚毛的刷子		
140		扭力扳手	1000N·m	
141		液压扳手	1000N·m	
142		套筒	24mm	
143			46mm	
144		塞尺		
145		双头呆扳手	10mm×13mm	
146			24mm×30mm	
147		活扳手	33.33cm（10 市寸）	
148			26.66cm（8 市寸）	
149		内六角扳手	5mm	
150			6mm	
151			8mm	
152		十字形螺丝刀	Ⅱ型	
153			Ⅲ型	
154		记号笔		

续表

序号	维护部件名称	所需工具名称	工具规格型号	备注
155	机架系统	无纤维抹布		
156		强碱清洗剂		
157		力矩扳手	2000N·m	
158		液压扳手	2000N·m	
159		套筒	30mm	
160			50mm	
161		双头呆扳手	16mm×18mm	
162			24mm×30mm	
163		活扳手	20cm（6市寸）	
164			26.66cm（8市寸）	
165		记号笔		
166	偏航系统	无纤维抹布		
167		清洗剂		
168		力矩扳手	3000N·m	
169			490N·m	
170		液压扳手	3000N·m	
171		套筒	46mm	
172			60mm	
173		内六角扭力扳手	M6	
174			M20	
175		内六角扳手	17mm	
176		双头呆扳手	16mm×18mm	
177			10mm×13mm	
178		塞尺		
179		螺丝刀		
180		尖嘴钳		
181		手套		
182		涂润滑脂用毛刷		
183		Loctite171 螺纹胶		
184		记号笔		
185	塔筒	无纤维抹布		
186		清洗剂		
187		力矩扳手	3000N·m	
188		液压扳手	3000N·m	
189		倍增器	5:1	
190		套筒	60mm	
191		套筒	50mm	
192			80mm	
193		十字形螺丝刀	Ⅱ型	

续表

序号	维护部件名称	所需工具名称	工具规格型号	备注
194	塔筒	梅花扳手	18mm	
195		活扳手	26.66cm（8 市寸）	
196		记号笔		
197	机舱罩 导流罩	无纤维抹布		
198		清洗剂		
199		防护口罩/手套		
200		一字形螺丝刀	25.40cm（10 英寸）	
201		活扳手	20cm（6 市寸）	
202		钳子	33.33cm（10 市寸）	
203		树脂		
204		纤维布		
205		镊子		
206	机舱加热系统	无纤维抹布		
207		清洗剂		
208		手套		
209		十字形螺丝刀	Ⅱ型	
210		双头呆扳手	10mm×13mm	
211			16mm×18mm	

风力发电机组维护所需油品备品清单见表 6－3。

表 6－3　油品备品清单（2 年 33 台用油量计算）

部件名称	厂家	润滑油/脂型号	用油量	备注	技术建议
发电机轴承	东方电机	Mobil SHC 100	约 19kg	传动侧 98g，非传动侧 44g，润滑周期每 4000h	
	盾安		约 33kg	传动侧和非传动侧各 100g，润滑周期每 3500h	
主轴轴承	FAG	Mobil SHC Grease 460 WT（仅用于商都项目，其他采用 Mobil SHC Grease 460）	约 238kg	每 6 个月补润滑脂 500g	建议每月补充 300g
	瓦轴			每周补充约 100g	
	洛轴			每 3 个月补润滑脂 500g	
齿轮箱	南高齿	Mobilgear SHC XMP 320	一桶（208L/桶）	容量约：南高齿 320L；重齿 350L；太重 400L（投运后 3 个月对油质检查一次，每 6 个月检查一次，如有问题换油，正常更换周期 3 年）	
	重齿				
	太重				

续表

部件名称	厂家	润滑油/脂型号	用油量	备注	技术建议
变桨齿轮箱	南高齿	Mobil SHC 630（出厂编号为 2008 年或 2009 年 1 月左右）	50L	容量约 4.5L（投运后每 6 个月对油质检查一次，如有问题换油，正常更换周期 3 年）	建议投运后 6 个月对油质检查一次，其后不再送检，正常更换周期 3 年；每月巡查一次，如发现异常，可取样送检，必要时更换润滑油
		Mobilgear SHC XMP 320	与齿轮箱共用		
	重齿永进	Mobilgear SHC XMP 150	60L	首次运行 500h 后换油，投运后每 6 个月对油质检查一次，如有问题换油，正常更换周期 5 年	
变桨齿轮箱轴承	南高齿	Mobil SHC Grease 460 WT（仅用于商都项目，其他采用 Mobil SHC Grease 460）	约 40kg	运行后每 6 个月补充新润滑脂约 100g	
	重齿			正常运行 2 年后需定期补充润滑脂每台约 340g	
偏航齿轮箱	南高齿	Mobilgear SHC XMP 220（出厂编号为 2008 年或 2009 年 1 月左右）	100L	容量约 10.5L（投运后每 6 个月对油质检查一次，如有问题换油，正常更换周期 3 年）	建议投运后 6 个月对油质检查一次，其后不再送检，正常更换周期 5 年；每月巡查一次，如发现异常，可取样送检，必要时更换润滑油
	重齿	Mobilegear SHC XMP 320	与齿轮箱共用	容量约 10.5L（投运后每 6 个月对油质检查一次，如有问题换油，正常更换周期 5 年）	
偏航齿轮箱轴承	南高齿	Mobil SHC Grease 460 WT（仅用于商都项目，其他采用 Mobil SHC Grease 460）	约 264kg	运行后每 6 个月补充新润滑脂约 500g	
	重齿			正常运行 2 年后需定期补充润滑脂每台约 720g	
变桨轴承齿圈	瓦轴	Mobil SHC Grease 460 WT（仅用于商都项目，其他采用 Mobil SHC Grease 460）	396kg	约 2kg（每 3 个月涂抹一次）	约 500g，每 3 个月涂抹一次，用毛刷涂抹齿面，注意及时清理废油，防止污染导流罩
	洛轴				
偏航轴承齿圈	瓦轴	Mobil SHC Grease 460 WT（仅用于商都项目，其他采用 Mobil SHC Grease 460）	132kg	约 2kg（每 3 个月涂抹一次）	约 500g，每 3 个月涂抹一次，用毛刷涂抹齿面，注意及时清理废油，防止污染机舱
	洛轴				
变桨轴承滚道	瓦轴	Mobil SHC Grease 460 WT（仅用于商都项目，其他采用 Mobil SHC Grease 460）	198kg	每周补充润滑脂约 50g	建议每 3 个月补润滑脂 250g
	洛轴			每 3 个月补充润滑脂约 1200g	
	成都天马	Mobil SHC Grease 460		每 12 个月补充润滑脂 960g	

续表

部件名称	厂家	润滑油/脂型号	用油量	备注	技术建议
偏航轴承滚道	瓦轴	Mobil SHC Grease 460 WT（仅用于商都项目，其他采用 Mobil SHC Grease 460）	约80kg	每2周补充约50g	建议每3个月补润滑脂300g
	洛轴			每3个月补充润滑脂约1000g	
	成都天马			每12个月补充润滑脂1350g	
制动器液压系统	Hawe	Mobil SHC 524	264L	约8L（投运后每6个月对油质检查一次，如有问题换油，正常更换周期2年）	
	临瑞		660L	约10L（每年更换一次液压油）	

注　本表中"备注"栏里面为供应商要求，但各家给出的标准很不统一，给工程现场操作造成很大不便；"技术建议"栏里面为综合各家情况后，技术中心给出的建议值，请现场经理在实行过程中加以验证。表6-3中油品用油量是按技术部建议计算所得，操作时，还需根据风电场具体要求执行。

6.3　风力机的维护

检查风轮罩表面是否有裂痕、剥落、磨损或变形，风轮罩支架支撑及焊接部位是否有裂纹。叶片检查和维护过程需要用到的工具为防护面具，防护手套，扭力扳手（1250N·m，M30），扭力扳手（1300N·m，M30）防水记号笔，照相机，木槌，望远镜，液压扳手（1250N·m，M30），液压扳手（1300N·m，M30）双头呆扳手（10mm×13mm），双头呆扳手（16mm×18mm），十字形螺丝刀（Ⅱ型），手电筒，记录卡片。

1. 风轮锁紧装置

风轮锁紧装置如图6-1所示。为确保工作人员的安全，到轮毂里作业前，必须用风轮锁紧装置完全锁紧风轮，锁紧方法如下所述。

图6-1　风轮锁紧装置

停机后，桨叶到顺桨位置，一人在高速轴端手动转动高速轴制动盘，另一人观察轮毂转到方便进入的位置，松开定位小螺柱，用呆扳手逆时针旋转锁紧螺柱，锁紧装置内的锁紧柱销就会缓缓伸出。当锁紧柱销靠近锁紧盘时，慢慢转动风轮，使锁紧柱销正对风轮制动盘上的锁紧孔，然后继续逆时针旋转锁紧螺柱，直到锁紧柱销伸入锁紧孔1/2以上为止。轮毂内作业完成，所有工作人员回到机舱后，应该顺时针拧锁紧螺柱，直到锁紧柱销完全退回到锁紧装置内，锁紧上面的小螺柱，以防止运行时风轮与锁紧销相碰。运行前必须完全退

回锁紧装置。

风轮锁紧装置用 SKF 润滑脂润滑，每个油嘴注入 10g。

2. 高速轴锁紧装置

高速轴锁紧装置如图 6-2 所示，它是安装在齿轮箱后部的一个插销式锁紧装置，通过插销把锁紧装置和高速轴制动圆盘固定，具有简单、快捷的特点。

3. 变桨轴承与轮毂连接

检查维护过程所需工具为液压扳手、46mm 套筒、线滚子。将液压扳手搬到机舱罩前部，把液压扳手放置在安全位置；扳手头和控制板由两个人分别控制，调好压力，开始检查螺栓力矩。

图 6-2 高速轴锁紧装置

液压扳手电源从塔上控制柜引出。

4. 桨叶与变桨轴承连接

检查维护所需工具为液压扳手、50mm 中空扳手、线滚子。

1500kW 风力发电机组的每片桨叶都有自己独立的变桨系统。由于轮毂内位置有限，在紧螺栓时，需要进行 2～3 次的变桨动作，将桨叶转到不同位置，才能检查到全部的桨叶螺栓，如图 6-3 所示。

图 6-3 紧固变桨轴承连接螺栓

变桨动作时，要首先打开维护开关，才可以在控制柜内手动操作，对桨叶进行 360°回转。操作次序如下：

(1) 在机舱控制柜切断轮毂 UPS、断路器 Q20.1 和 Q20.3。

(2) 切断主柜的 1F2、1F3、1F4 断路器。

(3) 拔下连接轴柜的行程开关插头 H(1、2 或 3)。

(4) 拔下连接轴柜的发电机插头 C (1、2 或 3)。

这样才能可靠保证发电机不会带动回转齿圈。在维护结束时，应当按相反次序进行恢复。

注意：①只有在完全保证发电机不会带动齿圈旋转的情况下才能进行维护，在此过程中，身体的任何部位或工具不应接触回转齿圈；②当手动操作一片桨叶进行维护时，必须保证其他两片桨叶在顺桨位置。

5. 风轮罩与轮毂连接

检查维护所需工具为扭力扳手，24mm 呆扳手、活扳手。

检查所有风轮罩与支架连接螺栓、支架与轮毂连接螺栓，按维护表中的要求紧固到相应扭矩，并检查 M16 以下连接螺栓，如图 6-4 和图 6-5 所示。

图6-4　紧固轮毂连接螺栓

图6-5　紧固风轮罩连接螺栓

6. 检查轮毂内螺栓连接

在1500kW风力发电机组轮毂内，除了桨叶连接螺栓外，还包括轴控柜支架、限位开关、变桨电动机等部件的螺栓连接。应按照维护表要求，把所有固定螺栓紧到规定力矩。图6-6所示为紧固变桨系统连接螺栓，图6-7所示为变桨限位开关。

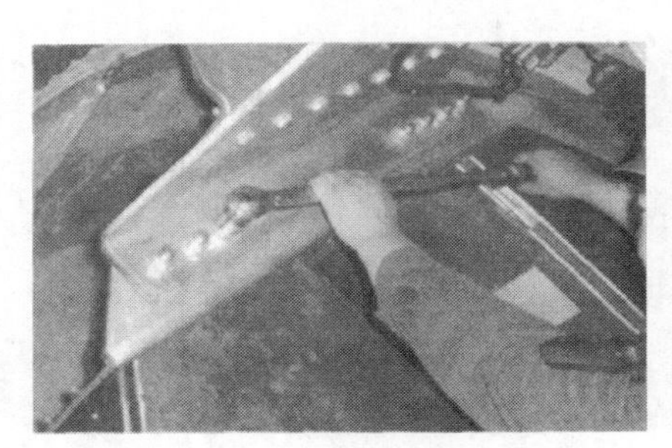
图6-6　紧固变桨系统连接螺栓

图6-7　变桨限位开关

轮毂内变桨电动机与轮毂的连接使用内六角螺栓时，要求使用规格为14mm的旋具头，并用扭力扳手紧固到要求力矩。

图6-8所示为变桨电动机，图6-9所示为内六角旋具头。

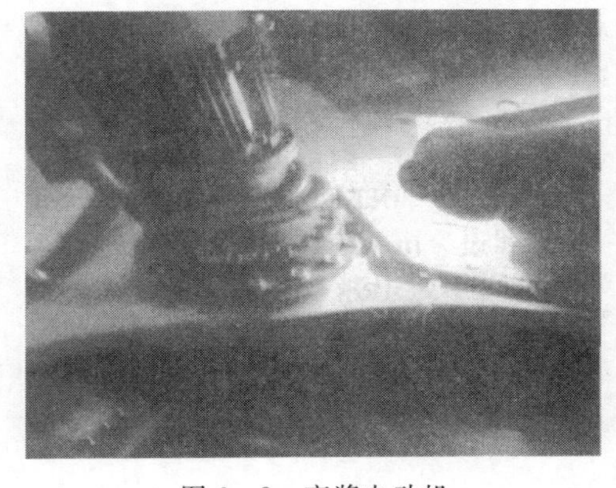
图6-8　变桨电动机

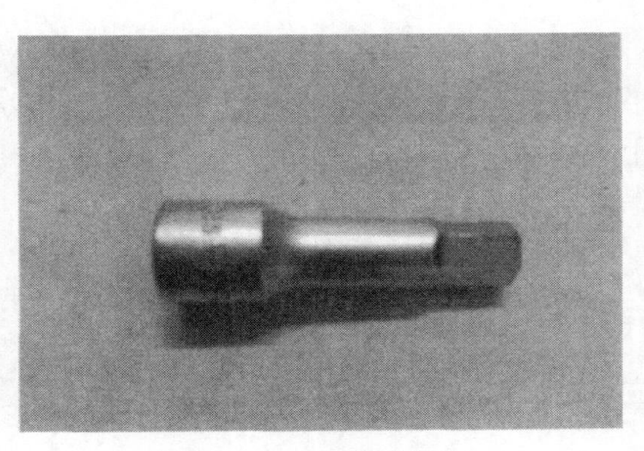
图6-9　内六角旋具头

7. 变桨集中润滑系统

1500kW 变桨润滑采用 BAKE 集中润滑系统。检查集中润滑系统油箱油位，当油位低于 1/2 时，必须添加润滑脂。半年维护的用油量约为 1.8kg，记录添加前、后的油脂面刻度，验证油脂的实际用量是否准确。检查油管和润滑点是否有脱离或泄漏现象。检查变桨轴承密封圈的密封性，除去灰尘及泄漏出的多余油脂。

(1) 强制润滑。按泵侧面的红色按钮，即可在任何时候启动一次强制润滑。这个强制润滑按钮也可以用于检查系统的功能。在维护过程中，对集中润滑系统进行 1～2 次强制润滑，确保润滑系统正常工作。

(2) 检查集油盒。集油盒内的废油超过容量的 1/5 时，则需要清理。

轮毂内维护工作完成后，必须对轮毂内进行卫生清理，并做仔细检查，保持轮毂内清洁，严禁变桨齿圈和驱动小齿轮的齿面存在垃圾和颗粒杂质，这将对变桨齿圈或电极造成损坏。

图 6-10 所示为集油盒，图 6-11 所示为自动润滑系统，图 6-12 所示为变桨齿圈润滑。

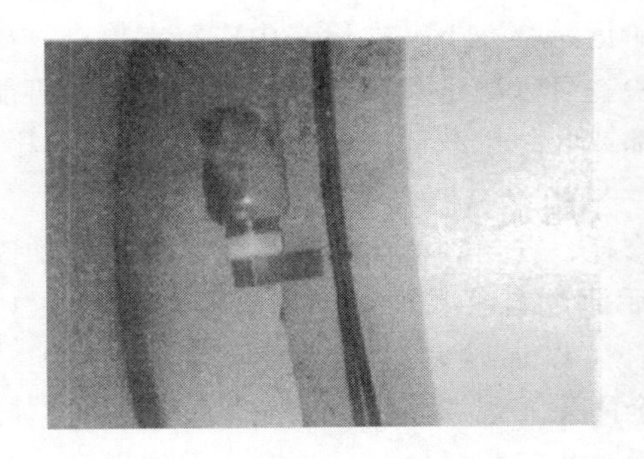

图 6-10 集油盒

图 6-11 自动润滑系统

8. 检查桨叶表面

站在机舱罩上，做好安全防护措施，仔细检查桨叶根部和风轮罩的外表面，看是否有损伤或表面有裂纹。叶片内残存胶粒造成的响声是否影响到正常运转，若有则需要清理叶片内胶粒。检查桨叶是否有遭雷击的痕迹。

图 6-12 变桨齿圈润滑

9. 叶片的维护检修

风力发电机组叶片是具有空气动力形状、接受风能使风轮绕其轴转动的主要构件，具有复合材料制成的薄壳结构。

运行中应加强对叶片的日常巡视，特殊天气后应对叶片全面重点检查。叶片的定期维护检修一般首次是运行 12 个月后，之后每 24 个月进行一次。

(1) 外观维护检查。叶片的表面有一层胶衣保护，日常维护中应检查是否有裂痕、损害和脱胶现象。在最大弦长位置附近处的后缘应格外注意。

1）叶片清洁。污垢经常周期性发生在叶片边缘，通常情况下，叶片不是很脏时，雨水会将污物去除。但过多的污物会影响叶片的性能和噪声等级，所以，必须要清洁叶片。清洁时一般用发动机清洁剂和刷子来清洗。

2）表面砂眼。风力发电机组在野外风沙抽磨的环境下，时间久了叶片表层会出现很多细小的砂眼。这些砂眼在风雨的侵蚀下会逐渐扩大，从而增加风力机的运转阻力。若砂眼内存水，会增加叶片被雷击的几率。在日常巡检中，发现较大砂眼要及时修复。通常采用抹压法和注射法对叶片砂眼进行修复。

3）裂纹检查与修补。检查叶片是否有裂纹、腐蚀或胶衣剥离现象；是否有受过雷击的迹象。雷击损击的叶片的叶尖附件防雷接收器处可能产生小面积的损害。较大的闪电损害（接收器周围大于10mm的黑点）表现在叶片表面有火烧黑的痕迹，远距离看像是油脂或油污点；叶尖或边缘、外壳与梁之间裂开，在易断裂的叶片边缘及表面有纵向裂纹，外壳中间裂开；叶片缓慢旋转时叶片发出咔嗒声。

观察叶片可以从地面或机舱里用望远镜检查，也可以使用升降机单独检查。出现在外表面的裂纹，在裂纹末端做标记并且进行拍照记录，在下一次检查中应重点检查，如果裂纹未发展，不需要采取进一步措施。裂缝的检查可以通过目测或敲击表面进行，可能的裂缝处应用防水记号笔做记号。如果在叶片根部或叶片承载部分发现裂纹或裂缝，风力发电机组应停机。

裂纹发展至玻璃纤维加强层处，应及时修补。若出现横向裂纹，应采用拉缩加固复原法修复。细小的裂纹可用非离子活性剂清洗后涂数遍胶衣加固。如果环境温度在10℃以上时，叶片修补在现场进行。温度降低，修补工作延迟直到温度回升到10℃以上。当叶片修补完后，风力机先不要运行，需等胶完全固化。现场温度太低而不能修补时，叶片应被吊下运回制造公司修补。一个新的或修复后叶片安装后应与其他叶片保持平衡。

4）防腐检查。检查叶片表面是否有腐蚀现象。腐蚀表现为前缘表面上的小坑，有时会彻底穿透涂层；叶片面应检查是否有气泡。当叶片涂层和层压层之间没有充分结合时会产生气泡。由于气泡腔可以积聚湿气，在温度低于0℃（湿气遇冷结成冰）时会膨胀和产生裂缝，因此这种损害应及时进行修理。

（2）叶片噪声与声响检查。叶片的异常噪声可能是由于叶片表层或顶端有破损产生的，也可能是叶片尾部边缘产生的。如叶片的异常噪声很大，可能是由于雷击损坏。被雷击损坏的叶片外壳处会裂开，此时，风力发电机组应停机，修补叶片。应检查叶片内是否有异物不断跌落的声响，如果有，应将有异常声响的叶片转至斜向上位置，锁紧叶轮。如存在异物，则应打开半块叶片接口板取出异物。

（3）排水孔检查。应该常清理排水孔，保持排水通畅。若排水孔堵死，可以用直径大约5mm的正常钻头重新开孔。

（4）T型螺栓保护检查。在叶根外侧应检查柱型螺母上部的层压物质是否有裂纹，检查螺母有没有受潮。在叶片内侧，柱型螺母通过一层PU密封剂进行保护，有必要进行外观检查。根据要求定时定量向叶片轴承加油脂，需在各油嘴处均匀压入等量润滑脂。

10. 轮毂的维护检修

风力发电机组的核心部件是风轮，风轮由叶片和轮毂组成。轮毂是将叶片或叶片组固定到转轴上的装置，它将风轮的力和力矩传递到主传动机构中去。

轮毂的日常维护项目包括检查轮毂表面的防腐涂层是否有脱落现象，轮毂表面是否有裂纹。如果涂层脱落，应及时补上。对于裂纹应做好标记并拍照，随后的巡视检查中应观察裂纹是否进一步发展，如有应立即停机并进行维护检修。检查轮毂内是否有异物不断跌落的声响，检查电机制动盘和制动环之间是否有异物不断滚动。轮毂内如有异物，应清理出来，并检查异物的来源。如果是螺栓松动造成，检查所有这种螺栓是否松动，并全部涂胶拧紧。如果螺栓断裂，则应及时更换。制动盘和制动环之间如有异物存在，则应停机清理。

6.4 传动系统的维护

6.4.1 主轴

1. 主轴集中润滑系统

1500kW 主轴润滑采用 BAKE 集中润滑系统，检查集中润滑系统油箱油位，当油位低于 1/2 时，必须添加润滑脂。半年维护的用油量约为 2.4kg，记录添加前、后的油脂面刻度，验证油脂的实际用量是否准确。检查油管和润滑点是否有脱离或泄漏现象。

(1) 强制润滑。按泵侧面的红色按钮，即可在任何时候启动一次强制润滑。这个强制润滑按钮也可以用于检查系统的功能。在维护过程中，对集中润滑系统进行 1～2 次的强制润滑，确保润滑系统正常工作。

(2) 积油盆清理。在主轴轴承座正下方有一个积油盆，应该定期对积油盆进行清理，保持机组整洁。

2. 主轴与轮毂连接

检查维护所需工具为液压扳手、55mm 套筒、线滚子。

先检查上半圈连接螺栓，再转动风轮将下半圈的螺栓转上来进行检查。为了操作方便，检查前需先拆下防护栏，检查完后再装回。

值得注意的是，为保障安全，不得在转动风轮时进行螺栓的检查工作。

3. 主轴轴承座

检查维护所需工具为液压扳手、55mm 套筒、线滚子。

主轴轴承座螺栓两侧共 10 个，使用液压扳手时，可将扳手反作用力臂靠在相邻的螺栓上。

4. 主轴轴承座与端盖

检查主轴轴承座与端盖连接的所有螺栓。其中，最下面几个螺栓可以拆掉积油盆后进行检查。

5. 胀套

检查维护所需工具为液压扳手、46mm 套筒、线滚子。

转动主轴，检查胀套螺栓是否达到规定扭力。

6.4.2 齿轮箱

1. 齿轮箱常规检查

齿轮箱和各旋转部件处、接头、结合面是否有油液泄漏。在故障处理后，应及时将残油清理干净。

检查齿轮箱的油位，在风力发电机组停机时，油标应位于中上位，如图6-13所示。

检查齿轮箱在运行时是否有异常的噪声。

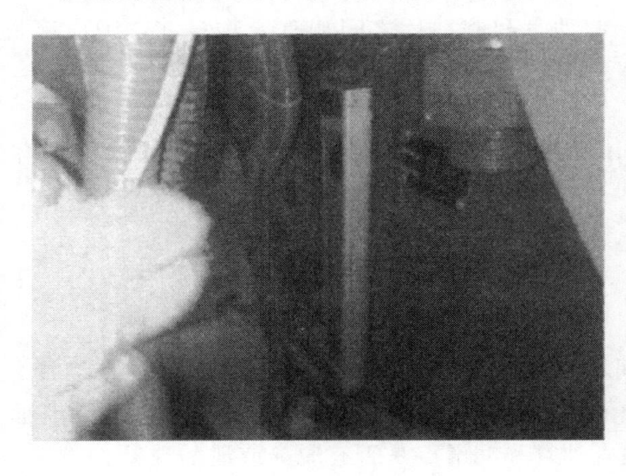

图6-13 齿轮箱油标

2. 弹性支撑轴与圆挡板连接

检查维护所需工具为液压扳手、46mm套筒、线滚子。

检查垫块是否有移位，按规定检查力矩。

3. 弹性支撑与机舱连接

检查维护所需工具为液压扳手、55mm套筒、线滚子。

按规定检查力矩。检查弹性支撑的磨损状况，是否有裂缝以及老化情况。

值得注意的是，用液压扳手工作时，扳手反作用力臂禁止直接作用在齿轮箱箱体上。

4. 齿轮油的更换

齿轮油使用3～5年后必须更换。更换油液时，必须使用与先前同一牌号的油液。为了清除箱底的杂质、铁屑和残留油液，齿轮箱必须用新油液进行冲洗。高黏度的油液必须进行预热，新油液应该在齿轮箱彻底清洗后注入。操作次序如下：

(1) 在放油堵头下放置合适的积油容器，卸下箱体顶部的放气螺帽。

(2) 把油槽及凹处的残留油液吸出，或用新油进行冲洗，这样也可以把油槽中的杂质清除干净。

(3) 清洁位于放油堵头处的永磁铁。

(4) 拧紧放油堵头（检查油封，堵头处受压的油封可能失效），必要时可更换放油堵头。

(5) 卸下连接螺栓，抬起齿轮箱盖板进行检查。

(6) 将新的油液过滤后注入齿轮箱（过滤精度为60μm以上）。必须使油液可以润滑到轴承以及充满所有的凹槽。

(7) 检查油位（油液必须加到油标的中上部）。

(8) 盖上观察盖板，装上油封。

6.4.3 联轴器

1. 联轴器表面观察

观察联轴器表面是否变形扭曲，高弹性连杆表面是否有裂纹。图 6-14 所示为联轴器。

图 6-14　联轴器

2. 联轴器连接

由于联轴器的特殊性（起刚性连接和柔性保护作用），要求严格按照规定的力矩进行检查。

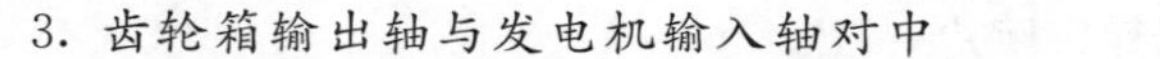

3. 齿轮箱输出轴与发电机输入轴对中

在机组月维护、半年维护和一年维护时，都要对齿轮箱输出轴与发电机输入轴进行对中测试，轴向偏差为（700±0.25）mm，径向偏差要求为 0.4mm，角向偏差为 0.10。如果测试值大于以上精度要求，则要对发电机进行重新对中。

6.5 发电机的维护

6.5.1 双馈式异步发电机

1. 发电机集中润滑系统

所需工具为油枪一把、润滑脂。

发电机润滑使用林肯集中润滑系统。半年维护使用油脂量约为 0.3kg。检查集中润滑系统油箱油位，若有必要则添加润滑脂，并记录添加前、后的油脂面刻度。检查润滑系统泵、阀及管路是否正常，有无泄漏。

强制润滑：启动一个强制润滑，用来检查系统的功能。在维护过程中，对集中润滑系统进行 1～2 次的强制润滑，确保润滑系统正常工作。

2. 发电机滑环、电刷维护

通常发电机主电刷和接地电刷的寿命约为半年，在维护时维护人员要特别注意检查。

维护人员在维护时，打开发电机尾部的滑环室，检查滑环表面痕迹和电刷磨损情况。正常情况下，各个主电刷应磨损均匀，不应出现过大的长度差异；滑环表面应形成均匀薄膜，不应出现明显色差或划痕，若表面有烧结点、大面积烧伤或烧痕、滑环径向跳动超差，必须重磨滑环。值得注意的是，在观察过程中，不要让滑环室上盖的螺栓或弹簧垫圈摔入滑环室。

主电刷和接地电刷高度少于新电刷 1/3 高度时需要更换，更换的新电刷要分别使用粗大砂粒和细砂粒的砂纸包住滑环，对新电刷进行预磨，电刷接触面至少要达到滑环接触面的 80%。磨完后仔细擦拭电刷表面，安装到刷握里，并要确定各刷块均固定良好，清洁滑环室、集尘器，清洁后测量绝缘电阻。

3. 发电机与弹性支撑连接

检查维护所需工具为液压扳手、46mm 中空扳手头。

检查各连接螺栓的力矩。

4. 发电机弹性支撑与机舱连接

检查维护所需工具为 24mm 套筒、300N·m 扭力扳手。

检查各连接螺栓力矩。

5. 发电机常规检查

(1) 检查接线盒和接线端子的清洁度。

(2) 确保所有的电线都接触良好，发电机轴承及绕组温度无异常。

(3) 检查风扇清洁程度。

(4) 检查发电机在运行中是否存在异常响声。

6. 动力电缆，转子与接线盒的连接螺栓

检查全部 M16 连接螺栓，扭矩为 75N·m。

7. 主电缆

检查主电缆的外表面是否有损伤，尤其是电缆从机舱穿过平台到塔架内的电缆保护以及电缆对接处的电缆保护，检查其是否有损伤和下滑现象，紧固每层平台的电缆夹块，同时检查如图 6-15 所示灭火器的压力。

图 6-15　灭火器

6.5.2　直驱式永磁发电机

直驱式永磁发电机是外转子结构永磁多级同步发电机，由叶轮直接驱动，传动结构简单，没有齿轮箱。发电机由定子、转子、定轴、转动轴及其他附件构成。应对发电机的以下部分进行检查和维护。

1. 绝缘电阻

绕组的绝缘电阻可反映绕组的吸潮、表面灰尘积聚及损坏等情况。绕组的绝缘电阻值接近最小工作电阻时，要采取措施对发电机进行相应处理，以提高其绝缘电阻值。

绝缘电阻分为绕组对地绝缘电阻和两套绕组之间的绝缘电阻。测量绕组对地绝缘时，测量仪器的两端分别接绕组任意一条出线与机壳；测量两套绕组之间的绝缘时，测量仪器的两端分别接两套绕组的任意一条出线。常用的测量仪器是 1kV 摇表或绝缘电阻测试仪，摇表测量时，稳定在 120r/min，数值稳定时读数；绝缘电阻测试仪测量时，用 lk 电压挡，读取 1min 时的数值。

如果绝缘电阻值低于要求的阻值，则需要查找原因，绝缘电阻正常时才可以运行。

2. 电气连接

检查发电机到机舱开关柜的接线是否有磨损，固定是否牢固；检查与发电机断路器连接铜排的螺栓的紧固力矩；检查发电机绕组中性线的固定是否牢固，绝缘或端头热缩封帽

是否可靠。

3. 保护设定值

对发电机保护设定值进行检查，如过压保护值、过流保护值、过热保护值等，既包括软件中的保护值，也包括硬件上的保护值。根据参数表和电路图纸中的数值进行检查。

4. 发电机定子和转子外观

检查有无损坏；检查焊缝和漆面。如果防腐漆面剥落，需要对剥落部位进行补漆处理。

5. 定轴和转动轴

检查定轴表面是否有裂纹，防腐层是否损坏。若有防腐漆面剥落，需要对剥落部位进行补漆处理。

检查定轴和底座、定轴和定子支架、转动轴和转子支架连接部位的螺栓的紧固力矩。

6. 发电机前后轴承的检查

检查轴承密封圈的密封，若表面有多余油脂，需擦拭干净，保证清洁。

加注油脂时，应保证每个油嘴的加注量均匀，同时打开排油口，直到排出旧油。若轴承配有自动加脂装置，则不需要该项操作。

7. 转子制动器及转子锁定装置

(1) 检查闸体上的液压接头是否紧固，以及接头处有无漏油现象。

(2) 检查摩擦片，当摩擦片厚度不大于 2mm 时需要更换。

(3) 检查转子锁定装置转动是否灵活。手轮或螺栓转动不灵活时，需要涂润滑脂。

(4) 检查转子锁定装置的接近传感器的间距（应为 3～5mm）。

(5) 叶轮锁定操作必须严格按照对应的技术文件来执行。

6.6 偏航系统的维护

1. 偏航驱动器

偏航驱动器如图 6－16 所示，其检查维护所需工具为 600N・m 力矩扳手、30.48cm 活扳手。

在维护过程中，由于位置局限，部分螺栓不能用力矩扳手扳紧，要求用扳手敲紧。检查偏航齿箱油位以及偏航齿轮油是否有泄漏；检查偏航电动机在偏航过程中是否有异常响声；检查电磁刹车的间隙，间隙偏大（大于 1mm）时需要调整。

图 6－16 偏航驱动器

2. 偏航轴承

检查偏航轴承如图 6－17 所示。

(1) 偏航轴承与机舱连接。

检查维护所需工具为液压扳手、46mm 套筒。

图6-17　检查偏航轴承

检查所有螺栓。由于偏航大圆盘限制，通过偏航大圆盘的孔能拧紧全部螺栓的1/4，所以拧紧前要求圆盘孔与螺栓对准，紧固好后，手动操作偏航系统到下一个螺栓距离再拧紧，反复4次即可完成全部螺栓的拧紧工作。

检查偏航轴承密封圈的密封性，擦去泄漏的多余油脂及灰尘。

(2) 回转支撑润滑如图6-18所示。

检查维护所需工具为油枪一把。

启动偏航电动机，在油嘴处打油，1500kW风力发电机的回转支撑在同一位置处有上、下两个油嘴，都要进行打油操作。回转支撑至少运转一周，以确保整个回转支撑均被润滑。

3. 偏航制动器

偏航制动器如图6-19所示，对其进行检查维护所需工具为液压扳手或1500N·m扭力扳手、46mm套筒。

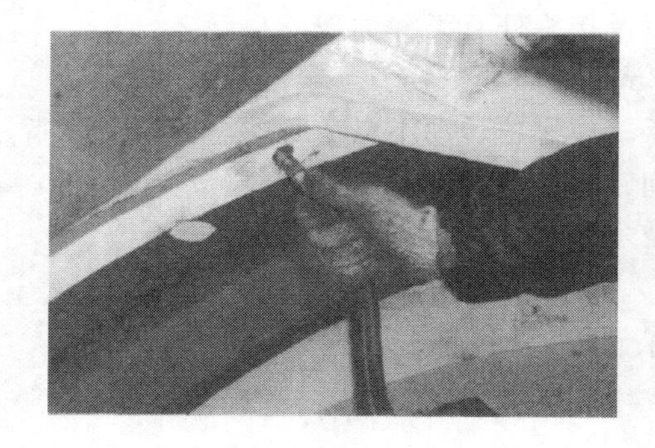

图6-18　回转支撑润滑

图6-19　偏航制动器

检查所有螺栓的扭矩，并检查偏航制动圆盘上有无油迹。若有油迹，则需要把油污擦净。检查偏航摩擦片，摩擦片厚度不大于2mm时需要更换。

4. 偏航大齿轮润滑

润滑偏航大齿轮的润滑油脂为马力士GL95号（低温）。

在偏航大齿轮齿面上均匀涂润滑油脂，检查大齿轮和偏航电动机间隙，检查齿面是否有明显的缺陷。

5. 偏航小齿轮

检查偏航小齿轮有无磨损和裂纹，润滑情况是否正常。

6.7　液压系统的维护

1. 液压系统

图6-20所示为液压系统的外形图。液压系统主要安装在机舱座前部、主轴下面，其

作用是给高速制动器和偏航制动器提供压力（液压系统 $P_{max}=15MPa$，$P_{min}=14MPa$）。

2. 液压系统的常规检查

（1）检查液压系统管路、液压系统到高速制动器和偏航制动器之间的高压胶管、偏航制动器间连接的硬管是否有渗油现象。

（2）在断电情况下，可以通过手动打压，再旋动接头来手动控制高速制动器，如图 6-21 和图 6-22 所示。

3. 液压油的更换

为了保证液压系统正常运行，在最初运行 1 年后，液压油必须全部更换，之后液压油每两年更换一次。

图 6-20 液压系统的外形图

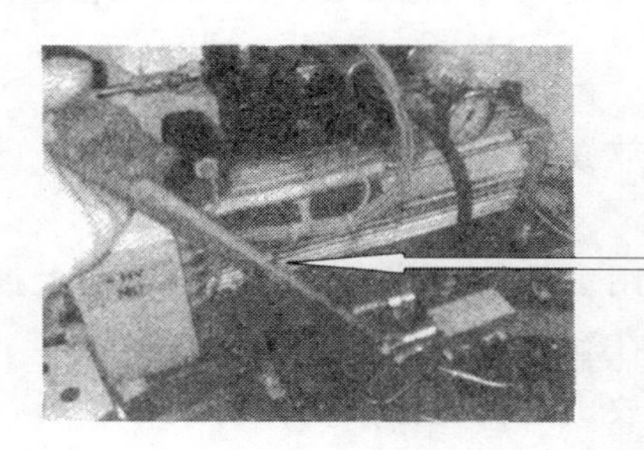

图 6-21 手动打压

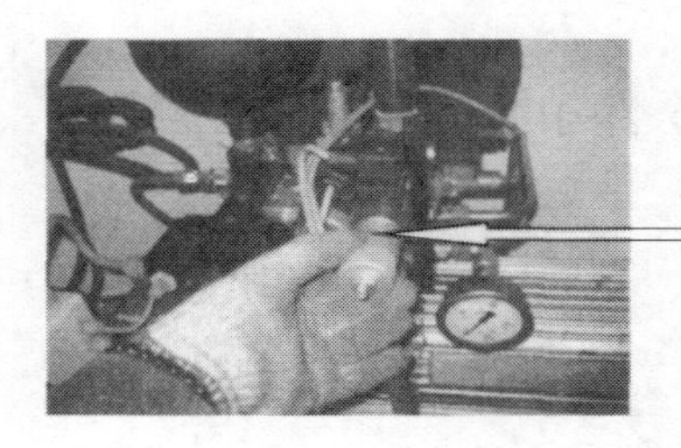

图 6-22 旋动接头

将液压油泵停机，打开油缸底部的放油帽，将放出来的油液全部放到事先准备好的容器里。重新拧好放油帽，加油至油标中线以上。

6.8 润滑冷却系统的维护

1. 冷却系统常规检查

（1）检查各个润滑点是否有润滑，主要是查看齿轮箱齿轮是否有油对齿轮进行润滑，齿轮油油路顺序是否正确。

（2）冷却系统的常规检查包括检查冷却系统的接头是否漏油，冷却循环的压力表工作时是否有压力，冷却风扇风向是否正常。

（3）检查在润滑冷却循环系统中的软管是否固定可靠，是否老化或存在裂纹。

图 6-23 所示为齿轮箱及冷却系统，图 6-24 所示为润滑冷却循环系统。

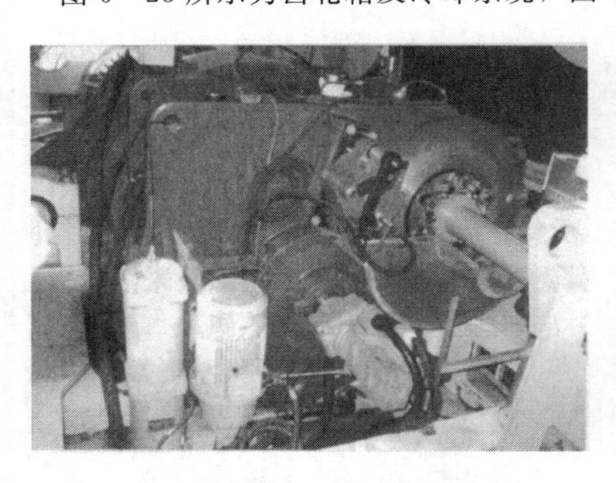

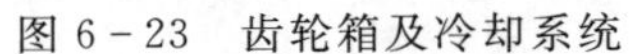

图 6-23　齿轮箱及冷却系统

图 6-24　润滑冷却循环系统

2. 冷却系统滤芯的更换

(1) 将冷却油泵停机，将准备好的容器放置到滤油器下方的放油阀下，打开放油阀。放完滤油器中残留的油液后，关闭放油阀。

(2) 逆时针方向拧开滤油器上方端盖，用手拧住滤芯上部的拉环，往上提起滤芯。卸下滤芯底部黄色端盖，清理干净后，重新装在新的滤芯底部。

(3) 将新的滤芯装回滤油器，并将之前放出的齿轮油液倒回滤油器中后，重新旋紧滤油器上方端盖，并恢复其他接线。

6.9　其他部件的维护

6.9.1　机舱及提升机

1. 主机架检修维护

主机架（机舱底盘）是风力发电机组部分的基础，对各个零部件起支撑、连接和紧固作用。

(1) 定期采用清洁剂进行表面清洁，除去残余的油脂或含有硅酮的物质。

(2) 目检发现有漆层裂开脱落，应及时清洁并补漆。

(3) 目检主机架上的焊缝，如果在随机检查中发现有焊接缺陷，做好标记和记录。如果下次检查发现焊接缺陷有变化，应进行补焊。焊接完成后，下次检查应注意该焊缝。

(4) 目检主机架踏板、梯子及其他各部件外形，若有变形损坏，应及时修复或更换。

(5) 使用力矩扳手或液压力矩扳手用规定力矩检查机架各部件螺栓连接情况。

2. 罩体维护与检修

为保护机组设备不受外界环境的影响、减少噪声排放，机舱和轮毂均采用罩体密封。罩体的材料一般由聚酯树脂、胶衣、面层、玻璃纤维织物等材料复合而成。

(1) 检查机舱罩及轮毂罩是否有损坏、裂纹，如有应及时修复；检查壳体内是否渗入

雨水，如有应清除雨水并找出渗入位置；检查罩子内雷电保护线路界线情况。

（2）用力矩扳手以规定的力矩检查各部件连接用螺栓的紧固程度。

（3）检查航空灯接线是否稳固，工作是否正常；电缆绝缘层有无损坏腐蚀，如有应及时修复或更换。

（4）检查风速风向仪连接线路接线是否稳固，信号传输是否准确；检查电缆绝缘层有无损坏或磨损，如有应及时更换。

3. 机舱内电气部件维护

（1）设定参数检查。检查机组控制系统参数设定是否与最近参数列表一致。用便携式计算机通过以太网与机舱 PLC 连接，打开风力发电机组监控界面，进入参数界面观察参数设定。

（2）电缆及辅件检查。观察所有连接电缆及辅件，有无损坏及松动现象；目测观察电缆及辅件有无破坏和损伤现象，并用手轻微拉扯电缆看是否有松动现象。

（3）安装及接线检查。检查机舱控制柜安装及内部接线牢靠情况；目测观察及用手触摸整个柜体是否有松动现象及内部元件的固定是否牢靠，接线是否有松动；目测检查柜内是否干净或有遗留碎片，如有应清理干净。

（4）传感器检查。应进行振动传感器可靠性及安全性检查。用便携计算机通过以太网与机舱 PLC 连接，打开机组监控界面，在风小的情况下偏航，在界面上可以看到由于偏航引起的振动位移情况。

（5）通信光纤检查。检查通信光纤通信是否正常，外观是否完好。目测检查光纤的外护套是否有损坏现象，是否存在应力，特别是拐弯处。

（6）烟雾探测装置检查。检查烟雾探测装置功能是否正常。用香烟的烟雾或一小片燃着的纸来测试烟雾传感器，如果其工作正常，风力发电机组将紧急触发，紧急变桨距动作。

（7）测风装置检查。检查风速风向传感器功能及可靠性。目测观察是否清洁，是否有破损现象；转动风杯和风向标是否顺畅；用万用表测量风速风向加热器的电源是否正常。

4. 提升机维护

提升机如图 6-25 所示，其常规检查为检查提升机的快慢挡是否正常，提升机的电源线和接地线有没有损伤。

值得注意的是，提升机在工作时，操作人员应注意自身安全，站立稳当，起吊过程中，保持起吊速度平稳，防止物品撞击塔身和平台。

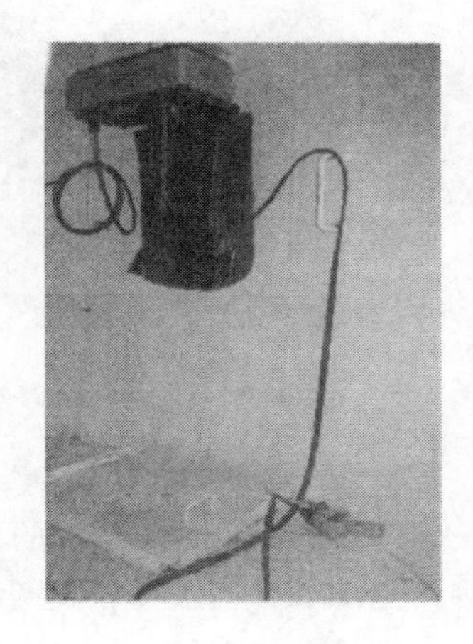

图 6-25 提升机

6.9.2 塔架

1. 塔架间连接螺栓

塔架间连接螺栓的检查维护所需工具为液压扳手、55mm 套筒、线滚子、55mm 敲击扳手。

紧固塔架间连接螺栓时，需要 3 个人配合：一个人控制液压扳手；一个人摆放扳手头，在紧固螺栓时，防止螺栓打滑；另一个人则应该用 55mm 敲击扳手将螺栓固定在塔

架法兰下表面的螺栓头上。值得注意的是，使用液压扳手时，不要把手放在扳手头与塔筒壁之间，以防扳手滑出压伤手掌。3个人应该紧密配合，确保安全。在塔架连接的平台上预设有插座，可以提供液压扳手所需要的电源。液压扳手通过提升机直接运送到上层塔架平台。在提升液压扳手接近平台时，要用慢挡，并由一个人手扶，避免与平台发生碰撞。

图6-26所示为液压扳手插座，液压扳手操作如图6-27所示。

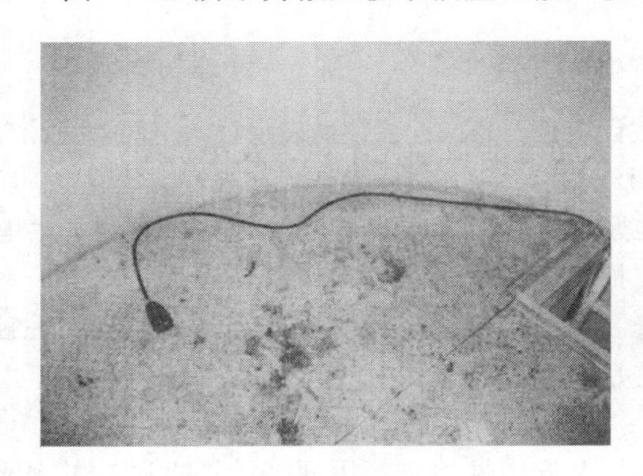
图6-26　液压扳手插座

图6-27　液压扳手操作

图6-28　紧固回转支撑连接螺栓

2. 塔架Ⅲ与回转支撑连接

塔架Ⅲ与回转支撑连接的检查维护所需工具为液压扳手、41mm套筒、线滚子。

紧固塔架Ⅲ与回转支撑连接螺栓时，至少需要两个人配合：一个人负责托住液压扳手头（如图6-28所示，此项工作比较费力，作业人员可以轮流做业）；另一个人负责控制液压扳手开关。

值得注意的是，如果液压扳手反作用臂作用在塔架壁上，应在两者之间垫一块2cm厚的木板，以免反作用臂擦伤塔架油漆。

3. 梯子、平台紧固螺栓

梯子、平台紧固螺栓的检查维护所需工具为两把12mm活扳手（或两把24mm呆扳手）。

机舱上的维护工作完成后，可安排一个人带上活扳手先下风力发电机组，顺便检查梯子、平台紧固螺栓。检查螺栓时，只要看螺栓是否松动即可，若有松动，则拧紧螺母（不要用很大的力，以免脚下失去平衡）。平时上下梯子时，若发现有松动的螺栓，也应该及时紧固。

图6-29　塔架内部爬梯

若梯子及任何一层平台上沾有油液、油

渍，必须及时清理干净。图 6－29 所示为塔架内部爬梯。

4. 电缆和电缆夹块

电缆夹块固定螺栓较容易松动，每次维护时都必须全面检查。检查平台螺栓时，可将电缆夹块固定螺栓一并紧固。要注意查看电缆是否扭曲，电缆表面是否有裂纹，电缆是否有向下滑的迹象。图 6－30 所示为塔架内部电缆固定，图 6－31 所示为电缆夹块。

图 6－30　塔架内部电缆固定

5. 塔架焊缝

检查塔架焊缝是否有裂纹。

6. 塔架照明

若塔架照明灯不亮，应检查是灯管损坏还是整流器损坏，并及时进行修理或更换。塔架内光线不足容易发生意外。

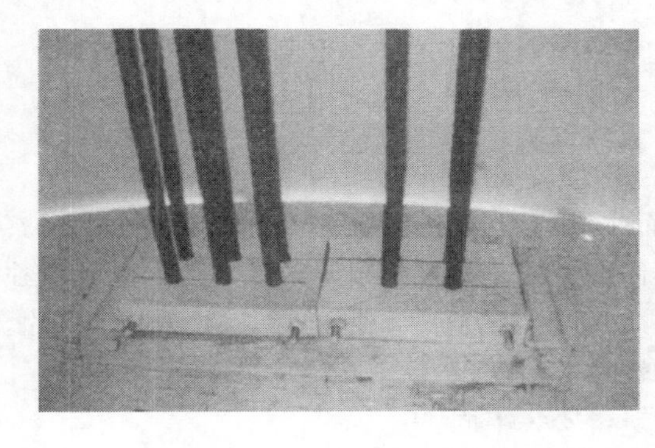

图 6－31　电缆夹块

7. 塔筒油漆

检查塔架表面是否有裂纹，防腐漆是否有剥落。若有，需要补漆处理。

6.9.3　监控系统

（1）检查所有硬件是否正常，包括微型计算机、调制解调器、通信设备及不间断电源（UPS）等。

（2）检查所有接线是否牢固。

（3）检查并测试监控系统的命令和功能是否正常。

（4）远程控制系统通信信道测试每年进行一次，保证信噪比、传输电平、传输速率等技术指标达到额定值。

6.9.4　风速风向仪及航空灯

1. 风速风向仪检查维护

（1）检查风速风向仪功能是否正常，检查所有固定螺栓，用扳手手动扳紧即可。

（2）检查连接线路接线是否稳固，信号传输是否准确，电缆绝缘皮有无损坏或磨损，如有应及时更换。

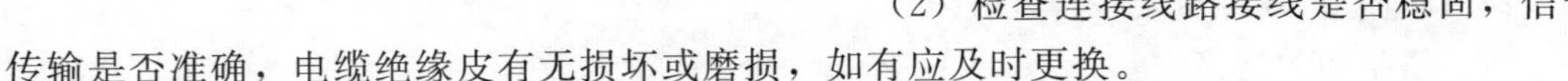

2. 航空灯的检查维护

（1）检查航空灯功能是否正常，固定是否牢靠。

（2）检查航标灯接线是否稳固，工作是否正常，电缆绝缘皮有无损坏腐蚀，如有应及时修复或者更换。

6.9.5　防雷接地系统

检查防雷系统可见的组件是否有受过雷击的迹象，是否完整无缺、安装牢固，如有受过雷击的迹象则应整理和修复组件呈设计状态；检查雷电接收器和叶片表面附近区域是否有雷击造成的缺陷、雷电接收器是否损坏严重、雷电记录卡是否损坏。如果叶片表面变黑，可以用细粒的抛光剂除去；如果雷击造成叶片主体损坏，则由专业维护人员及时进行修补。

1. 雷电保护系统

（1）检查雷电保护系统线路是否完好。

（2）检查叶片是否存在雷击损伤，雷击后的叶片可能存在如下现象：

1）在叶尖附近防雷接收器处可能产生小面积的损伤。

2）叶片表面有火烧黑的痕迹，远距离看像油脂或油污点。

3）叶尖或边缘裂开。

4）在叶片表面有纵向裂纹。

5）在外壳和梁中间裂开。

6）在外壳中间裂开。

7）在叶片慢慢旋转时，叶片发出“咔哒”声。

注意，第2）项～第4）项通常可以从地面或机舱里用望远镜观察。如果从地面观察后，可以决定吊下叶片，在拆卸之前就不用再仔细检查。如果有疑问，就使用升降机单独检查叶片。雷击损坏的叶片吊下后，需经公司质量控制部获悉和批准后，方可修补叶片。安装新的或修补的叶片时必须与其他叶片相比较做平衡。

（3）检查导雷系统可见的组件是否完整无缺，安装牢固。

2. 接地系统

（1）电刷及传感器。

1）检查连接主轴和机舱座的电刷接地状况，是否与主轴紧密接触；检查电刷磨损情况。

2）检查传感器的螺栓是否紧固，信号指示灯和传感器是否正常。

（2）发电机接地。

1）检查接地线和机舱座的连接螺栓是否紧固。

2）检查接地线绝缘层是否有破损。

（3）风向风速仪接地。

1）检查接地线和塔架的机舱座螺栓是否紧固。

2）检查接地线绝缘层是否有破损。

（4）塔架间的连接。

1）检查两根接地线和塔架的连接螺栓是否紧固。

2）检查接地线是否有破损。

（5）塔架、控制柜与接地网连接。

1）检查两根接地线和塔架的连接螺栓是否紧固，接地线绝缘层是否有破损。

2）检查接地线和控制柜的连接螺栓是否紧固，接地线绝缘层是否有破损。

图 6－32 所示为电刷，图 6－33 所示为塔筒接地线。

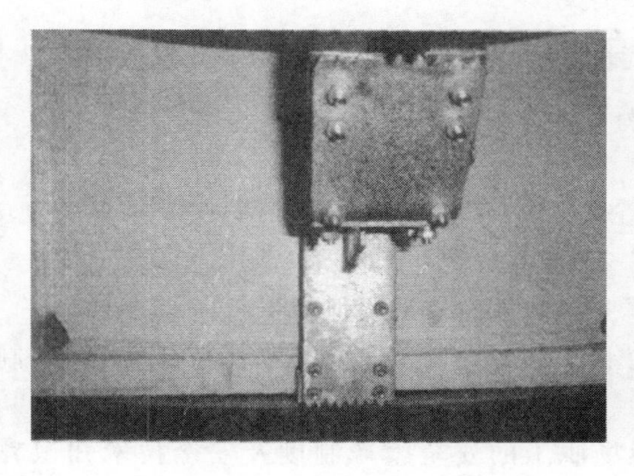

图 6－32　电刷

图 6－33　塔筒接地线

第7章　风力发电机组的安全预防与事故处理

7.1　安　全　总　则

(1) 为登高操作人员配备相应的安全防护用品，同时应购买保险。

(2) 安装指导人员必须认真勘察现场，按照安装指导的工作要求及有关技术资料，制定相应的安全技术措施。

(3) 配备专职安全员，认真做好安装现场职工的安全生产制度及安全技术知识教育，提高职工的安全意识和自我保护能力，督促职工自觉遵守安全纪律、制度和法规。安全员还应负责吊装作业员的安全检查和督促工作，对现场的安全严格把关，确保万无一失。

(4) 在施工前应与安装单位进行安全交流，在施工中牢固树立“安全第一”的思想。

(5) 如果出现不利于登高作业的自然因素及工作人员有身体不适或恐高症者，禁止登高作业。

7.2　安　全　标　准

7.2.1　要求

安全是一切工作的根本，应安全操作风力发电机组设备，所以维护人员需认真阅读并遵守相关的安全手册的安全规范。任何错误的操作和违反安全的行为都可能导致严重的设备损坏或危及维修人员的安全。所有在风力发电机组附近工作的人员都要认真阅读、正确理解和使用相关安全手册。

7.2.2　安全标准概述

(1) 未经授权，不允许攀爬风力发电机组。根据安全规范要求接受必要的安全、电气和机械方面的培训课程，并且考核合格者才允许对机组进行相应的操作。

(2) 操作人员必须理解人身防护设备说明书并正确使用，并在其使用之前和之后都进行检查。对安全设备的检查必须由经授权的维修公司进行，并且必须记录在设备的维护记录中。不要使用任何有磨损或撕裂痕迹的设备或者超过制造商建议的使用寿命的设备。

(3) 在风力发电机组附近或进入风力发电机组，任何时候必须戴安全帽、穿安全鞋。登高或高处作业，请使用人身防护装备（Personal Protective Equipment，PPE）。不允许独自进入风力发电机组。除此之外，强烈建议随身携带通信设备，以备在紧急情况下使用。

(4) 当在风力发电机上工作时，操作人员附近必须有紧急逃生设备，以便可以快速撤离到安全地带。操作人员必须对设备及其使用非常熟悉，以备紧急撤离之需。在任何时候，紧急逃生设备的使用说明书都必须与设备放在一起，且在不打开设备的情况下就可以查看。

(5) 在进入风力发电机组执行任何操作之前，必须告知主管人员或现场经理在风力发电机组中的准确位置以及将要执行的操作类型和范围。主管人员或现场经理根据情况决定准许或者拒绝要执行的工作。

(6) 在开展任何工作之前，操作人员必须知道当地的紧急联系电话以备用。

(7) 如果必须从地面上检查一台正在运行的风力发电机组，不允许站在叶片所在的旋转平面内，而应站在风力发电机组的前方安全距离以外。

(8) 工作人员进入风力发电机组维护操作时，应先使风力发电机组处于维护状态。具体操作步骤为：先按下红色停止按钮，使风力发电机组停机，如果蓝灯待机指示灯亮，则停机程序完成；然后将主控柜正面的“操作钥匙”开关旋至“repair”位置，进入维护状态；当维护完毕后，先按下黑色复位按钮，然后将“钥匙开关”旋至运行位置，最后按下启动按钮，启动风力发电机组，进入运行状态，待风力发电机组正常运行后工作人员方可离开。

主控柜操作按钮如图 7-1 所示。

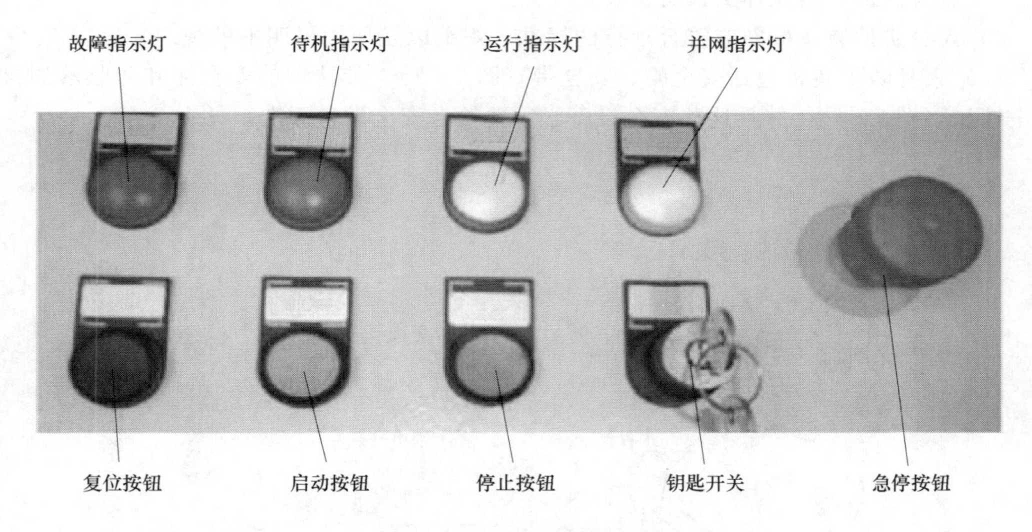

图 7-1 主控柜操作按钮

(9) 注意查看风力发电机组或设备上的各类警示牌。

(10) 禁止在大风雪、龙卷风、有雷击危险的暴风雨以及洪水等极端天气情况下接近风力发电机组。

(11) 严禁在服用酒精或者其他有类似作用的药品后执行有关任务或者在现场驾驶。

(12) 进入风力发电机组执行任何操作时，建议不要佩戴个人饰品，如项链、珠

宝等。

（13）在现场禁止焚烧任何东西。所有的废品、废物应放在垃圾箱或容器内。

（14）在进行任何带有火花的工作之前，如焊接等，必须得到现场管理人员或经理的授权并采取相应的预防措施。

（15）任何时候在机组上工作都要保证至少有2人。

（16）风速不小于12m/s时，禁止在机舱外或叶轮中执行维护工作。

（17）所有任务的执行应符合所在国家当地的相关法规。

（18）当在塔筒底部工作需要将门打开时，应将塔架门固定以防止因风吹而出现撞击事故。

（19）所有任务完成后，应将塔架门锁住以防止非工作人员进入风力发电机组，造成人身或设备损坏。

7.2.3 人身防护装备

（1）使用人身防护装备主要是能减少在工作场所的危险。所有在风力发电机组现场使用的人身防护装备必须符合下列规定：

1）具有“CE”标志。

2）在有效期内使用。

3）若有破损，应立即更换防护装备。

4）人身防护装备标准应符合现行的标准、规范以及使用说明书的规定。

（2）人身防护装备包括安全帽、安全带（图7-2）、带挂钩的安全绳和防坠落的机械安全锁扣（图7-3），并且这些安全设备必须要符合安全设备标准，见表7-1。

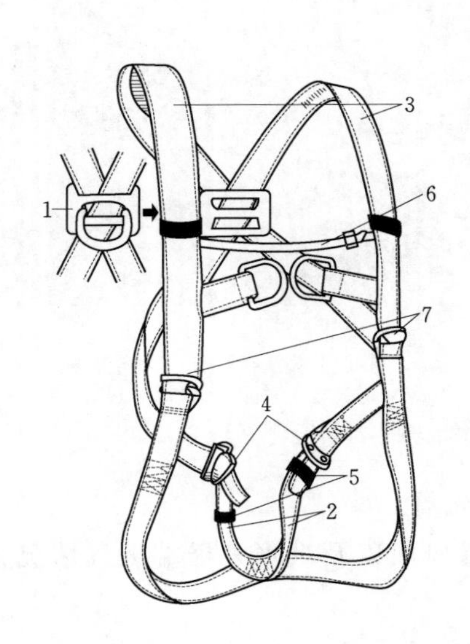

图7-2 安全带

1—扣眼；2—大腿圈；3—肩带；4—搭扣；5—带袢；6—窄皮带；7—皮带调整器

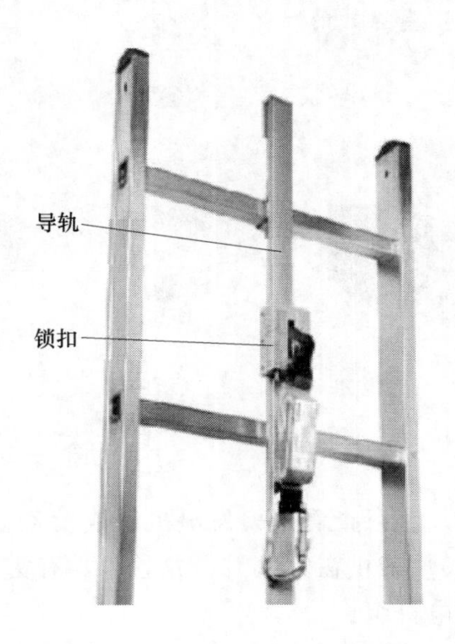

图7-3 锁扣导轨（防坠落制动器）

表7-1 安全设备标准

安全设备	安全设备标准	安全设备	安全设备标准
安全带	EN 361	安全绳（绳子、吊钩）	EN 354
减震系绳	EN 355	安全帽	EN 397
锁扣导轨（防坠落制动器）	EN 353-1	安全鞋	EN 344、EN 347

（3）安全设备除表7-1中所列，下列项目也应包括：

1）紧急下降设备。

2）灭火器。

3）移动电话或对讲机。

4）耳塞（适当的听力保护措施）。

5）护目镜（特殊工作时需要）。

6）工作手套（适合手或者手臂用的防护，以免手握带棱或不平表面的物体而受伤）。

7.2.4 安全指导

1. 工作小组成员规定

（1）一般情况下，在风力发电机组中一项工作应由两个或两个以上的人来完成。

（2）应做好工作计划，禁止或尽量减少相互隔离（如超出视力或听力范围）。如果两个人位置彼此超出听力范围，必须使用对讲机或移动电话来保持通信以保证相互安全，并带上电量充足的电池。

（3）如果小组成员之一需要休息，工作必须中断。

（4）如果没有通知同伴，不能停止工作或离开。

2. 攀爬塔架

（1）对体力的消耗要有正确预估。要求工作人员在身体状态良好、无神经系统方面问题，如没有受到酒精或是一些药物影响神经系统的情况下攀爬风力发电机组作业。

（2）攀爬塔架之前，先打开塔架灯和机舱灯。检查防护装备是否完整，若发现防护装备有任何形式的故障，应等到修复完成之后才可攀爬塔架。

（3）当上、下塔架梯子时，应使用防坠落装置。

（4）小工具和其他松散的零部件必须放在包或是箱中，松散的小件不可放在衣服口袋中且手上应不带任何东西。较重的零部件应通过提升机运输，不可人工搬运。

（5）不论什么时候上、下塔架，一定要穿戴人身防护设备，如戴安全帽、穿安全带、系带挂钩的安全绳和防坠落的机械安全锁扣。

（6）爬塔架时，检查并确定下面没有人。每次每节塔架梯子上只允许一人攀爬。当到达某一塔架平台后，应关闭平台盖板。只有当平台盖板关闭安全后，下一个人才可开始往上爬或下梯子。这样可防止下面的人被上面掉落的小零件、工具砸伤。到达梯子顶端时，在卸掉防坠落装置之前，必须用减震系绳与安全挂点连接来保证人身安全。

（7）没有携带任何工具或物品的人员，应先上后下。

（8）每次在爬塔架时，要检查梯子梯步、塔架各段平台、机舱外平台是否有油、油脂或其他危险物品。若有，必须将污染区域清洗干净以免滑倒发生危险。

(9) 下塔架时，应使用安全绳。只有防坠落装置与安全带连接安全后，才可取掉安全绳，开始下梯子。

3. 机舱中工作

(1) 风较大时，机舱舱门不可打开。

(2) 打开后舱门工作前，必须通过系索与一可靠的挂接点连接。

(3) 当必须到机舱外工作时，应系安全绳以确保安全。

(4) 下塔架前必须关上天窗、机舱后盖门，并检查所有工具和废弃东西是否收集好。

(5) 清洁所有油脂以避免滑倒。

4. 重物提升

(1) 用提升机将物体提升到机舱，应使用导向绳稳定吊物，以免吊物与塔壁碰撞，造成物体和塔架防腐的损伤。同时确保此期间无人在塔架周围，以避免坠物伤人。

(2) 当维护人员到机舱后部的平台下去开、关舱门时，应穿全身安全带并系安全绳，并和机舱中的安全挂点固定好。

(3) 提升机的最大提升重量不得大于350kg，严禁超重或载人。在风速较大的情况下提升重物时，风力机要偏航侧风90°后方可用提升机提升重物。

5. 参观人员

所有在风力发电机组里或在工作现场，但又没有相关工作任务的人员可被定义为参观人员。参观人员应征得现场管理人员的允许并由相关人员陪同，并且必须穿戴合适的人身防护装备后才可进入现场或风力发电机组。

7.2.5　人身安全

以下所述为在风力发电机组里或在其周围可能发生的一些危险：

(1) 偏航驱动（小齿轮）引起的危险。机舱通过偏航轴承与塔架相连，在机舱底座下部有3个偏航电机，它可以根据风向调整机舱方向。偏航小齿轮与偏航齿圈啮合，在此区域，塔架与机舱的相对运动可能引起危险。即使风力发电机组手动停机，偏航系统仍然是激活的。因此，当机舱运动时，不要在偏航齿轮附近逗留，以免被偏航小齿夹伤。

(2) 底座下的梯子引起的危险。在塔架的顶部，有一通往机舱的爬梯，此爬梯与机舱固定，并随机舱的运动而运动，因此，不要站在机舱爬梯和塔架顶部爬梯之间，以免偏航时被夹伤。

(3) 偏航刹车系统引起的危险。偏航刹车闸安装在机舱底座下部，闸片贴着偏航刹车盘运动。不要接触偏航刹车系统的内部，以免被偏航刹车夹伤。

(4) 发电机进口。发电机上有两个进口，上面进口由门固定，下面进口上安装了推拉式的带安全锁扣的门。此处两门只能在转子锁定的时候才能打开，未经许可，不得擅自操作转子锁定装置。只有经过特殊培训的人员方可操作转子锁定装置。如果误操作，可能会带来严重的设备损坏或人身伤害。只有接受过厂家培训的人员才允许进入发电机。

(5) 紧急出口。在紧急的情况下，风力发电力机组可以通过两个出口离开，并在30min内逃脱。塔架门是一逃生门，如果不可能通过塔架门安全逃离，可以使用机舱中的

逃生装置。利用此装置，几个人可从机舱一个一个地逃生。要求每个人穿安全带，逃离步骤如下：

1）将逃生设备系到挂接点上。

2）将人与安全绳安全连接。

3）打开提升机下的机舱尾部平台盖板。

4）坐到机舱平台边缘上，用脚将舱门踢到90°打开舱门。

5）打开逃生装置的拉链。

6）将绳子通过舱门扔到地面上。

7）将逃生装置的短绳吊钩与身上安全带的锁扣连接。

8）从挂接点松绳子。

9）挪动身体到下舱门。

10）滑过舱门。

11）在逃生装置帮助下慢速下滑。

12）到达地面后，取下绳子，但保持吊钩仍在绳子上。

13）拉绳子直到另一端到达机舱，下一个人才可和逃生装置连接。

14）现在第二个人可以将安全带连到短绳吊钩上，重复上述步骤逃离。

7.2.6 电气安全标准

(1) 一般的电气安全规范适用于一切电气值班人员，运行、维护检修、安装、测试时必须执行。禁止非电气人员修理、拆卸电气装置。

(2) 为了保证人员和设备的安全，只有经培训合格的电气工程师或经授权人员才允许对电气设备进行安装、维护检修、测试，并且必须有两人同时在场；任何人发现有违反一般的电气安全规范的情况，应立即制止，经纠正后才能恢复作业。各类工作人员有权拒绝违章指挥和强令冒险作业，在发现直接危及人身、电网和设备安全的紧急情况时，有权停止作业或者在采取可能的紧急措施后撤离作业场所，并立即报告。

(3) 安装、维护检修、测试人员在工作过程中要挂上警示牌，提醒后续进入作业的人。

(4) 后续进入作业的人员在进行相关工作之前，需要和正在作业的人员进行沟通。

(5) 现场需保证有两个以上的工作人员，工作人员进行带电工作时必须正确使用绝缘手套、橡胶垫圈和绝缘鞋等安全防护设施。

(6) 对超过1000V的高压设备进行操作时，必须按照工作票制度进行。

(7) 对低于1000V的低压设备进行操作时，应将控制设备的开关或保险断开，并由专人负责看管。如果需要带电测试，应确保设备绝缘和工作人员的安全防护。

7.2.7 特殊危险情况

1. 过速

正常情况下，叶轮的转速不可能超过规定的范围。一旦发生过速，机组周围500m范围内的人员必须撤离。

2. 雷暴

尽管机组有雷电防护设备的保护，仍有闪电击中的危险。因此，在雷暴天气下，或在此区域预测有雷暴时，立即撤离风力发电机组。在雷暴过去至少 1h 后再进入风力发电机组。若听到湿的叶片发出噼啪声，可能仍然带电，这时不可接近或触摸风力发电机组。

3. 结冰

天气寒冷时，从叶片上可能有掉下冰块的危险。如果风力发电机组附近有公共道路或距离风力发电机组 250m 范围内有建筑物，运行人员应在风力发电机组叶片结冰的时候停机，以免发生危险。特别是在低温、低风速一段时期后，如果风力发电机组启动后，叶片上有冰，操作人员应确定风力发电机组附近没有其他人员。结冰的情况可能有以下几种：

（1）结冰：霜冻期，雨滴落到冰冷的叶片表面上。

（2）霜冻：当温度低于冰点时出现温度高的云雾。

（3）0℃左右的雨夹雪。

4. 紧急通道

为保证在紧急情况时实现快速救护，必须保证到现场的道路畅通。

5. 急救

在塔底和机舱中有用于治疗小的伤痛的急救药箱，在发生紧急情况时，在进行自救的同时应马上拨打当地的急救电话求救。

6. 防火

（1）火灾的预防措施。严禁在风力发电机组内吸烟！所有的包装材料、纸张和易燃物品必须在离开风力发电机组的时候全部带走，消除火灾隐患，并保证风力发电机组内的清洁。当执行存在有火灾危险的工作时，应采取必要的安全预防措施。

（2）发生火灾时的措施。若风力发电机组内起火，可以使用塔筒内的灭火器进行扑救，同时通知电场人员以寻求更多的帮助。如果发生火灾，所有人员必须远离风力发电机组的危险区，及时通知电场人员快速将风力发电机组与电网断开，拨打“119”火警电话，讲明着火地点、风力发电机组现场编号、着火部位、火势大小、外界环境风速、报警人姓名、手机号，并派人在路口迎接，以便消防人员及时赶到。

（3）焊接、切割作业。

1）在安装现场进行焊接、切割等容易引起火灾的作业，应提前通知有关人员，做好与其他工作的协调。

2）作业周围清除一切易燃易爆物品，或进行必要的防护隔离。

3）确保灭火器有效，并放置在随手可及之处。

7. 急停开关、灭火器

（1）从塔架门进入塔架，对面是控制柜，控制柜的控制面板上有一个紧急停机按钮（红色），在紧急情况下使用，控制柜只允许运行人员打开。灭火器放在塔架门旁边，个人安全装备放在控制柜的右侧。

（2）从塔架上方的人孔可以进入机舱，紧急停机键（红色）在机舱内的顶舱控制柜上，在紧急情况下使用，灭火器（红色）在机舱入口处。

7.2.8 保护措施

1. 主动保护

(1) 风力发电机组的监控是由运行控制系统实现的。该系统检查所有的传感器信号和风力发电机组的运行参数，参数包括转速、功率、温度、塔架振动、风速、节距角和机舱位置。

(2) 安全保护系统独立于运行控制系统，其检查的参数有过速、振动开关、扭缆开关、急停开关、控制系统故障和变桨驱动。

(3) 如果上述中的任何一个开关报告故障，安全链断开，风力发电机组立即紧急停机。

2. 被动保护

(1) 被动保护系统能保护风力发电机组免受外部环境的影响，如雷电、过载荷等。叶片里安装有雷电感应器，内部的导电系统可以防止叶片受到雷击。另外，变桨系统可以一直保持正常工作，即使在风力发电机组受到雷击的情况下。

(2) 顺桨刹车时，叶轮的自由运转产生的扭矩很小，因此，风力发电机组受到的载荷也很小，这就是不锁定叶轮（即使是紧急停机）的原因。

3. 刹车系统

以金风 1.5MW 机组为例，每只叶片都有自己的独立变桨机构，通过变桨机构调整叶片节距角到顺桨（90°）位置，使风力发电机组完全能够在气动刹车的作用下停下来，从而实现机组的正常和紧急停机。

7.2.9 防雷接地系统

1. 防雷系统

以金风 1.5MW 系列机组的防雷系统为例，根据相应的标准并充分考虑雷电的特点，将风力发电系统的内外部分成多个电磁兼容性防雷保护区。其中，在叶片、机舱、塔身和主控室内外可以分为 LPZ0、LPZ1 和 LPZ2 三个区，如图 7-4 所示。针对不同防雷区域采取有效的防护手段，主要包括雷电接受和传导系统、过电压保护和等电位连接、电控系统防雷等措施，这些都充分考虑了雷电的特点而设计，实践证明这一方法简单而有效。

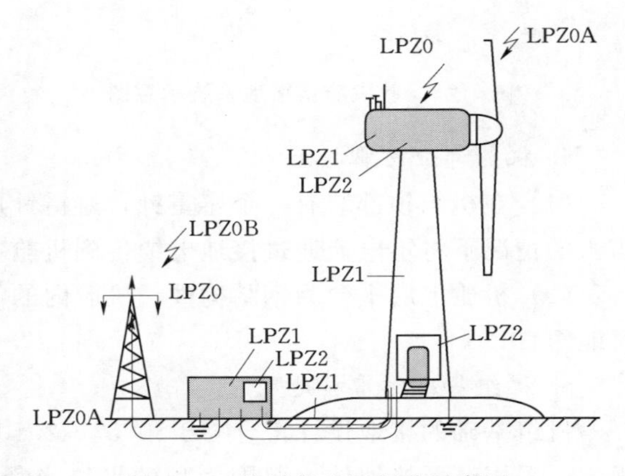

图 7-4　防雷保护区划分示意图

2. 雷电接受和传导途径

雷电由在叶片表面接闪电极引导，由雷电引下线传到叶片根部，通过叶片根部传给叶片法兰，通过叶片法兰和变桨轴承传到轮毂，再通过轮毂法兰和主轴承传到主轴和底座传到偏航轴承，之后通过偏航轴承和塔架最终导入接地网。

3. 叶片部分防雷接地

作为风力发电机组中位置最高的部件，叶片是雷电袭击的首要目标；同时叶片又是风力发电机组中最昂贵的部件之一，因此叶片的防雷保护至关重要。

雷击造成叶片损坏的机理是：雷电释放巨大能量，使叶片结构温度急剧升高，分解气体高温膨胀，压力上升造成爆裂破坏。叶片防雷系统的主要目标是避免雷电直击叶片本体而导致叶片损害。研究表明：不管叶片是用木头或玻璃纤维制成，或是叶片包导电体，雷电导致损害的范围取决于叶片的形式。叶片全绝缘并不减少被雷击的危险，而且会增加损害的次数。多数情况下被雷击的区域在叶尖背面（或称吸力面）。根据以上研究结果，针对1.5MW系列机组的叶片应用了专用防雷系统，即叶尖防雷接地系统，如图7-5所示，此系统由雷电接闪器和雷电传导部分组成。在叶尖装有接闪器捕捉雷电，再通过敷设在叶片内腔连接到叶片根部的导引线使雷电导入大地，约束雷电，保护叶片。

雷电接闪器是一个特殊设计的不锈钢螺杆，装在叶片尖部，即叶片最可能被袭击的部位，如图7-6中A点，接闪器可以经受多次雷击的袭击，受损后也可以更换。

雷电传导部分在叶片内部将雷电从接闪器通过引导线引入叶片根部的金属法兰，通过轮毂、主轴传至机舱，再通过偏航轴承和塔架最终导入接地网。

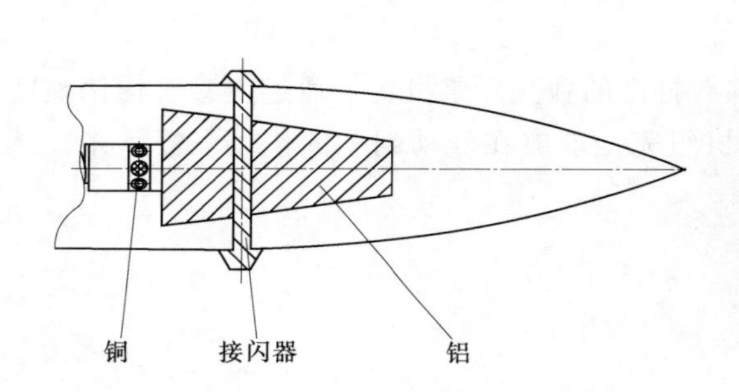

图7-5 叶尖防雷接地系统示意图

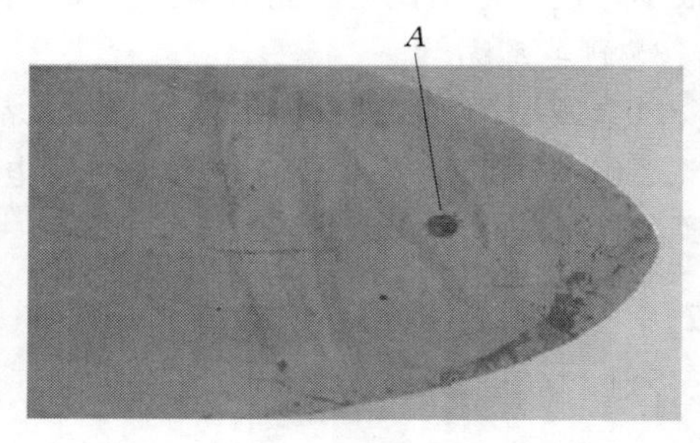

图7-6 叶尖雷电接闪器示意图

4. 机舱部分防雷接地

（1）在机舱顶部装有一个避雷针，避雷针用作保护风速仪和风向标免受雷击，在遭受雷击的情况下将雷电流通过接地电缆传到机舱上层平台，避免雷电流沿传动系统传导。

（2）机舱上层平台为钢结构件，机舱内的零部件都通过接地线与之相连，接地线应尽可能短直。

5. 机组基础防雷接地

机组基础的接地设计符合GB 50057—2010《建筑物防雷设计规范（附条文说明）》的规定，采用环形接地体，包围面积的平均半径不小于10m，单台机组的接地电阻不大于4Ω，使雷电迅速流散入大地而不产生危险的过电压。

6. 过压保护和等电位连接

（1）金风1.5MW风力发电机组防雷系统中所采取的过压保护和等电位连接措施符合IEC 61400和GB 50057—2010的相关规定，在不同的保护区的交界处，通过SPD（防雷及电涌保护器）对有源线路（包括电源线、数据线、测控线等）进行等电位连接。其中在

LPZ0 区和 LPZ1 区的交界处，采用通过Ⅰ类测试的 B 级 SPD 将通过电流、电感和电容耦合方式侵入到系统内部的大能量的雷电流泄放并将残压控制在 2.5kV 的范围。对于 LPZ1 区与 LPZ2 的交界处，采用通过Ⅱ类测试的 C 级 SPD 并将残压控制在 1.5kV 的范围。

（2）为了预防雷电效应，对处在机舱内的金属设备如金属构架、金属装置、电气装置、通信装置和外来的导体作了等电位连接，连接母线与接地装置连接。汇集到机舱底座的雷电流传送到塔架，由塔架本体将雷电流传输到底部，并通过 3 个接入点传输到接地网。在 LPZ0 与 LPZ1、LPZ1 与 LPZ2 区的界面处应做等电位连接。比如风向标、风速仪、环境温度传感器在机舱 TOPBOX 内作等电位连接；避雷针、机舱 TOPBOX、发电机开关柜等在机舱平台的接地汇流排上作等电位连接；主控开关进线电缆接地线与控制柜、变压器、电抗器在塔底接地汇流排上作等电位连接。

7. 电控系统防雷

（1）主配电采用的是 TN—C 式供电系统，即系统的 N 线和 PE 线合为一根 PEN 线。根据以上对不同电磁兼容性防雷保护区的划分和应用 SPD 的原理，在塔底的 620V 电网进线侧和变压器输出 400V 侧安装 B 级 SPD 以防护直接雷击，将残压降低到 2.5kV 水平，同时做好风力发电机组的接地系统。

（2）C 级防雷说明：在风向标、风速仪信号输出端加装信号防雷模块防护，残余浪涌电流为 20kA（8/20μs），响应时间不大于 500ns。

7.3 安全防护装备

1. 安全防护要求

进入风力发电机组现场作业时，必须使用个人防护装备。

（1）个人防护装备包括安全带（整套）、安全帽、安全靴、手套，低温环境中还需要保暖衣。

（2）个人防护装备必须有批准的型号，其上标有“CE”合格标志，表明适合于使用者准备从事的相关工作和保护，适合于工作地区的气候条件。

（3）如果有多人同时攀登风力发电塔，每人都必须配备个人所需的防护装备。

（4）个人防护装备必须派专人定期检查和检验，每年至少一次。

（5）安全带（整套）必须妥善保管，必须易于随时取用。

2. 安全带的使用

（1）穿戴方法。安全带（图 7-2）的穿戴方法如下：

1）通过扣眼 1 扣紧安全带，使大腿圈 2 下垂。

2）将肩带 3 以背旅行包的方式放在肩上，锁扣 1 的塑料带靠在后背上。

3）把松开的大腿圈 2 从里到外套在大腿上。

4）大腿圈 2 的皮带穿入搭扣 4 内，并拉紧。

5）将大腿圈皮带的末端穿进皮带的带袢 5 内。

6）拉紧胸部的窄皮带 6。

7）以中部的皮带调整器 7 调整皮带的正确位置。

（2）注意事项。

1）一套完整的安全防护装备包括安全帽、安全带、绝缘安全鞋、止跌扣及带缓冲性能的加长绳，如图7-7所示。

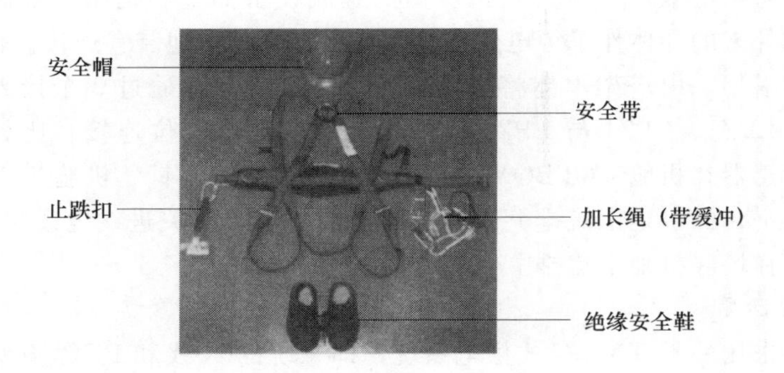

图7-7　一套完整的安全防护装备

2）止跌扣及加长绳必须连接在安全带上的D形锁扣上，如图7-8所示。

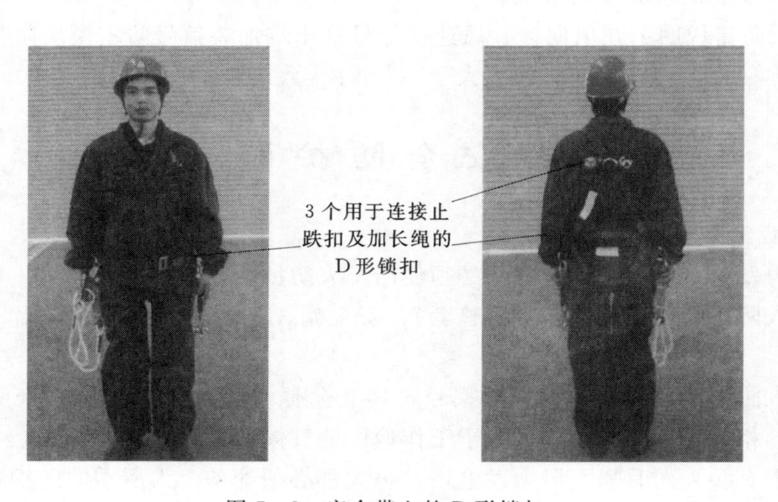

图7-8　安全带上的D形锁扣

3）在使用过程中，止跌扣及加长绳与安全带未按要求连接将存在极大的安全隐患。

4）安全带及其附属装备严禁用于其他用途。

3. 安全防护装备的日常保养

（1）绝对不能与酸类或腐蚀性化学药品接触。

（2）不得接触尖锐边缘，以及带尖锐边缘的物体。

（3）必须使用温水和专用于质地柔嫩物体的洗涤剂洗涤，随后置于阴处晾干。

（4）必须存放在通风良好的地方，并避免太阳直接照射。

4. 灭火器的配备

（1）风力发电机组塔架内底部地面和最上层平台上需配备型号为MF212型贮压式（或同等类型）干粉灭火器。

(2) 最上层平台上的灭火器必须放置在专用固定环内，安全存放。

(3) 灭火器必须按照国家相关安全要求进行定期检验，并填写检验卡，保证灭火器符合现场消防灭火要求。

5. 对讲机的使用

进行现场作业时，对讲机是十分重要的通信设备。

KENWOOD充电式对讲机如图7-9所示。该对讲机具有使用方便，通信距离较长等特点。以KENWOOD充电式对讲机为例，介绍对讲机的使用方法具体如下：

(1) 将对讲机的开关打开，同时调节好通话音量。

(2) 将两台对讲机上的频道选择钮旋至同一个频道。

(3) 使用对讲机进行通信对话时，按住对讲机左侧对话按钮的同时进行呼叫即可。

(4) 每次使用完对讲机后，请及时充电以保证使用的顺畅。

图7-9 KENWOOD充电式对讲机

工作人员携带对讲机上下风力发电机组时，必须将对讲机挂绳和安全带可靠连接，避免上、下塔架时跌落。在机舱内作业时允许将对讲机放置在机舱内可靠位置，但应确保机舱晃动时对讲机不会发生位移。

7.4 常规安全事项

(1) 在风速不小于18m/s时，禁止上机工作；在风速不小于14m/s时，禁止使用提升机吊物；在风速不小于10m/s时，禁止进入风轮进行作业；在风速不小于6.5m/s时，禁止进行桨叶角度调整。

(2) 在上风力发电机组作业前，应确保无人在塔架周围滞留，同时将写有“当心坠物、严禁靠近”的警示牌挂在塔架外。

(3) 维护人员在攀登风力发电机组时，必须随身携带通信设备。

(4) 不要一个人单独上风力发电机组作业。两个人以上作业时，应相互告知各自要做的工作内容，并与地面工作人员通过对讲机相互联系。

(5) 在维护或检查过程中，如果卸下了安全防护罩，在工作完成后，必须立刻装上，并加以检查。

(6) 在做任何一项工作时，应确保身体平衡，并且双脚踩实，同时注意固定安全带，防止高空跌落造成伤害。

（7）提升机吊物时，严禁站在吊运物品的正下方，同时注意风向，避免物体撞击塔架。

（8）安全带及安全加长绳上禁止吊物。

（9）塔架门应在完全打开的情况下固定，避免风吹动门意外伤人。

（10）检查和维护工作要保持完整性，不能只做了一半而停下去做其他的工作，以免遗忘造成安全隐患。

7.5　异常运行与事故处理

风力发电机组是技术含量高、装备精良的发电设备，在允许的风速范围内正常运行发电，只要保证日常维护，一般很少出现异常，但在长期运转或遭受恶劣气候袭击后也会出现运转异常或故障。

7.5.1　异常运行分析

对于机组异常情况的报警信号，要根据报警信号所提供的部位进行现场检查和处理。

（1）发电机的定子温度过高、输出功率过高、超速或电动启动时间过长。发电机定子温度过高，温度超过设定值（140℃），原因可能是散热器损坏或发电机损坏；发电机输出功率过高，超过设定值15%，应检查叶片安装角是否符合规定安装；电动启动时间过长，超过允许值，原因可能是制动器未打开或发电机故障。发电机转速超过额定值，原因可能是发电机损坏、电网故障或传感器故障；发电机轴承温度超过额定值（90℃），原因可能是轴承损坏或缺油。

（2）设备或部件温度过高。当风力发电机组在运行中发生发电机温度、晶闸管温度、控制箱温度、齿轮箱油温度、机械卡钳式制动器制动片温度等超过规定值会造成机组的自动保护动作而停机。应检查冷却系统、制动片间隙、温度传感器及相关信号检测回路、润滑油脂质量等，查明温度上升原因并处理。

（3）风力发电机组转速或振动超限。风力发电机组运行时，由于叶尖制动系统或变桨距系统失灵，瞬时强阵风以及电网频率波动会造成风力发电机组转速超过限定值，从而引起自动停机；由于传动系统故障、叶片状态异常导致机械不平衡、恶劣电气故障导致机组振动超过允许振幅也会引起机组自动停机。应检查超速、振动原因，经处理后，才允许重新启动。

（4）偏航系统的异常运行引起机组自动保护停机。偏航系统电气回路、偏航电动机、偏航减速器以及偏航计数器和扭缆传感器等故障会引起风力发电机组自动保护动作而停机。偏航减速器故障一般包括内部电路损坏、润滑油油色及油位失常；偏航计数器故障主要表现在传动齿轮的啮合间隙及齿面的润滑状况异常；扭缆传感器故障表现在使风力发电机组不能自动解缆；偏航电动机热保护继电器动作一段时间，表明偏航过热或损坏等。

（5）机组运行中传感器出现异常。机组显示的输出功率与对应风速有偏差，风速仪损坏或断线，风轮静止时，测量转速超过允许值，或风轮转动时风轮转速与发电机转速不按

齿轮速比变化，则是转速传感器接近开关损坏或断线。温度长时间不变或温度突变到正常温度以外，则是温度传感器损坏或断线。

（6）液压控制系统运行异常。液压装置油位偏低，应检查液压系统有无泄漏，并及时加油恢复正常油面；液压控制系统油压过低会引起自动停机，应检查油泵、液压管路、液压缸及有关阀门和压力开关等装置工作是否正常。

（7）风力发电机组运行中系统断电或线路开关跳闸。当电网发生系统故障造成断电或线路故障导致线路开关跳闸时，应检查线路断开或跳闸原因（若逢夜间应首选恢复主控室用电），待系统恢复正常后，重新启动机组并通过计算机并网。

（8）控制器温度过低。控制器温度低于设定允许值，原因是加热器损坏或控制元件损坏断线。

（9）控制系统运行异常。风力发电机组输出功率与给定功率曲线值相差太大，可能是叶片结冰（霜）造成的；控制系统微处理器不能复位自检，原因可能是微机程序、内存或CPU故障。

（10）软并网失常。当风机发电机组并网次数或并网时间超过设定值，会造成机组正常停机。

（11）电网波动或故障停机。电压过高（高出设定值）或过低（低于设定值）会引起电网负荷波动；频率过高（高出设定值）或过低（低于设定值）会引起电网波动。

电网三相与发电机三相不对应，原因可能是电网故障或连接错误；三相电流中的一相电流超过保护设定值，原因可能是三相电流不平衡；电网故障造成电网电压在0.1s内发生冲突。

（12）振动不能复位。原因是传感器故障或断线；振动传感器动作，造成紧急停机。

（13）电源故障。机组电源出现故障，导致主断路器断开、控制电路断电以及主电路没有接通，原因分别是内部短路、变压器损坏或断线、主电路触头或线圈损坏。

7.5.2　常见故障及处理

1. 风力发电机组常见故障及排除方法

发电机、齿轮箱、偏航系统、液压系统和控制系统是风力发电机组的主要构成部分，也是机组故障的高发区。根据世界各地风力发电机组的实际运行记录，汇总各类型风力发电机组常见异常现象且频发的部件故障，列出风力发电机组常见故障及排除方法，见表7-2。

表7-2　风力发电机组常见故障及排除方法

故障描述	故障原因	故障排除
风力发电机组的异常声响或噪声	（1）叶片受损。 （2）紧固螺栓松动或轴承损坏。 （3）变桨距系统液压缸脱落或同步器断线。 （4）调速器平衡弹簧或限位器断开。 （5）联轴器损坏。 （6）制动器松开。 （7）发电机轴承缺油或松动	（1）修补叶片。 （2）调整紧固螺栓、更换轴承。 （3）更换液压缸或同步器。 （4）更换弹簧并重新调整；固定或焊接限位器。 （5）更换联轴器。 （6）固定制动器、调整制动片间隙。 （7）调整发电机同轴度并拧紧紧固螺栓、加油

续表

故障描述		故　障　原　因	故　障　排　除
液压系统漏油		（1）液压油从高压腔泄漏到低压腔。 （2）液压系统油外泄漏	（1）调试液压元件，减少元件磨损；或改进设计。 （2）拧紧管道接头或接合面；更换密封圈；降低壳体内压力或更换油封
额定风速以上风轮转速达不到设定值		（1）调速器卡滞，停留在一个位置上。 （2）风轮轴承损坏。 （3）微机调速失灵。 （4）变桨距轴承或同步器损坏。 （5）抱闸制动风轮的制动带和制动盘摩擦过大	（1）更换平衡弹簧；找出卡滞位置并消除。 （2）拆下更换并调整同轴角度安装好。 （3）检查微机输出信号、控制系统故障并排除；微机可能受干扰而误发指令，排除或屏蔽干扰；速度传感器损坏，更换。 （4）更换轴承；更换或修理变距同步器。 （5）检查并调整制动间隙
发电系统故障	风力发电机组旋转但无输出	（1）励磁电路断线或接触不良。 （2）电刷或集电环接触不良或电刷烧坏。 （3）励磁绕组断线。 （4）晶闸管不启动。 （5）3次谐波励磁绕组断路或短路。 （6）励磁晶闸管断路、短路或烧毁。 （7）发电机剩磁消失。 （8）无刷励磁整流管损坏。 （9）发电机转子或定子短路或断路	（1）检查励磁回路，接好断线。 （2）调整刷握弹簧，更换烧坏的电刷，清洗、磨圆集电环表面。 （3）找出并接好。 （4）检修触发电路，更换烧穿或断路的晶闸管。 （5）拆下绕组，重新下线修好，并安装。 （6）更换晶闸管。 （7）用直流电源励磁，发电机正常发电后再切除直流电源。 （8）更换整流管。 （9）拆下转子或定子，重新下线修理
	输出电压低	（1）励磁电流不足。 （2）无刷励磁整流器处在半击穿状态。 （3）定子绕组有短路。 （4）输电集电环和输出线路中连接点导电不良	（1）调节励磁电流，使发电机达到额定输出电压。 （2）拆下励磁机，检修或更换整流器。 （3）查明短路部位，剥离，浸漆绝缘。 （4）清理集电环和输出线路中的连接点，降低接触电阻
	发电机过热	（1）负荷太重。 （2）散热不良。 （3）轴承损坏或磨损严重	（1）减轻负荷。 （2）冷却风道堵塞，冷却水流不畅，清理。 （3）更换轴承，重新安装发电机
电压振荡		（1）电网电压振荡。 （2）发电机励磁电流小。 （3）发电机输出线松动。 （4）集电环和电刷跳动。 （5）谐波引起的电压振荡	（1）联系电力管理部门，电压平稳后合闸送电。 （2）增加励磁电流，或全面检查励磁系统。 （3）拧紧螺栓。 （4）调整刷握弹簧，消除跳动；检查电刷，表面跳火出坑，更换。 （5）更换整流管、滤波电容，消除振荡
机舱振动		（1）风轮轴承座松动。 （2）变桨距轴承损坏。 （3）转盘推力轴承间隙太大	（1）拧紧固定螺栓。 （2）更换轴承。 （3）调整转盘上推力轴承间隙到规定值

续表

故障描述		故障原因	故障排除
制动器故障	启动慢	(1) 液压系统中有空气。 (2) 制动片和制动盘间隙大。 (3) 液压管路堵塞。 (4) 液压油黏度高	(1) 排气系统设在最高点。 (2) 校正间隙。 (3) 清洗和检查管路和阀。 (4) 更换或加热液压油
	制动力差	(1) 载重过大或速度过高。 (2) 气隙大。 (3) 制动块与制动盘间有油脂。 (4) 弹簧不配套或损坏	(1) 检查制动距离、负载和速度。 (2) 校正气隙。 (3) 清洗。 (4) 更换所有弹簧
偏航系统故障	压力不稳	(1) 液压管路出现渗漏。 (2) 液压蓄能器的保压出现故障。 (3) 液压系统元器件损坏	(1) 清除液压管路渗漏。 (2) 排除液压蓄能器故障。 (3) 更换损坏的元器件
	定位不准	(1) 风向标信号不准确。 (2) 偏航阻尼力矩过大或过小。 (3) 偏航制动力矩不够。 (4) 偏航齿圈与驱动齿轮侧间隙大	(1) 校正调准风向标。 (2) 调整偏航阻尼力矩到额定值。 (3) 调整偏航制动力矩到额定值。 (4) 调整齿轮副的齿侧间隙
	计数故障	(1) 连接螺栓松动。 (2) 异物侵入。 (3) 电缆损坏，磨损	(1) 紧固连接螺栓。 (2) 清除异物。 (3) 更换连接电缆
变流器故障		(1) 参数设置错误。 (2) 变流器直流母线支流电压过高。 (3) 变流器过电流故障。 (4) 变流器和发电机过负荷。 (5) 变流器温度过高	(1) 把参数恢复到出厂值。 (2) 断开电源，检查处理。 (3) 减少负荷突变、重新负荷分配，检查线路；若断开负荷变流器仍是过电流故障，则更换。 (4) 检查电网电压、负荷，或重新调定设定值或更换大的变流器。 (5) 检查通风或水冷系统是否出现故障

2. 风力发电机组故障处理

风力发电机组运行时，其微机控制系统随时能够接收到各类传感器输送来的工作信号，也包括异常或故障信号，由微机根据设计程序将接收到的信号分类处理，并发出相应的控制指令。同样，微机接收到异常或故障信号后，故障处理器首先将这些信息储存在运行记录表和报警表中，分类后有选择地进行发送。

风力发电机组的微机控制系统根据机组运行异常或故障的严重程度，对机组运行状态采取降为暂停状态、降为停机状态或降为紧急停机状态的3种情况之一的运行控制。

风力发电机组因异常或故障需要立即进行停机操作，其操作程序如下：

(1) 利用主控室计算机进行遥控停机。

(2) 当遥控停机无效时，则就地按正常停机按钮停机。

(3) 当正常停机无效时，使用紧急停机按钮停机。

(4) 仍然无效时，拉开风力发电机组所属箱式变压器低压侧开关。

故障处理后，微机控制系统一般能重新启动。如果外部条件良好，外部原因引起的故障状态可能会自动复位；一般故障可以通过远程控制复位。如果操作者发现该故障可以接受并允许启动风力发电机组，则可以复位故障。

有些故障很严重，不允许自动复位或远程控制复位，工作人员应到机组工作现场检查，并在机组的塔基控制面板上复位故障。故障被自动复位后 10min，机组将自动重新启动。

3. 风力发电机组事故处理

当风力发电机组发生事故时，应立即停机，根据事故部位和程度进行处理。

(1) 叶片处于不正常位置或相应位置与正常运行状态不符时，应立即停机处理。

(2) 风力发电机组主要保护装置拒动或失灵时，应立即停机处理。

(3) 风力发电机组因雷击损坏时，应立即停机处理。

(4) 风力发电机组因发生叶片断裂等严重机构故障时，应立即停机处理。

(5) 制动系统故障时，应立即停机处理。

(6) 当机组起火时，应立即停机并切断电源，并迅速采取灭火措施，防止火势蔓延。

(7) 风力发电机组主开关发生跳闸，要先检查主电路晶闸管、发电机绝缘是否击穿，主开关整定动作值是否正确，确定无误后才能重合开关，否则应停止运行做出进一步检查。

(8) 机组出现振动故障时，要先检查保护回路，若不是误动，则应立即停止运行做进一步检查。

第 8 章　风力发电机组的故障诊断技术

8.1　概　　述

第 7 章对风力发电机组并网时可能产生的问题（比如低电压穿越，无功补偿等）进行了探讨，但没有对风力发电机组自身在运行过程中可能存在的问题，如风力发电机组的故障、雷电引起的风电场内电气设备故障、风电场运行状态监控及出现故障后的处理（即检修与维修等）等进行研究。本章将对这些问题进行研究、分析、探讨和阐述。

传统意义上避免故障的最好途径是维护，即常规巡检、检修和在监控系统辅助下的异常维修两部分。由于风电场常建立在较为偏僻的山区、戈壁滩、小岛或近海，而且单机容量增加远远落后于风电场规模的扩充，大型风电场往往需要由成百上千的风力发电机组构成，仍然采用传统的定期巡检和监控中发现异常后再去检查机组、分析故障、处理故障就会有两个弊端：一是故障因为得不到早期发现，可能已引发了比较明显的、较严重的故障从而造成的经济损失较大，无论是在风速较好的情况下停机还是停机等待需更换器件运送到风电场都会使风电场总体出力减小，对风电场自身和电网及用户都会有影响；二是对于“风电三峡”这样的大型风电场，巡检任务会非常繁重。因此，如果可以对风力发电机组进行在线检测，并将信息进行处理，能进行风力发电机组早期故障诊断，即利用检测到的信息对风力发电机组的运行状态进行评价，判断是否有故障，并进一步进行故障类型、故障定位、故障严重程度和故障产生原因分析，能有效克服传统意义上维护工作的缺陷。

检测技术和检测信息处理是故障诊断的基础，监控是对整个风电场（包括各个风力发电机组、变压器、配电线路、场内变电站等各个方面）的监测和控制，最主要的是对风力发电机组工作状态的监控。

本章将对风力发电机组信息检测、机组的各种常见故障的产生机理，风力发电机组主要部分（齿轮箱、发电机以及变频器）的故障信息处理与故障诊断方法进行研究和分析，对风电场监控和传统意义下的维护（正常巡检与非正常维修）工作中的主要注意事项也进行相关阐述。

8.2　风力发电机组信息检测

风电作为间歇性电源，具有短期波动性。若大规模接入电网会对电网产生不良影响，从而要求接入电网的风力发电机组的电气特性必须符合相关技术标准的要求。风力发电机组检测技术和检测信息可以为解决风力发电机组故障诊断提供技术支持，为风力发电机组优化控制策略提供帮助，有助于新型风力发电机组的研制。目前的风力发电机组测试项目主要包括功率特性测试、电能质量测试、噪声测试、载荷测试等。功率特性是风力发电机组最重要的系统特性之一，与风力发电机组的发电量有直接关系；需要同时测量风速和风力发电机组的发电功率，得到表示风速与功率对应关系的功率曲线、功率系数以及风力发电机组在不同的年平均风速下的年发电量估算值。这里的电能质量测试包括风力发电机组额定参数、最大允许功率验证、最大测量功率、无功功率测量、电压波动和闪变以及谐波。大规模安装风力发电机组会带来一系列环境问题，因此，需要对噪声进行测试。噪声测试需要同时测量噪声的声压级和功率，然后根据功率曲线将功率折算为风速，得到不同风速对应的声压级。为了保证风力发电机组的长期安全稳定运行，需要对风力发电机组在不同风速下各种运行状态的机械载荷进行分析。含有信息检测的风力发电机组框图如图 8－1所示。

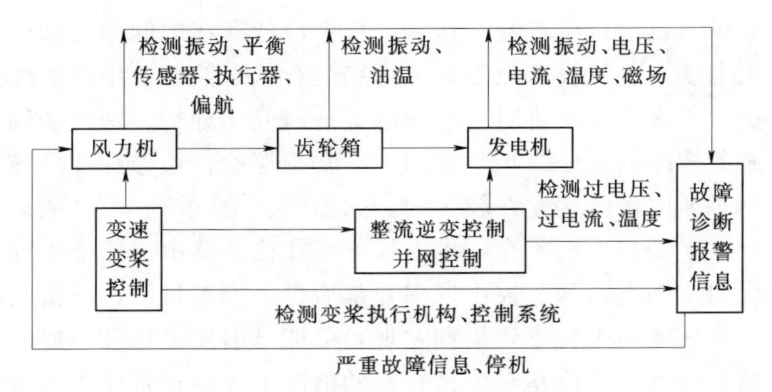

图 8－1　含有信息检测的风力发电机组框图

常用的信号采集有以下方法：

(1) 对数据的检测常用直接观察法。即根据经验对机器或设备的状态做出直接判断(识别)，一般观察对象为静止的且能直接观察到的部件。常利用光纤探头、光学内孔检查仪、铸件内表面检查仪、红外测温仪、热敏涂料、电磁涂料等。

(2) 系统性能测定。一种是利用系统输入输出之间的关系来反映系统运行状态，根据二者关系偏离正常状态的具体情况来判断系统可能的故障；另一种是利用两个输出变量之间的关系来识别系统的特性。

对于风力发电系统，需要测量的传统的电气物理量主要有电流、电压、铁芯温度、轴承振动等。随着风力发电机组容量的增加，对风力发电机组物理量或信息的监测更加广泛，需要检测轴承润滑油内杂质含量、发电机转速、漏磁通、齿轮箱油温等。

风力发电机组各种信息和物理量的检测主要是利用传感器（把翻译系统状态的物理或化学变化的信息取出来转变为信号传递或记录下来以供后续的诊断使用，转变后的信号通常是易于处理的电压或电流信号）和各种电气测量仪器设备来完成。一些非电量的物理量需要选择适当的传感器并采用合理的布置以获取完整而可信的实测数据。根据所测量和传递的物理量的不同，传感器可以分为力学传感器、光学检测传感器、热学检测传感器、声学检测传感器及振动监测传感器等。对风力发电机组的检测需要传感器有温度传感器、转速传感器、振动传感器、力矩传感器、电磁传感器以及磨损检测传感器等，当然电压、电流的测量是必需的。数据采集系统（或数据采集器）将各个传感器及相关测量元件的检测数据进行汇总，一般包括多路转换器、采样保持器和模拟转换器。

转速是指发电机转速和风轮转速。转速测量信号用于控制风力发电机组并网和脱网，还可用于启动超速保护系统，当风轮转速超过设定值或发电机转速超过设定值时，超速保护动作，风力发电机组停机。风轮转速和发电机转速可以相互校验，如果不符，则提示风力发电机组故障。另外，在变速风力发电机组中，需要根据风速的变化来调节转速，从而以最优的叶尖速比运行，并获得该风速下最大风功率系数，实现最大功率跟踪控制。

温度的检测包括齿轮箱油温、高速轴承温度、发电机温度、主轴承温度、控制盘温度（对于恒速机组主要是晶闸管的温度）以及控制器环境温度。由于温度过高引起风力发电机组退出运行后，在温度降至容许值时，仍可自启动风力发电机组运行。另外，温度信息也是进行齿轮箱和发电机故障诊断所需要的信息之一。

为了检测机组的异常振动，在机舱上应安装振动传感器。传感器由一个与微动开关相连的钢球及其支撑组成。异常振动时，钢球从支撑它的圆环上落下，拉动微动开关，引起安全停机。重新启动时，必须重新安装好钢球。机舱后部还设有桨叶振动探测器，过振动时将引起正常停机。

由于发电机电缆及所有电气、通信电缆均从机舱直接引入塔筒，直到地面控制柜。如果机舱经常向一个方向偏航，会引起电缆严重扭转，因此，偏航系统还应具备扭缆保护的功能。为了提高可靠性，在电缆引入塔筒处（即塔筒顶部），还安装了行程开关，行程开关触点与电缆相连，当电缆扭转到一定程度时可直接拉动行程开关，引起安全停机。

在机械刹车系统中装有刹车片磨损指示器，如果刹车片磨损到一定程度，控制器将显示故障信号，这时必须更换刹车片后才能启动风力发电机组。在连续两次动作之间，有一个预置的时间间隔，使刹车装置有足够的冷却时间，以免重复使用造成刹车盘过热。对于不同型号的风力发电机组，也可用温度传感器来取代设置延时程序。这时刹车盘的温度必须低于预置的温度才能启动风力发电机组。

油位包括润滑油位和液压系统油位。如果需要进行故障诊断，一般还需要对齿轮箱油液的化学成分进行检测，以便发现齿轮箱是否有磨损等。

一般对于恒速机组，控制器在以下指令发出后的设定时间内应收到动作已执行的反馈信号，如回收叶尖扰流器；松开机械刹车；松开偏航制动器；发电机脱网及脱网后的转速降落信号。如果没有收到这些反馈信号，将出现相应的故障信号，执行安全停机。系统还包括蓄能装置、备用电源和电能用户等部分。其中蓄能装置是保证风力发电机组连续向负荷供电的辅助设备，这是为克服风能的波动性和随机性所导致的发电不连续而设置的。

8.3 风力发电机组故障机理分析与诊断方法

风力发电机组重要部位的故障机理分析和诊断目前的主要工作集中在齿轮箱、变频器、发电机等重要部位，本节以这几个部位为研究对象。

2007年，对某新疆风电场进行了调研，主要调研了笼型、双馈、永磁3种目前使用的风力发电机组系统的发电机、齿轮箱和变频器部分的故障情况。调研结果是笼型发电机过发功率时容易造成绝缘击穿，匝间短路发生较多，大多数为热击穿所致，发电机不平衡度达到规定的限度时发电机会动作停机。双馈发电机直径为1.5～1.6m，长度超过2m，有电刷，运行中已经损坏的发电机多为轴承损坏和发电机匝间击穿故障，发生故障时变频柜的跳动不动作，发电机运行稳定温度为120～130℃，电刷使用时间长后易磨损，相间发生过绝缘击穿。有关风力机部分存在的情况有：发生过轴承过热而不能转动，温度高达105℃；润滑冷却油脂不够时，对笼型风力发电机，齿轮箱会发生断齿断轴现象，而双馈发电机中的齿轮箱发生的故障主要是崩齿和磨损。变频器部分的故障主要是直驱永磁风力发电机组的变频器中IGBT爆损。

8.3.1　风力发电机组故障机理分析

有关人员对风力发电机组重要部位的故障发生率进行了统计，其结果为：电控系统13%；齿轮箱12%；偏航系统8%；发电机5%；驱动系统5%；并网部分5%。下面对风力发电机组的齿轮箱、发电机和变频器部分可能发生的故障及其产生机理进行分析。

1. 风力发电机组的齿轮箱故障产生机理分析

风力发电机组的齿轮箱是一个重要的机械部件，其主要功用是将风轮在风力作用下所产生的动力传递给发电机并使其得到相应的转速。以新疆地区为例，由于新疆的地理环境特殊，气流受地形影响而发生变化，在风轮上除水平气流外还有径向气流分量，气流的阵风影响使风力发电机组机械传动部分经常出现负荷过大的情况，由于气流的不稳定性，导致齿轮箱长期处于复杂的交变载荷下工作，使得齿轮箱易于发生故障；另外，新疆冬季气温较低，长时间在低温下运行，齿轮箱容易损坏，而且由于油温过低会导致齿轮或轴承短时缺乏润滑而损坏。齿轮箱故障主要表现为齿轮损伤、轴承损坏、断轴、渗漏油、油温高等故障。阵风以及电网故障引起的电机过速会引起冲击超载，也会引起轮齿折断；在过高的交变应力重复作用下，轮齿会发生疲劳折断；润滑条件不好也会引起故障；轴承是齿轮箱中最为重要的零件，在过载或交变应力的作用下，超出了材料的疲劳极限时会发生断轴；当工作条件没有变，而温度突然上升时，通常会使轴承损坏。齿轮箱油温高，还可能是由于风力发电机组长时间输出功率过高或风力发电机组本身散热系统工作不正常等因素造成的。新疆冬季的低温气候会使齿轮油变得很稠，部件不能得到充分润滑，从而导致齿轮缺乏润滑而损害。新疆夏季气温较高，而且齿轮箱本身承担动力传递，所以会产生很多热量，这会导致油在高温下分解，黏度降低，可能造成齿面润滑不良并导致齿面局部过热而引起胶合（胶合是相啮合齿面在啮合处的边界膜受到破坏，导致接触齿面金属融焊而撕落齿面上金属的现象）等故障。

2. 风力发电机组的变频器故障产生机理分析

风力发电机组的变频器故障主要有变频器误动作、过电压、过电流、过热、欠电压等。变频器过电压主要是指其中间直流回路过电压，对中间直流回路滤波电容器寿命有直接影响。冲击过电压，如雷电引起的过电压是引起变频器过电压的原因。对于变速风力发电机组，无论是双馈风力发电机组还是直驱永磁风力发电机组，目前基本都是采用交—直—交变频器，风力发电机组并网后也会受到来自电网大干扰冲击引起的过电流和直流环节过电压的影响，在电网故障时，如果没有对风力发电机组采取保护措施并且没有及时脱网，就很容易损坏变频器。向变频器中间直流回路回馈能量时，短时间内能量的集中回馈可能会使中间直流回路及其能量处理单元的承受能力超限而引发过电压故障。目前，风力

发电机中电力电子开关大量使用了绝缘栅双极晶体管（IGBT），当其两端电压超过最大集—射极间电压、电流超过了最大集电极电流、运行功率超过了在正常工作温度下允许的最大耗散功率（最大集电极功耗）时，都有可能导致开关管超过耐受极限而击穿或烧毁。

8.3.2 风力发电机组故障诊断方法

按照德国故障诊断专家 P. M. Frank 的观点，故障诊断方法分类如图 8－2 点划线以上部分所示。而风力发电机组很复杂，只用一种方法很难进行故障诊断，所以需要将几种方法结合，如图 8－2 点划线以下部分所示。

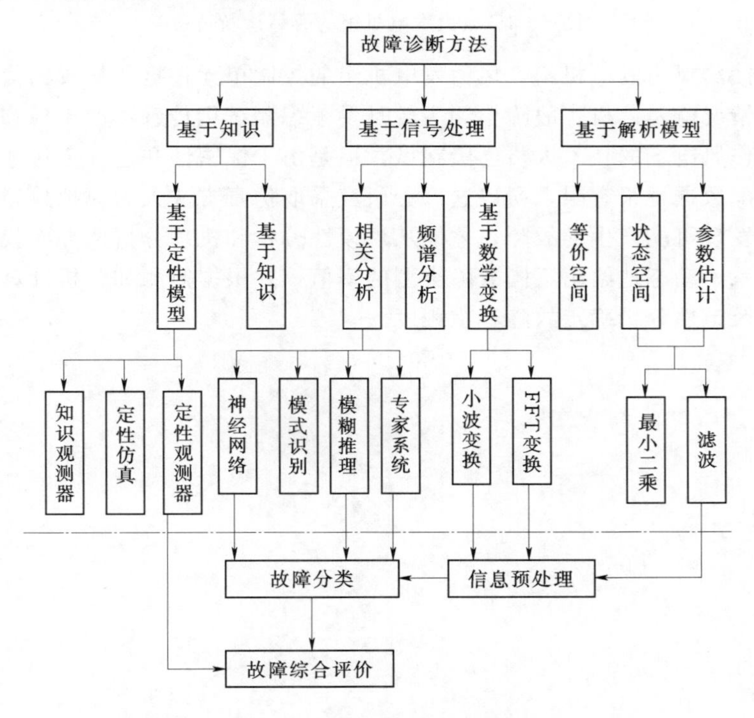

图 8－2 故障诊断方法分类

由于风力发电机组系统的故障诊断还没有学者进行定义，本书提出了一些思路和方法，认为这项研究的目的是检测与隔离风力发电机组系统中发生的或即将发生的对系统功能造成影响的事件，确定其发生部位、性质和原因，使风力发电机组更安全、可靠、有效地并网运行。

故障识别是要发现风力发电机组的故障并提取故障信息，是故障诊断最基础的一个环节，需要建立在准确检测基础之上；故障隔离与定位的任务是找出故障发生的具体部件和部位并进行故障类型分类，这是故障分析的重要基础；故障评价是指找出发生故障的原因，分析故障的属性并按严重程度分级，是故障诊断用于对以后的设计进行改进所需要的重要环节。经过研究，本书提出风力发电机组的故障诊断过程，如图 8－3 所示。

由于风力发电机组工作环境恶劣，风电场中风力发电机组数量又很大，所以实现故障在线诊断非常重要。因此，现场数据采集后要作预处理，再传送至计算站进行故障分析，

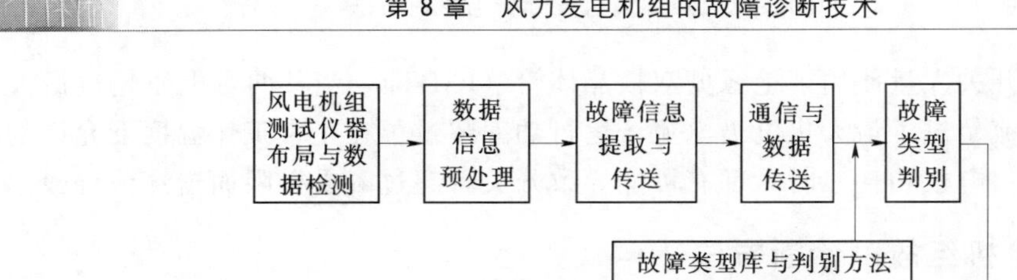

图 8-3　风力发电机组的故障诊断过程

分析结果再反馈给风力发电机组，风力发电机组的控制单元根据所接收的信息决定运行情况，最严重的情况就是停机。故障检测主要是要考虑测试用传感器的布局和组合方式。实际上这部分工作风电场的技术人员已经在做，但是由于保密性和这项工作才进行不久，风电场获得的故障数据也很有限，所以这部分研究采取仿真方法人为模拟故障，并假设不同的影响因素去发现可能产生的故障，才能从规模性分析和机理分析两方面找出故障内在原因和现象的关系，动态地给出不同故障类型的阈值，并根据监测和分析计算后的数据与阈值的差值大小及定性分析确定故障严重程度。

第9章　海上风电场的运行与维护

海上风电场风力发电机组与陆地风力发电机组的运行过程基本相似，但是由于海上风电场风力发电机组始终处于恶劣环境中，长期受到海浪和海风的侵蚀，所以海上风电场建设费用约是陆地的两倍。为高效利用风能，海上风力发电机组发电功率都较大，这对海上风电的稳定和安全运行提出了更高的要求。绝大多数近海风电场距离海岸线50km，甚至更远。受恶劣气候条件的影响，维修工作人员可能长时间不能进入风电场对风力机进修维护。维修人员必须乘坐快船或者直升机到达风电场，重型设备和配件需要船只来运输，而对主要部件进行替换还需采用额外的装载机，此外，风电场距离海岸线较远，这一切因素都导致海上风电场因维护费用很高，也需要更长的时间。

9.1　海上风电场的安装维护设备

9.1.1　风力发电机组的接近设备

接近海上风力发电机组的设备有很多，包括小艇、梯子到临时桥梁、相匹配的船只或可控平台系统等，如图9-1所示。

小艇、梯子由于其成本较低，所以在日常的生产中最为普及，但是对船只、梯子以及他们之间的附加装置是有特定要求。但由于小艇和梯子的使用对海面的环境要求比较高，只能应用于浪高在1.3m之内并且天气良好的环境中，严重限制了技术人员工作的时间。

相匹配的船只与可控平台系统的组合对环境的适应能力更强，并且进入现场的时间相比使用小艇、梯子的方案缩短了80%。一个来自Fabricom Oil and Gas和AMEC PLC公司的工程设备OAS（Operation Access System），可避免船只航行于波涛汹涌的海中，以及定期往返的直升机所面临的危险性。OAS是一个坚固的自旋转、可伸缩的桥/平台，可通过液压传动从维修船舶延伸至风力发电机组桩基位置。采用了一项先进的拖动补偿特点确保了桥/平台不断调整其角度和延伸情况，便于船只移动；具备一个高精度DGPS定位参考与激光、绷紧金属线辅助的动态定位系统，确保了平台在使用过程中稳固地处于正确的位置上。这些安全特性确保了平台连接与通道的安全畅通。OAS适合于2.5m（最高海浪为4.6m）这个重要的海浪高度中运行。但是这样的系统成本过高，因此在实际生产中使用的并不多。

除了船只与可控平台的系统组合方案外，也可采用直升机到达风电场，可在风力发电机组机舱上和变电站上搭建平台供直升机停靠，不过此种方法要考虑对风力发电机组性能的影响和自身的安全性。

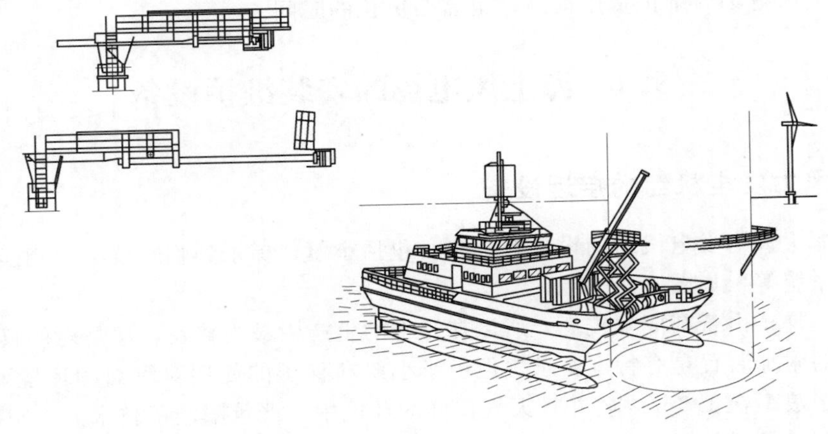

图 9－1　接近海上风力发电机组的方案

9.1.2　塔架攀登设备

为了攀上 60 多米高的塔架进入机舱，完善机组设备与零件，目前已经动用到了大型起吊设备或提升机，这些设备还将在一些塔架安装建设中得到延用。但此方案成本高昂，每台风力发电机组的安装工程都需要一个起重机或提升机。将石油天然气产业的技术应用于海上风电产业的 Aberdeen 公司认为，至少对于单桩固定式机组而言，这是一个较好的解决方案。

图 9－2 所示的是 Oreada 可再生能源咨询公司研发的 Orangutang 提升装置。技术人员们搭乘一个安装于塔架底部，采用两组液压操控摩擦式夹钳的升降机罐笼，像猴子爬

图 9－2　提升装置

树一样沿着机组的塔架升降。Oreada 可再生能源咨询公司预测他们的提升装置将会降低风力机维护期间对起重设备的需求，因此总体上提升风电场的经济性。

9.1.3 备件运输船

针对将机组备件从岸上仓库运输至海上风电场，市场上有多种小船和施工船。小船制造商们趋于提供多船体设计，以替代较为传统的单船体设计，因为这种设计就像工作平台那样更快、更宽敞、更稳定。其中的一个典型的运输船即是 Offshore Provider，这是北威尔士 Conway 海上风电建设运输而建的一种 15m 高的坚固的铝制双体船，如图 9-3 所示。

图 9-3 运输船

9.1.4 机组零部件安装更换船

为了应对每年偶尔发生的齿轮箱、发电机或完整机舱的更换，必须有专门的安装维护船舶。但这样的船只对于仅以运行维护（O&M）为目标的工作而言成本过于高昂，因此，其难点主要在于是否能够确保当机组发生故障时，天气刚好不坏，而且所需的起重机驳船又能找到。机组停运期间就相当于发电收入的减少，不能及时获得相应服务将会导致成本上扬。

可考虑的安装维护方案有自升式平台、自升自航式风力发电机组安装维护船、桩腿固定式风机吊装船、浮船坞/半潜驳加装履带吊、起重船和动力定位起重船等。

9.2 海上风力发电机组运行与维护的重要因素

现有的海上风力发电机组运行与维护主要应注意定期维护（检察、清洁等）、故障维修（某种程度的故障检修，如手动重启或更换主要部件）和备件管理。在海上风电场开发早期的项目成本计划中，应该将风电场的运行与维护成本纳入其中，作为其重要组成部分。

关于风力发电机组的维护，在一个规模适中的陆上风电场通常拥有自己的运行与维护中心，对风力发电机组实施维护非常便利。据统计，通常陆上风力发电机组的长期可利用率可达 97%左右。每年每台机组的平均运行和维护成本约为 3 万欧元。但对于海上风电场，尤其对到达深水地区的风力发电机组的维护工作非常困难，运行风险很大。海上风电场的可进入性差，特别是吊装船不够用，还缺乏训练有素的专业人员，缺乏现成的运行与维护基础设施。相应的，机组的可利用率也低，电场的运行与维护成本高于预期，相当于岸上风电场修缮费用的两倍多。

另一个难以控制成本的方面就是机组的可靠性。现有的海上风力发电机组已经发生过多次故障，齿轮箱被公认为风力发电机组故障的主要源头，其次是发电机。这些机组大部分是基于岸上机组的设计制造，仅根据海上的气候环境稍做修改，因此未必是最适用于海洋环境的风力发电机组型式。不过这部分不是运行、维护预算成本中最主要的一部分，而是风力发电机组中各类零部件产生的小问题导致经常需要维修人员去现场进行维护保养所累计的维护成本。机组的初始保质期过后，像齿轮箱这样的大型零部件不会经常出故障，但那些小型的机械或电气元件则不断地有小毛病产生。因为电流开路或者开关跳闸等导致风电场停工的小问题，都需要配备船只、船员、技术人员，对陆上的维护人员而言都比较麻烦。

包括运行与维护成本及其对每度电价重要的影响，运行与维护需要尤其关注可及性、机组的可靠性、零部件所涉及的供应链情况。

9.2.1　可及性

海上风电场的可及性，即进入海上风电场的方式，目前而言较为棘手，没有人可以确定适用于该产业的标准化解决方案，能保证在经济上可以接受的天气状况下，将技术人员运抵现场、登上塔架、安全到达机舱，并且处在一个合适的工作环境中。英国风能协会表示，他们已经成功地应对了海上风电场的建造与安装，接下来的挑战则是确保电场能够在原地安全、高效地运行。

9.2.2　可靠性

机组维护主要有两种类型，即定期检修和故障检修。定期检修是根据事先安排进行的，而故障检修则具有不可预见性，只有发生了故障才进行，因此通常成本比较高昂。为了尽可能地减少故障检修，可以制定周密的定期检修计划，并谨慎实施；再通过环境监测确定机组出现的早期问题，以便及时采取行动进行补救。

同样重要的是，在研发和工程周期中的每个阶段都力求确保机组的可靠性。随着风力发电机组单机容量的增加，其结构越来越复杂，从而带来的主要问题之一是故障率的提高。因此，对风力发电机组而言，在设计时，除了要考虑其功能性、工艺性和经济性外，还必须考虑其可靠性。也就是说，风力发电机组的可靠性设计是提高风力发电机组质量的首要任务。风力发电机组的可靠性技术要贯穿于开发研制、设计、制造、试验、储运、使用和保管各环节。这包括可靠性工作的全过程，即从对零件、部件和系统的可靠性数据收集、分析开始，对失效机理进行研究，在此基础上对风力发电机组进行可靠性设计。

用于海上风电场的多兆瓦级机组，其静态或动态的负载是现有机组成比例的放大。在这些大型的机组中，实现较高的可靠性对设计人员而言是相当大的挑战，这也是来自运行与维护方面的目标。那些风力发电机组零部件必须忍受持续运行的长期工作，在大风天气中或者机组刚开始启动时扭矩的快速变化，以及周围环境中盐雾对机组的侵蚀，所有这些因素都会导致平均连续可用小时数（MTBF）和疲劳寿命的缩短。这样的情况还会由于静态或动态的驱动偏差发生进一步的恶化。在较大型的设备中，这种情况更容易发生。因此，定期维护应该包括一年一次的设备校正检验。

9.2.3 供应链

海上风力发电机组的供应链与飞机维护、修理和检修（MRO）那样的产业供应链相比，成熟度相去甚远，零部件和相关材料未必能确保准时送货。风电场的运营商们试图在岸上库存足够的零部件以备替换之需，目前正在研究相应的管理方案，拟最终实现机组原始设备制造商们（OEMs）按照定价合约提供所有的支持方案，使预算成本更合理化。

就像 Douglas - Westwood 公司的能源分析人员 Adam Westwood 所指出的，目前 3 年内欧洲的电力项目（一些推动海上风能发展的地区）集中于海上风电的供应链建设。其目的在于弥合各地区间的差距，促进未来的相互合作。尽管这个由欧洲区域发展基金出资的项目主要关注于风电场建设，但一个健康的供应链将使整个运行与维护行业受惠。

第 10 章　风电场运行与维护实例分析

10.1　兆瓦级风力发电机组运行与维护实例

一般将发电机容量为 1000kW 以上的风力发电机称为兆瓦级风力发电机。本节以金风 1.5MW 风力发电机组为例进行说明。该风力发电机组技术参数见表 10-1。

表 10-1　金风 1.5MW 风力发电机组技术参数

项目	参数值	项目	参数值
额定功率	1500kW	切出风速（持续 10s）	30m/s
功率调节方式	变桨变速调节	切出风速（持续 1s）	35m/s
叶轮直径	77m	极大风速	59.5m/s（IECIIA）
轮毂高度（推荐）	65m	全场可利用率	≥95%
切入风速	3m/s	运行温度范围	−30～40℃
额定风速	11.8m/s	机组生存温度	−40～50℃
切出风速（10min 均值）	25m/s	设计使用寿命	≥20 年

10.1.1　运行分析

金风 1.5MW 风力发电机组属于水平轴、三叶片、上风向、变桨距调节、直接驱动、永磁同步风力发电机组。

（1）功率控制方式采用变桨距控制，每一个叶片上有一个变桨轴承，变桨轴承连接叶片和铸铁结构的轮毂。叶片节距角可根据风速和功率输出情况自动调节。

（2）发电机采用 88 级永磁同步电机，采用外转子结构，叶片直接同发电机转子连接。

（3）变速恒频系统采用交—直—交变流方式，将发电机发出的低频交流电经整流转变为脉动直流电（AC/DC），经斩波升压输出为稳定的直流电压，再经 DC/AC 逆变器变为与电网同频率同相位的交流电，最后经变压器并入电网。

（4）机组自动偏航系统能够根据风向标所提供的信号自动确定风力发电机组的方向。当风向发生变化时，控制系统根据风向标信号，通过偏航电机驱动偏航齿轮箱使机舱实现自动对风。偏航系统在工作时带有阻尼控制，通过优化的偏航速度，使机组偏航旋转更加平稳。

（5）液压系统由液压泵站、电磁元件、蓄能器、连接管路线等组成，用于为偏航刹车系统及转子刹车系统提供动力源。

（6）自动润滑系统由润滑泵、油分配器、润滑小齿轮、润滑管路线等组成，主要用于偏航轴承滚道及齿面的润滑。

(7) 制动系统采用叶片顺桨实现空气制动，降低叶片转速。

(8) 机组机舱内安装有电动提升装置，方便工具及备件的提升。

(9) 电控系统以可编程控制器为核心，控制电路是由 PLC 逻辑控制器 CPU 模块及其功能扩展模块组成。

10.1.1.1 金风 1.5MW 风力发电机组特性

1. 金风 1.5MW 风力发电机组基本特点

(1) 由于机械传动系统部件的减少，提高了风力发电机组的可靠性和可利用率，同时降低了风力发电机组的噪声。

(2) 永磁发电技术及变速恒频技术的采用提高了风力发电机组的效率。

(3) 由于无齿轮箱，大大降低了风力发电机组的运行维护成本。

(4) 风力发电机组设计结构简单，变流设备、电控设备等易损件都在塔筒底部，维修方便。

(5) 发电机运行转速低。

(6) 利用变速恒频技术，可以进行无功补偿。

(7) 可以从内部进入轮毂，维护变桨系统，提高了人员的安全性。

(8) 独立于电网电压的恒定功率因数运行模式。

2. 金风 1.5MW 风力发电机组电网接入特性

风力发电机组接入电网后，可能会因电网故障而影响到发电机的正常运行，如电压跌落、电网电压过高、频率波动、谐波和无功功率等问题。在电力系统暂态故障时，风力发电机组在满足电网要求的前提下能否继续保证机组安全运行及安全解列，也是考核风力发电机组运行特性的重要指标之一。

(1) 机组接入电网特性。风力发电机组的并网特性很大程度上取决于机组的变流系统，金风 1.5MW 风力发电机组变流系统主电路采用交—直—交结构并将风力发电机发出的能量送入电网。其中交—直变换部分采用六相不控整流器，直—直变换部分采用三重升压斩波，直—交变换部分采用两重 PWM 逆变，输出侧配备有 *LC* 滤波装置，如图 10-1 所示。变流系统的以上结构特点，决定了机组具有以下并网特性：

1) 欠压特性。当电网电压从其初始值开始下降并使风力发电机组输出交流电流开始大于 1.5 倍起始电流或开始大于 1.1 倍机组额定电流时，风力发电机组的输出功率和功率因数将为恒定。当电网电压继续降到机组 15%额定电压时，则风力发电机组也可保持输出电流不大于 1.5 倍起始电流或不大于 1.1 倍额定电流，持续时间为 200ms；这段时间内，风力发电机组输出功率和功率因数也将为上述恒定值。当风力发电机组输出交流电压进一步下降并低于机组 15%额定电压时，风力发电机组将停机。若电网电压降到机组 5%额定电压以下，风力发电机组将关机。

2) 过压特性。当电网交流电压从其初始值开始上升时，风力发电机组的输出功率和功率因数将为恒定。若风力发电机组输出交流电压超过额定电压的 106%时，风力发电机组电流将减少到零，但是当电压回落到上述上限值则风力发电机组交流电流将恢复。当风力发电机组输出电压超过额定电压的 110%时，风力发电机组将停机。

3) 频率特性。金风 1.5MW 风力发电机组可根据电网对频率的要求来调节其输出电

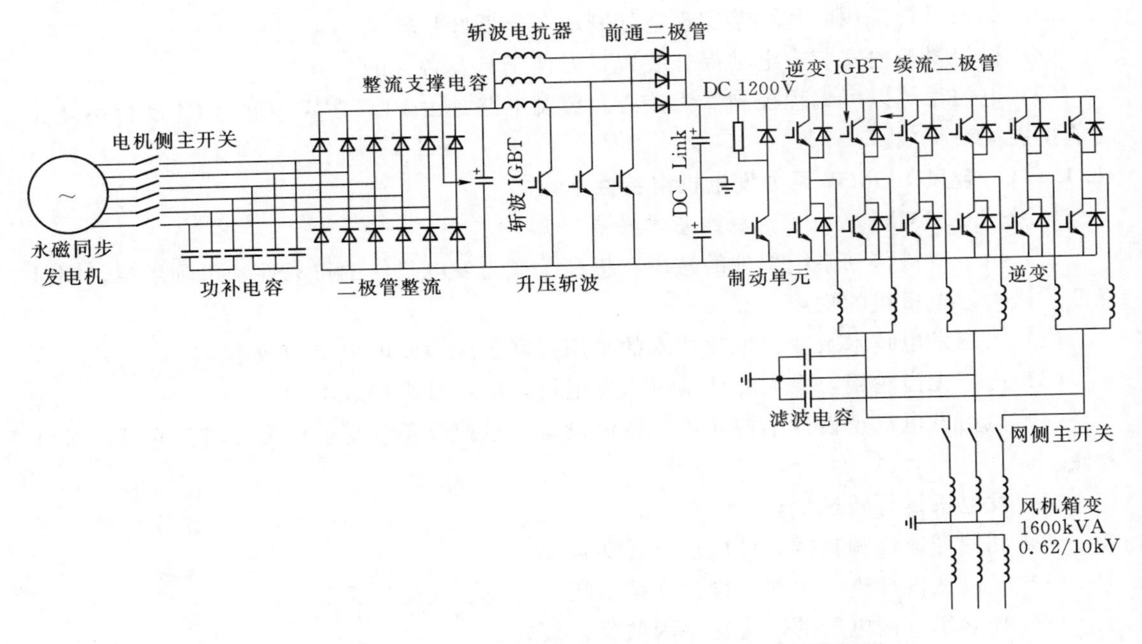

图10-1 金风1.5MW永磁直驱风力发电机组主回路框图

能的频率（其调节范围可设定为±10%，即49.5～50.5Hz）。

4）功率因数调节特性。金风1.5MW风力发电机组可根据电网对无功功率的要求来调节其输出输入的无功功率（其功率因数调节范围可设定为-0.95～0.95）。

5）谐波特性。谐波控制采用多环节（整流、斩波、逆变、滤波器环节都有对谐波的抑制策略）、并联多重化（三重整流、双重逆变技术）控制策略，能有效降低谐波输出对电网的干扰。通过整机、变桨、斩波升压、逆变单元、制动单元的协调控制，使机组具有较宽范围内的无功功率调节能力和对电网电压的支撑能力，可适应较宽范围内的电网电压变化和电网频率变化，输出电压闪变较低。

(2) 金风1.5MW风力发电机组电能质量标准。

1）电压偏差参照GB/T 12325—2008《电能质量供电电压偏差》。

2）电压波动和闪变参照GB 12326—2008《电能质量电压波动和闪变》。

3）谐波标准参照GB/T 14549—1993《电能质量公用电网谐波》。

4）三相电压不平衡参照GB/T 15543—2008《电能质量三相电压不平衡》。

3. 安全装置

(1) 人员安全设施。

1）塔架内设置爬梯直通塔顶机舱，并设置跌落保护装置。

2）每隔20m设置一层休息平台。

3）具有叶片和偏航锁定装置。

4）在偏航、叶片、机舱等处设有安全带卡头的固定装置。

(2) 防雷保护。根据相应的防雷标准，金风1.5MW风力发电机组将风力发电系统的内、外部分分成多个电磁兼容性防雷保护区。其中，在机舱、塔身和主控室内外可以分为

LPZ0、LPZ1 和 LPZ2 三个保护区，如图 7－4 所示。针对不同防雷保护区域采取有效的防护手段，主要包括雷电接收和传导系统、过电压保护和等电位连接等措施。

1）雷电接受和传导系统。

a. 在叶片内部，雷电传导部分将雷电从接闪器导入叶片根部的金属法兰，通过轮毂传至机舱。

b. 机舱底板与上段塔架之间、塔架各段之间塔架除本身螺栓连接之外还增加了导体连接。

c. 在机舱的后部有一个避雷针，在遭受雷击的情况下将雷电流通过接地电缆传到机舱底座，避免雷电流沿传动系统的传导。

d. 机舱底座为球墨铸铁件，机舱内的零部件都通过接地线与之相连，雷电流通过塔架和铜缆经基础接地传到大地。

e. 单台机组的接地工频电阻不大于 4Ω，多台机组的接地网相互连接。通过延伸机组的接地网进一步降低接地电阻，避免雷电流迅速流散入大地而产生危险的过电压。

叶片叶尖部位有一个金属接闪器，用 77mm^2 铜质电缆导线把叶尖接闪器和轮毂部位的防雷引下线可靠地连接，如图 10－2 所示。

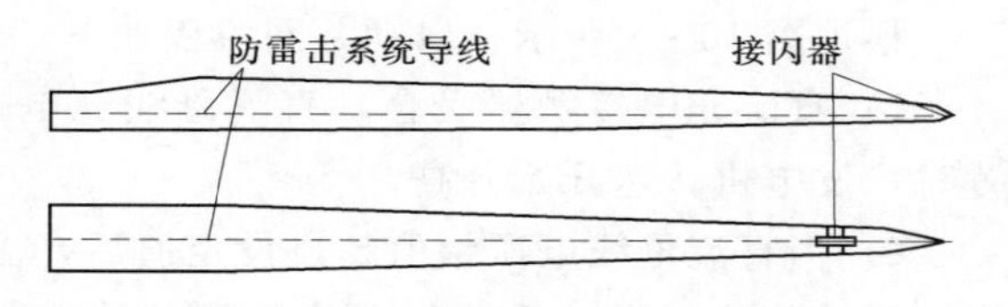

图 10－2　叶片防雷击系统示意图

2）过压保护和等电位连接。在不同的保护区的交界处，通过防雷及电涌保护器对有源线路（包括电源线、数据线、测控线等）进行等电位连接。

为了预防雷电效应，对处在机舱内的金属设备，如金属结构件、金属装置、电气装置、通信装置和外来的导体在靠近地面处作了等电位连接，连接母线与接地装置连接。

汇集到机舱底座的雷电流传送到塔架，由塔架本体将雷电流传输到底部，并通过两个接入点传输到接地网。

10.1.1.2 控制功能描述

1. 正常运行控制

（1）机组启动。

1）自启动：控制器上电，风力发电机组执行自检，检测电网和风力发电机组状态，若当前无故障代码触发，则执行风力发电机组自启动程序。

2）手动控制：通过操作面板启动风力发电机组。

3）手动控制：通过主控制柜启动按钮启动风力发电机组。

4）手动控制：通过机舱内控制柜启动按钮启动风力发电机组。

（2）机组停机。

1）机组根据人为操作的要求进行正常停机或紧急停机。

2）机组根据发生故障的级别执行相应等级的制动程序。

3）机组根据不同的环境状况执行相应等级的制动程序。

（3）机组自动偏航。风向标安装在风力发电机组的机舱尾部，风向标总是指向风向，风力发电机组根据风向标的方向与机舱方向的夹角决定是否偏航。

(4) 机组液压系统自动打压。风力发电机组液压系统没有故障时，若系统压力低于启动液压泵压力设定值，机组启动液压泵。若系统压力高于停止液压泵压力设定值，液压泵停止工作。

(5) 自动解缆。偏航位置传感器安装在风力发电机组的偏航齿圈处。当风力发电机组偏航超过一定角度时，风力发电机组停机并进行反方向偏航解缆，解顺电缆，停止解缆。

(6) 风力发电机组切入电网流程。机组启动和并网控制过程如下：由风向标测出风向，PLC 启动偏航，使风力发电机组对准风向；同时检测风速，当风速超过切入风速时，机组开始启动，当满足机组限定条件时，网侧、转子侧变流器分别启动调制，通过全功率变流器控制的功率模块和变流器网侧电抗器、电容器的 *LC* 滤波作用使系统输出电压等于电网电压、频率也达到并网条件，同时检测电网电压与变流器网侧电压之间的相位差，当其为零或相等（过零点）时实现并网发电（这些条件在金风 1.5MW 风力发电机组里全部通过变流装置的控制来实现，变流装置通过锁相控制和 SPWM 调制等使机组输出达到并网条件）。

根据图 10-3 所示，启动并网流程如下：

1) 直流充电接触器吸合，直流母线充电。当机组通过变桨空转，叶片进桨至 55°位置时，发电机转速开始升高。

2) 当直流母线电压幅值超过设定值后，主断路器闭合，充电接触器退出，网侧逆变模块开始脉冲调制，延时 1s 后并网断路器吸合。

3) 发电机转速达到设定转速时，主控制器向变流器发出指令，变流柜中的整流模块开始脉冲调制进行整流。

4) 主控制器向变流器发送扭矩控制数据，变流器根据主控的转矩给定向电网输出电能，机组进入发电状态。

2. 数据监测

(1) 温度监测。在风力发电机组运行过程中，控制器持续监测机组的主要零部件的温度。温度监测主要用于启动和停止散热风扇及加热设备。这些温度值也用于故障检测，任何一个被监测到的温度值超出上限值或低于下限值，控制器将停止风力发电机组的运行。此类故障都属于能够自动复位的故障，当温度达到复位限值范围内，控制器自动复位该故障并执行自启动过程。

风力发电机组监测的温度有主控制柜温度、发电机绕组温度、变流柜的内部模块温度、变桨电机温度、变桨逆变器温度、环境温度、机舱温度、变桨控制柜温度、变桨控制柜中的超级电容温度、变桨充电器温度、冷却系统温度。

(2) 转速数据。

1) 风力发电机组轮毂中安装有 2 个转速传感器（接近开关），控制器通过专用的发电机过速模块（Overspeed 模块）把传感器发出的脉冲信号分别转换成 2 个转速值。

2) 发电机接线柜内安装有 2 个发电机频率模块（Gpluse 模块），控制器通过专用发电机转速模块（Gspeed 模块）把 2 个频率模块的脉冲信号相加转化成 1 个转速值。

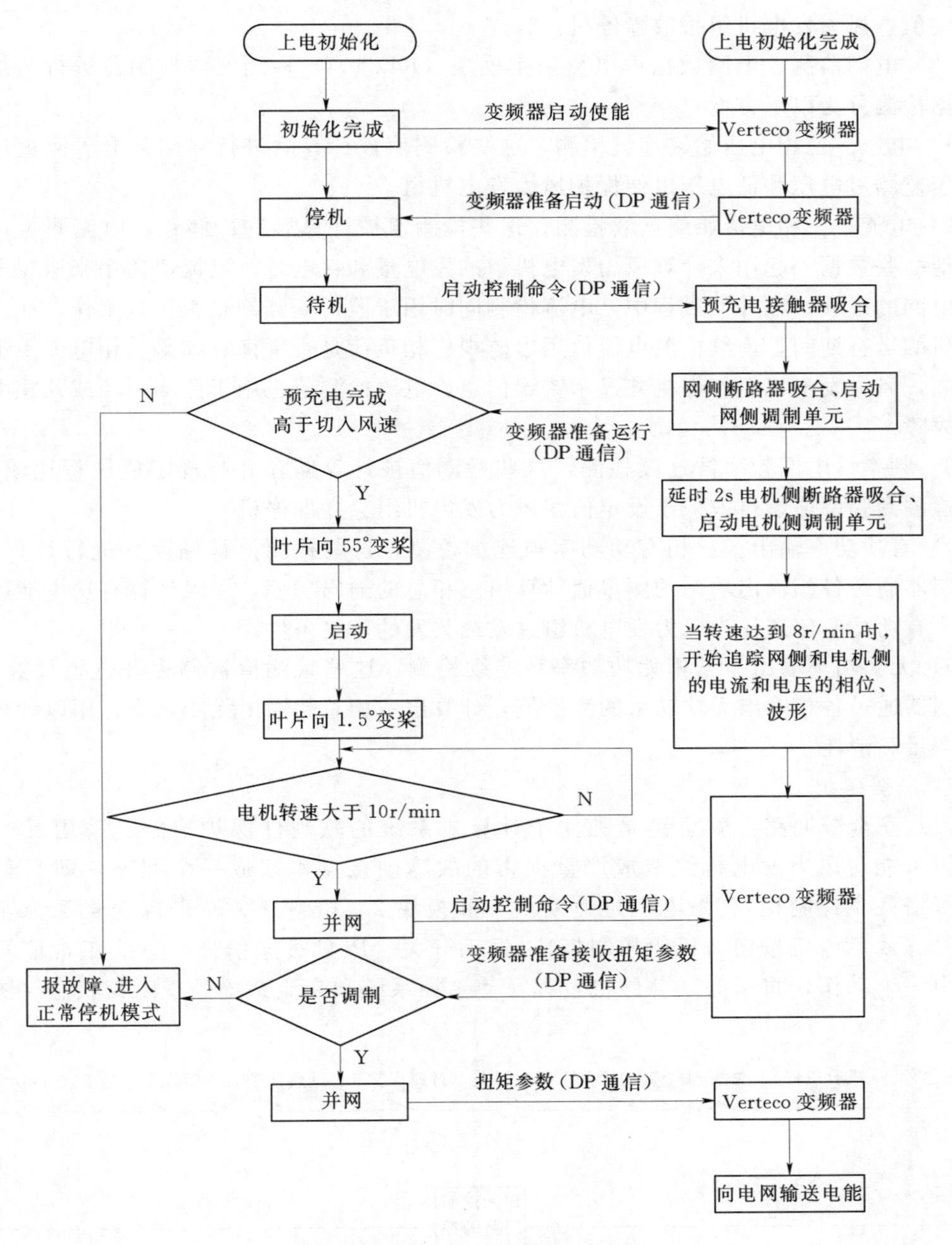

图 10-3　发电机并网流程图

3）变流系统内部有一套计算发电机转速的系统，可以根据发电机发电时电流旋转磁场的频率计算出发电机的转速，并送给主控制器。

对发电机转速进行实时监测时，如果转速超过设定的极限，控制器将命令风力发电机组停止运行。

转速传感器（接近开关）的自检方法：当风力发电机组的转子旋转时，两个传感器将按照轮毂内的齿形盘有规律地发出信号。主控制器对几个转速进行比较，若比较的差值超过设定值，风力发电机组报故障停机。

（3）电网监测。电网数据由电量采集模块（KL3403）检测，由控制器进行监控。电网数据检测分为以下方面：

1）电压。三相电压始终连续检测，这些检测值被计算后进行存储。电压测量计算值还用于监测过电压和低电压以便保护风力发电机组。

2）电流。三相电流始终连续检测，这些检测值被计算后进行储存。电流测量计算值和其他一些数据一起用来计算风力发电机组的发电量和耗电量。电流值还用来监视发电机切入电网的过程。在并网过程中，电流检测同时用于监视变频器是否正常工作。在发电机并网后的运行期间，连续检测电流值用以监视三相负荷是否平衡。如果三相电流不平衡程度过高，风力发电机组将停机并显示错误信息。电流检测值也用于监测一相或几相电流是否有故障。

3）频率。电网频率被连续检测，这些检测值被计算储存并与规定值进行比较计算。一旦检测到频率值超过或低于设定值，风力发电机组会立即停机。

4）有功功率输出。三相有功功率被连续检测，这些检测值被储存并进行计算处理。主控制器通过各相输出功率的测量值计算出三相总的输出功率，用以计算有功电能产量和消耗。有功功率值还作为风力发电机组过发或欠发的停机条件。

5）无功功率输出。三相无功功率被连续检测，这些检测值被储存并进行计算处理。主控制器通过各相输出无功功率的测量值，计算出三相总的输出无功功率，用以计算无功电能产量和消耗。

3. 安全保护

（1）安全链回路。安全链是独立于计算机系统的软硬件保护措施。采用反逻辑设计，将可能对风力发电机组造成严重损害的故障硬接点串联成一个回路，即紧急停机按钮（塔底主控制柜）、发电机过速模块 1 和模块 2、扭缆开关、来自变桨系统安全链的信号、紧急停机按钮（机舱控制柜）、振动开关、PLC 过速信号、总线正常信号，一旦其中一个动作，将引起紧急停机过程，使主控系统和变流系统处于闭锁状态（图 10-4）。

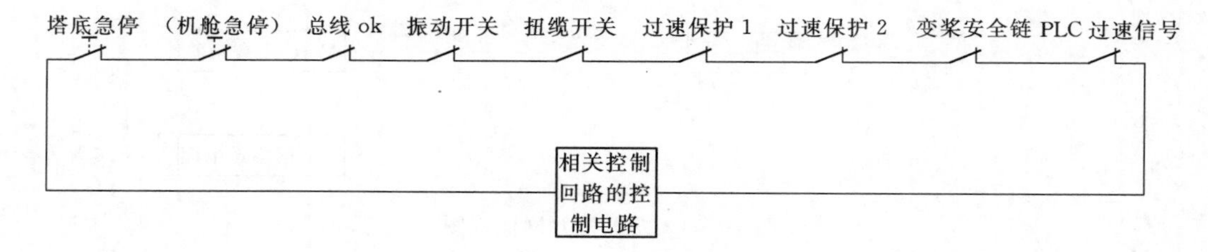

图 10-4　安全链回路图

1）振动开关安装在机舱底板上。当底板出现过大振动时，该装置会给控制器发出一个信号，安全链断开，风力发电机组执行紧急停机并给出故障信息。

2）过速保护通过过速保护模块（Overspeed）实现，发电机转速超过一定范围，过速保护模块内的继电器断开接点，使安全链断开。

3）扭缆开关是用来保护电缆的，当电缆向同一方向累计扭转超过设定圈数时，扭缆开关动作，安全链断开。

4）当变桨控制系统出现故障时，来自变桨系统的信号消失，使安全链断开。

（2）风力发电机组的三种停机过程。

1）正常停机。叶片以4°/s的速度变桨到86°，当电机转速低于4.5r/min时，变流系统停止脉冲调制，发电机侧断路器断开，网侧断路器继续处于吸合状态。如果停机原因是由于变流器与主控制器之间控制信号丢失造成的，那么叶片以4°/s的速度变桨到86°，变流器立即停止脉冲调制，网侧断路器和电机侧断路器同时断开。

2）快速停机。叶片以6°/s的速度变桨到86°，当电机转速低于4.5r/min时，变流系统停止脉冲调制，发电机侧断路器断开，网侧断路器继续处于吸合状态。

3）紧急停机。叶片以7°/s的速度变桨到86°，当电机转速低于4.5r/min时，变流系统停止脉冲调制，发电机侧断路器断开，网侧断路器继续处于吸合状态。如果停机原因是由于变流器内部故障造成的，那么叶片以7°/s的速度变桨到86°，变流器立即停止脉冲调制，网侧断路器和电机侧断路器同时断开。

（3）维护模式。风力发电机组停机后，将主控柜上的维护开关的位置扳到“visit”或“repair”位置，风力发电机组都将进入维护模式。在维护模式下，禁止中央监控计算机控制风力发电机组，如图10－5所示。

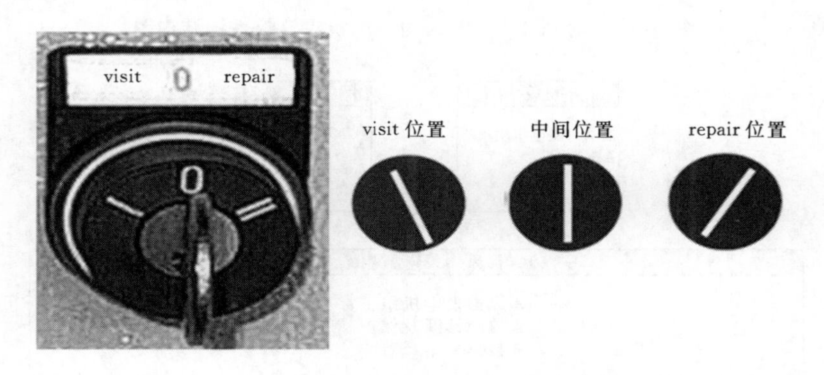

图10－5　维护模式

10.1.1.3　风力发电机组监控系统说明

金风1.5MW风力发电机组监控系统如图10－6所示，它分为中央监控系统和远程监测系统。中央监控系统由就地通信网络、监控计算机、保护装置、中央监控软件等组成。运维人员通过中央监控系统监视，控制风力发电机组。远程监控系统由中央监控计算机、网络设备、数据传输介质、远程监控计算机、保护系统、远程监控软件组成。通过风力发电机组远程监测系统运维人员可实时查看风力发电机组的运行状况、历史资料等。风力发电机组监控系统信息框图如图10－7所示。

1. 中央监控软件

金风1.5MW风力发电机中央监控系统软件主要包括以下功能：

（1）监测功能。可以实时监测风力发电机组的运行状态，包括风速、功率、叶轮转

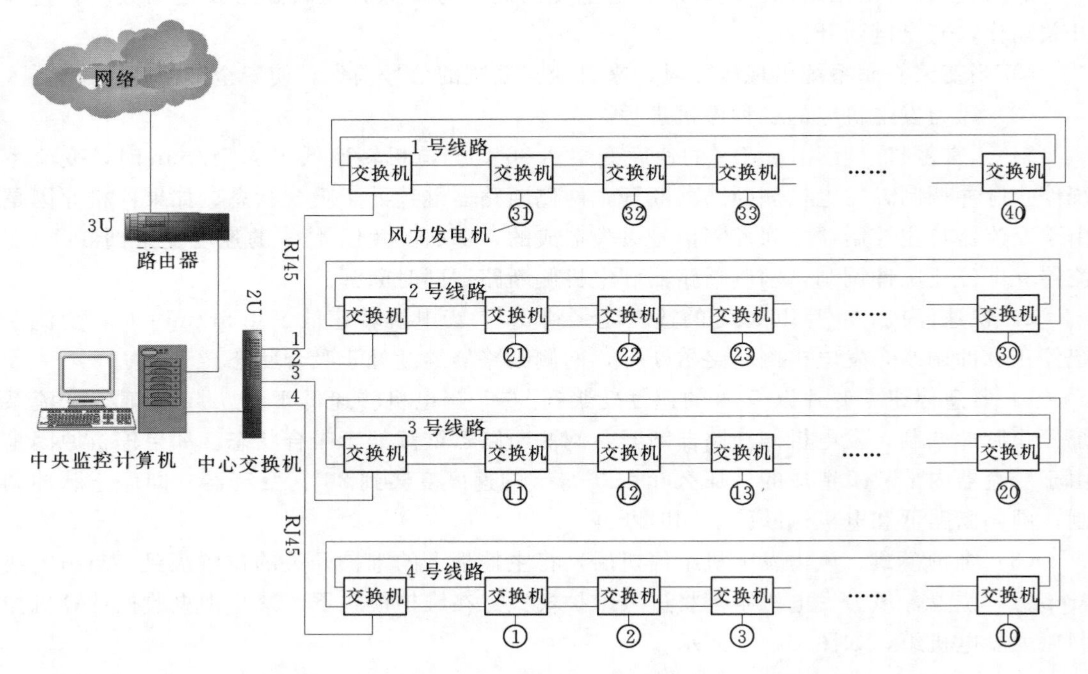

图 10－6　金风 1.5MW 风力发电机组监控系统结构图

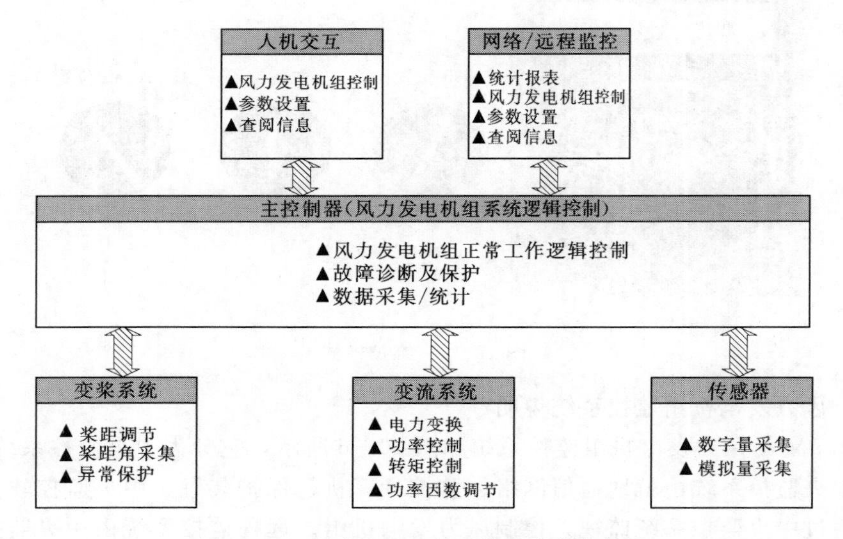

图 10－7　风力发电机组监控系统信息框图

速、电机转速、发电量、发电时间、外部功率、小风停机时间、小风故障时间、标准运行时间、总维护时间、偏航角、环境变量、风向角、发电机温度、总发电时间、总维护时间、无功电量、总发电量、通电时间、总故障时间、无功电量、消耗电量、风可利用时间、待机时间、小风停机时间、小风故障时间、定期检修时间、外部故障时间、标准运行小时数、机舱温度、风向角、偏航角度、三相电压、电流值等状态量。同时主页面中直接

显示了每台风力发电机组的当前状态（正常、风力发电机组故障、通信故障）及每台风力发电机组的当前数据（出力、风速）。

（2）控制功能。

1）集中控制风电场所有风力发电机组的开机、停机、复位、偏航。

2）单独控制某台风力发电机组的开机、停机、复位、偏航等风力发电机组相关操作。

（3）记录存储功能。

1）运行数据的存储，包括主要信息时间，风力发电机组状态、风速、有功功率、电机发电量、电机发电量时间、叶轮转速、发电机转速、偏航角度、系统压力、风向角、机舱温度、A相电压、B相电压、C相电压、A相电流、B相电流、C相电流、功率因素、无功电量等以数据库文件方式进行存储，每台风力发电机组每天生成一个文件。

2）故障存储，每次风力发电机组出现故障时，都会进行记录。记录的内容包括故障发生时间、事件名称（以数据库文件进行存储）。

以上数据具备打印功能，可以直接连接打印机打印出来。

（4）报警功能。当风力发电机组出现故障时，会发出相应语音报警。值班人员可根据报警提醒，进行及时处理。

（5）权限设置（保护）功能。登录控制系统进行风力发电机组控制时，设置有不同权限，等级越高，浏览权限和操作权限就会越高。

（6）趋势图浏览功能。可以浏览每台风力发电机组的功率曲线、风速趋势图、关系对比图、风玫瑰图、风速-时间曲线。数据可以导出。

（7）报表功能。可以对单台或分组风力发电机组进行分时段报表、日报表、月报表、年报表的统计。报表内容包括发电量、发电时间、维护时间、故障时间、可利用率、平均风速、最大风速、平均功率、最大功率、标准运行小时数。

（8）打印功能。可以将以下数据进行打印：①历史运行数据；②故障记录；③风力发电机组时段数据统计；④风力发电机组日数据统计；⑤风力发电机组月数据统计。

（9）系统日志、风力发电机组控制命令日志功能。通过系统日志可查询用户登录信息；风力发电机组控制命令日志是现场运维人员对风力发电机组的控制、发送命令的具体操作记录。

（10）风力发电机组参数设置功能。在需要更改风力发电机组内部参数设定值时，可直接通过中央监控系统软件使用此功能进行定值读取与设置的操作。

（11）风力发电机组校时功能。在需要调整风力发电机组内部时钟时，可以在中央监控系统软件中使用风力发电机组校时功能对时钟进行校对。校对时，系统将根据中央监控系统计算机时间对选定风力发电机组进行校时，使得电场所有风力发电机组能够达到时钟同步。

2. 远程监控系统

金风1.5MW风力发电机组的远程监控系统通过VPN实现与风力发电机组的通信连接，使远程监控机成为就地网络中一台客户端，通过输入正确的用户名和登录密码可实现远程监测（监控）风力发电机组。远程监控系统如图10-8所示。

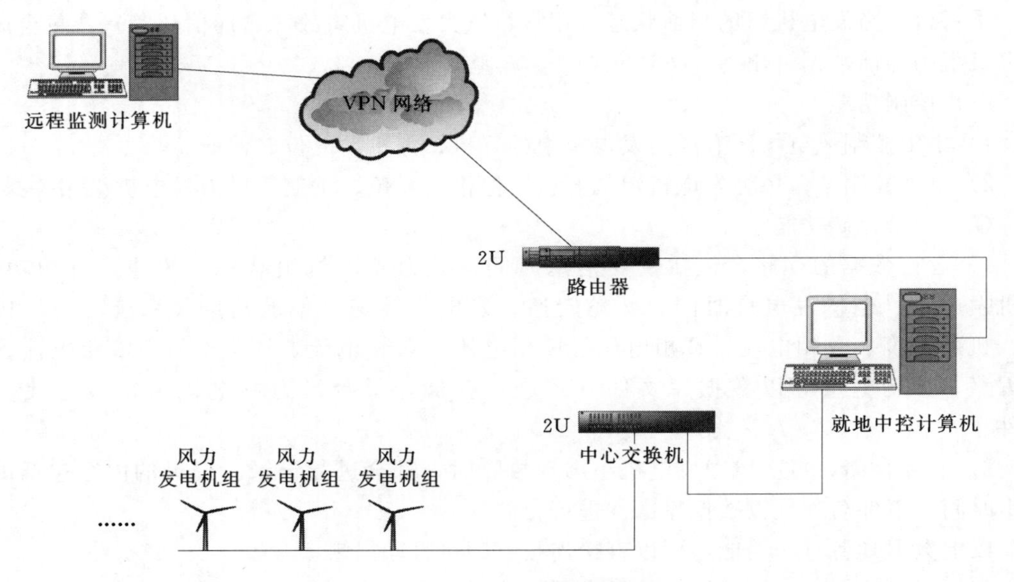

图 10-8　远程监控系统示意图

10.1.2　维护分析

10.1.2.1　叶片

1. 叶片概述

金风 1.5MW 风力发电机组采用 3 叶片，各带有一套变桨系统，叶片的主要材料有树脂、玻璃纤维布、胶黏剂、夹芯材料四大主材。按照所用原料树脂可以分为 2 个体系，分别为聚酯体系与环氧体系。聚酯体系与环氧体系的最简单的区别就是在叶片内聚酯味道很大，并且很呛；环氧材料味道很小，基本无味。

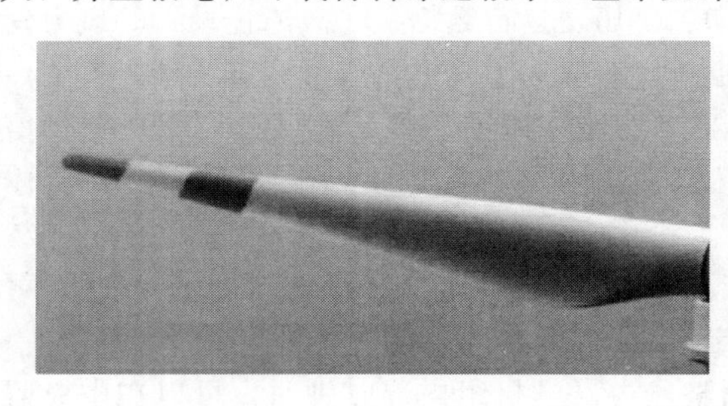

图 10-9　叶片

叶片如图 10-9 所示，它配备雷电保护系统，当遭遇雷击时，通过间隙放电将叶片上的雷电经主轴、偏航轴承、塔架，最后导入接地系统。

2. 叶片检查与维护

(1) 仔细倾听叶片运转过程中的噪声，任何一种异常的噪声都可能意味着某个地方出了问题，需要马上对叶片进行仔细检查。因叶片内部脱落的聚氨酯小颗粒而产生“沙拉沙拉”的声音是正常的，但一般仅在叶片缓慢运转时可以听到。

(2) 使用望远镜观察叶片表面是否清洁，如果叶片表面有过多的污物会影响叶片的性能和噪声等级。

(3) 使用望远镜观察叶片表面是否有裂纹、变形。

(4) 检查挡雨环与叶片的密封间隙情况，若间隙过大需调整。

(5) 检查叶片表面是否有腐蚀现象。

(6) 检查防雷保护的连接和接地是否完好。

(7) 检查叶片与变桨轴承的螺栓力矩。

10.1.2.2 二代轮毂与变桨系统

1. 二代轮毂概述

(1) 二代轮毂如图 10-10 所示，它采用球形结构，该结构铸造性好。

(2) 二代轮毂材料为 QT400-18AL，强度较高。

(3) 和一代轮毂相比，二代轮毂将变桨驱动的固定底座直接铸造在轮毂上，取消了变桨盘，结构更加紧凑。

2. 变桨系统概述

(1) 金风 1.5MW 风力发电机组的变桨系统能使叶片绕其中心轴转动。它既能控制输出功率还能使风力发电机组降速。当风速超过额定风速时，通过调整叶片的节距角，叶片的输入功率可以限制在 1.5MW，从而防止发电机和变流系统过载；当风速达不到额定风速时，叶片的节距角处在最小的位置，最大程度地吸收风能，增大叶轮的出力，满足发电的需求。

图 10-10 二代轮毂

(2) 运行控制系统可连续记录并监测风力发电机组的输出功率和叶片的节距角，同时根据风速相应地调整叶片的距角，结合变速控制，可以实现 1.5MW 功率的恒定输出。

(3) 机组 3 个独立的变桨系统也是风力发电机组的刹车系统。该系统将叶片调整到顺桨（100°）的位置，可减少叶片的出力。变桨后，风力发电机组的转速下降，直到风力发电机组停机。

3. 轮毂与变桨系统检查与维护

(1) 轮毂检查与维护。

1) 检查轮毂防腐层有无破损，如果发现有破损和生锈的部分，除去锈斑并补做防腐。

2) 检查轮毂外观是否有裂纹、破损。

(2) 变桨轴承检查与维护。

1) 检查变桨轴承密封圈的密封，除去灰尘及泄漏出的油脂，密封带必须保持清洁。当清洗部件时，应避免清洁剂接触密封圈带或进入轨道系统。

2) 变桨轴承采用四点接触球轴承结构，轴承在运行其间必须保持足够的润滑。长时间停止运转的机组必须加足新的润滑脂；轴承每半年添加油脂量为 1250g，每个油嘴均匀的加注油脂，加注时打开放油口，排出旧油脂，加注新油脂，油脂型号为 Fuchs gleitmo 585k。

3) 检查变桨轴承防腐层是否破损，如果有破损补刷破损的部分。

4）检查轮毂内集油瓶是否装满，并及时清理。

5）检查变桨轴承螺栓力矩。

（3）变桨减速器检查与维护。

1）检查变桨减速器润滑油是否泄漏，油位是否正常，正常油位应在油窗油位的 2/3 处之上。

2）在强制手动模式下运行变桨驱动，检查有无异常噪声。

3）变桨减速器润滑油运行 3 年后首次进行采样化验，以后每年进行一次采样化验，如不合格立即更换。

4）检查变桨减速器的防腐层是否破损，如果有破损应补刷破损部分。

5）检查变桨减速器螺栓力矩。

（4）变桨锁定检查与维护。

1）当需要齿形带、变桨电机、变桨减速器时，需使用变桨锁定。

2）变桨锁定应在风速不超过 10m/s 的情况下使用，如果超过此风速，叶片锁可能会对风力发电机组产生破坏性影响，禁止使用。

3）叶片锁定在顺桨 90°或叶轮侧风偏航且处于 0°位置时，叶片锁定销将叶片锁定。通过变桨操作，叶片可变桨到预定义的位置。在达到想要的位置之后用叶片锁定销将叶片锁定。当不使用时，将其旋转 180°，然后用两个螺栓重新将其紧固。

4）检查叶片锁定销及叶片锁定块的螺栓力矩。

（5）齿形带预紧装置检查与维护。

1）检查齿形带预紧装置防腐层是否破损，如果破损应及时补刷破损的部分。

2）检查齿形带预紧装置螺栓力矩。

（6）张紧轮、驱动轮检查与维护。

1）检查张紧轮、驱动轮密封是否完好。

2）检查齿轮带是否挤压形带挡板（驱动轮），如出现挤压现象，调整步骤为：①旋松齿形带压板螺栓；②调节齿形带调整螺栓，放松齿形带；③将齿形带调整到变桨驱动齿轮中间位置，紧固齿形带调整螺栓；④紧固齿形带压板螺栓，紧固力矩值为 215N·m。

3）检查张紧轮、驱动轮的密封盖板螺栓力矩。

（7）齿轮带检查与维护。

1）检查齿形带是否有损坏现象和裂缝，检查齿形带的齿有无破损。

2）检查齿形带压板、锁定板、防松板螺栓力矩值。

3）检查齿形带是否跑偏，如果跑偏应及时进行调整。

4）使用张力测量仪 WF－MT2 检查齿形带张紧度，频率数值不同厂家的齿轮带有所不同，表 10－2 为变桨齿形带预紧频率值。齿形带测量及调整方法如下：

a. 用张力测量仪测量齿形带的振动频率：将张力测量仪传感器红外发射头放置在张紧轮与变桨驱动齿轮之间的齿轮带光滑面 3～20mm 处，保持红外发射头与信号接收头的亮点连线同齿形带的夹角为 20°～30°（用于带软线测头），使用胶锤轻击测头所在位置的齿形带，查看张力测量仪显示的振动频率，在测量位置的齿形带宽度方向上，等距离测量点取平均值即为该段齿形带振动频率。

b. 如果振动频率小于相应的频率数值，先旋松齿形带压板的固定螺栓，再调节齿形带调整螺栓，拉紧齿形带，然后再次测量齿形带的振动频率，直到频率在相应的频率数值范围以内。如果振动频率超出相应的频率数值范围，应紧固齿形带调整螺栓，放松齿形带，然后再次测量齿形带的振动频率到相应的频率数值范围，紧固齿形带调整螺栓，最后紧固齿形带压板的固定螺栓。

表 10-2　变桨齿形带预紧频率值

序号	厂家名称	齿形带总长度 /mm	要求频率 /Hz	测试切线长 /mm
1	固特异（碳纤维）	6468	100±5	982.5（长端）
			205±10	475.3（短断）
2	麦高迪	6468	8±5	982.5（长端）
			170±8	475.3（长端）

注　要分别对变桨小齿轮两边的齿形带进行测量，使两边的张紧力保持一致，在调节螺栓松紧时，要同时调节，即先将一个螺栓旋半圈，再将另一个螺旋旋半圈。

（8）导流罩检查与维护。

1）检查导流罩外观，查看导流罩表面有无裂纹、破损，如果发现裂纹，应立即报告。

2）检查导流罩连接螺栓力矩值。

3）检查导流罩前、后支架有无裂纹、损坏，检查漆面情况。

4）检查导流罩、导流罩前后支架的螺栓力矩值。

（9）变桨电气设备检查与维护。

1）检查变桨控制柜是否有破损、裂纹、焊缝开裂等现象。

2）检查变桨控制柜相连的电缆，连接是否牢固，是否磨损。

3）检查变桨柜内电缆的连接是否牢固，电缆是否老化。

4）检查变桨柜内所有接线端子是否松动、虚接，强制变桨模式的短接片是否松动。

5）检查 AC2 的所有接线是否松动，绝缘帽是否松动或掉落。

6）检查 NG5 充电是否正常。当变桨电容电压低于 58V 时，NG5 要能正常工作表示充电正常。

7）检查倍福模块的状态信号指示是否正常。

8）检查变桨控制柜门是否能正常关闭与打开，检查门锁。

9）检查变桨控制柜内部是否存在异物，如胶粒、沙粒、电缆废弃物等，如有需要清理干净。

10）检查变桨柜弹性支承表面是否有龟裂和磨损现象，胶体和两端的黏结金属是否有脱开现象。

11）检查变桨系统限位开关、接近开关是否松动。

12）检查变桨变频器散热开关是否松动。

13）检查变桨控制柜连接螺栓、变桨控制柜支架和所有附件连接螺栓力矩。

10.1.2.3　发电机

1. 发电机说明

发电机采用多极永磁同步电机，永磁励磁方式结构简单，发电机是将叶轮转动的机械动能转换为电能的部件。发电机由定子、转子、动定轴和其他附件构成。发电机定子由定子支架、铁芯和绕组以及其他附件组成，转子由转子支架和永磁磁极组成。发电机为 6 相输出，定子采用了分数槽，能更好地消除发电机的谐波影响，在转子磁极上精心设计的独特排列方式使其振动、噪声更低。定子绕组材料全部采用 F 等级以上的绝缘材料。定子绕组使用高性能聚酯亚胺绝缘树脂真空浸渍，优良的浸漆环境充分地保证了定子绕组的绝缘性能。发电机的定子、转子设计制造有两个方便维护人员穿越的舱门和相应的人孔，并配有双重的机械、电气安全保障措施。

2. 发电机定子概述

(1) 发电机定子由定子支架、铁芯和绕组以及其他附件组成。

(2) 定子支架是焊接结构，通过定子主轴固定在底座上，它是铁芯叠片和三相绕组的支撑部件。

(3) 发电机的冷却系统是自然风冷式，冷空气通过风道直接吹到叠片上，如图 10－11 和图 10－12 所示。风速增加时，风机的输出功率增加，温度随之升高。而同时，风道内冷空气的流速也会增加，冷却效果好。

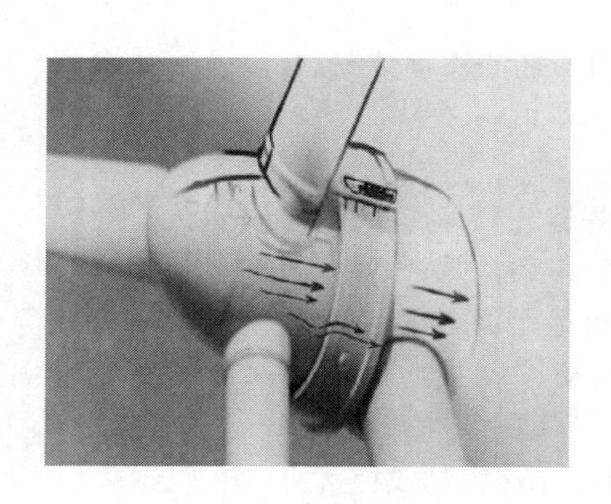

图 10－11　发电机外转子

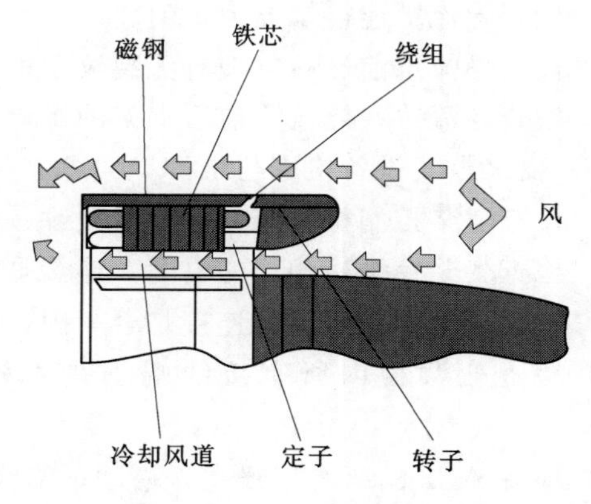

图 10－12　发电机冷却系统

3. 发电机转子概述

(1) 发电机转子由转子支架和永磁磁极组成。

(2) 发电机转子支架是焊接结构，它是一个外转子，发电机转子通过螺栓固定在转动轴上，转动轴直接与轮毂连接并由叶轮驱动。

(3) 永磁材料粘贴在转子支架内壁上，产生磁场。

4. 发电机检查与维护

(1) 发电机定、转子的检查与维护。

1) 检查发电机定子、转子、定子轴、转动轴的外观，检查焊缝、损伤、防腐层，如有裂纹、损伤等破损情况应通知客服中心，如有防腐破损应进行修补。

2) 检查转动轴与发电机转子支架的连接螺栓力矩。

3）检查转动轴与转轴制定圈的连接螺栓力矩。

4）检查定轴与发电机定子支架的连接螺栓力矩。

5）检查定轴与定轴止定圈的连接螺栓力矩。

（2）转子锁定的检查与维护。

1）检查发电机转子锁定装置的功能。

2）检查门的开启与关闭是否正常，连接螺栓是否松动，在必要的时候对其进行涂脂润滑。

（3）前轴承的检查与维护

1）检查密封圈的密封性能，擦去多余油脂。

2）每个油嘴均匀地加注油脂，首次加脂量为 8.5kg。加脂周期为 6 个月，油脂量约为 300g，油脂型号为 SKF LEGP 2。

（4）后轴承的检查与维护。

1）检查密封圈的密封性能，擦去多余油脂。

2）每个油嘴均匀地加注油脂，首次加脂量为 7.5kg。加脂周期为 6 个月，油脂量约为 200g，油脂型号为 SKF LEGP 2。

（5）发电机绝缘的检查

1）正常运行的发电机为保证设备安全，日常需进行绝缘测试。在下列情况下必须进行测试：

a. 湿度大于 60%（或雨天后）停机 6h 以上机组启动时，测发电机一次绕组对地、发电机二次绕组对地、发电机一次绕组对发电机二次绕组的绝缘电阻。

b. 每半年或一年检修时，测 N1 对地、N2 对地、N1 对 N2 绝缘电阻。

c. 每次测绝缘电阻时应分别记录 15s、60s 时的绝缘电阻值。

2）发电机绝缘测试标准。

a. 发电机抵达现场至第一次调试启动前绝缘电阻不低于 500MΩ，吸收比不低于 1.5（吸收比指试验电压施加 60s 时的绝缘电阻测量值与施加 15s 时的绝缘电阻测量值之比），否则还应测试极化指数（极化指数 PI 指试验电压施加 10min 时的绝缘电阻测量值与施加 1min 时的绝缘电阻测量值之比），且每天测试一次，连续测 5d，将结果反馈至质量、技术部门进行评判。

b. 已投运的机组，日常运行中，如发现发电机绝缘小于 10MΩ，则不得启动，同时通报质量、技术部门进行评判。

3）发电机绝缘测试方法。

a. 测试绝缘电阻前需先断开电机开关，叶轮处于锁定状态，并将发电机对地充分放电。

b. 选用 1000V 挡位，按绝缘测试仪使用说明进行检测。

c. 试验完毕或重复试验前，必须将发电机对地充分放电，以保证人身、仪器安全和提高测量准确度。

4）发电机绝缘测试注意事项。

a. 雷电天气禁止进行测量。

b. 对已安装的机组，必须在锁定叶轮后方可测试，并遵守叶轮锁定规范。

c. 测试时，不能直接接触放电导线及发电机。

d. 为便于比较，每次测量时应使用同型号绝缘测试仪。

10.1.2.4　偏航系统

1. 偏航系统概述

(1) 金风 1.5MW 风力发电机组偏航系统主要由 3 个偏航驱动机构、一个经特殊设计的带外齿圈的四点接触球轴承、偏航保护以及一套偏航刹车机构组成。当需要偏航时，在机舱外后部的两个互相独立的传感器——风速仪和风向标检测到风速和风向的变化，主控根据风速仪和风向标采集的数据计算风力发电机组与风向标采集的数据计算风力发电机组对风的位置。偏航系统如图 10-13 所示。

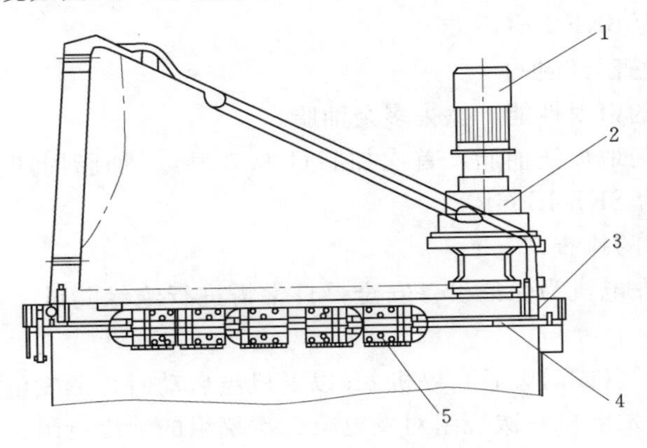

图 10-13　偏航系统

1—偏航电机；2—偏航减速器；3—偏航轴承；4—偏航刹车盘；5—偏航制动器

(2) 偏航驱动机构包括偏航电机、4 级行星减速齿轮箱、齿轮数为 14 的偏航小齿轮。

(3) 偏航电机是六级电机，电压等级为 400V/690V，内部绕组接线为星形。

(4) 偏航轴承采用“零游隙”设计的四点接触球轴承，以增加整机的运转平稳性，增强抗冲击载荷能量。

(5) 位于偏航电机驱动轴上的电磁刹车具有失效保护功能，在出现外部故障（如断电）时，电磁制动系统仍能使机组的偏航系统处于安全、可靠的制动状态。

(6) 偏航刹车为液压驱动刹车，静止时，10 组偏航刹车闸在 15～16MPa 的压力下将机舱牢固制动；偏航时，刹车仍然保持一定的余压（2～3MPa），使偏航过程中始终有一定的阻尼存在，保证偏航运动更加平稳。偏航闸块及油路如图 10-14 所示。

(7) 偏航系统具有自动控制功能，保证机组在小风状态下自行解缆，避免了高风速段偏航解缆造成的发电损失。

2. 偏航系统检查与维护

(1) 检查偏航电机与底座的连接螺栓力矩。

(2) 检查偏航制动器与底座的连接螺栓力矩。

(3) 检查偏航减速器油位，油位必须在观察窗2/3处以上，如果没有达到需加注润滑油，润滑油型号Shell Omala HD 320。偏航减速器润滑油运行3年后首次进行采样化验，以后每年进行一次采样化验，如不合格应立即更换。

图10-14　偏航闸块及油路

(4) 检查偏航制动器的闸间隙，未建压前闸间隙应在2～3mm之间，并保证上、下闸间隙一致。使用一段时间后，用塞尺检查偏航制动器的摩擦片厚度，当摩擦片厚度为2mm左右时，需要更换新的摩擦片。

(5) 检查偏航刹车盘盘面是否有划痕、磨损和腐蚀现象，运行时是否有异常噪声并及时排除。

(6) 检查偏航轴承的密封圈，拭去泄漏的油脂，密封带和密封系统必须至少每12个月检查一次，密封带必须保持没有灰尘，当清洗部件时，应避免清洁剂接触密封带或进入轨道。

(7) 检查偏航齿轮磨损是否均衡，必要时进行清洁。

(8) 检查挡雨环毛刷有无掉毛、脱落的现象。

10.1.2.5　液压系统

1. 液压系统概述

(1) 液压系统为偏航刹车及转子刹车提供动力源，由液压站和液压油路组成。

(2) 液压站工作电压400V/50Hz；控制电压DC24V；工作压力15～16MPa；偏航余压2～3MPa。

(3) 液压系统偏航控制回路主要通过提供和释放工作压力控制偏航制动器的制动和释放。偏航制动器是活塞式，作用在塔顶的刹车盘上，在风力发电机组正常运行及机组停机时，制动器处在最大压力下，阻止机舱的转动；在机舱偏航对风、偏航侧风时，液压系统将偏航制动器压力释放，但同时保证偏航制动器内留有较小的制动压力存在，使偏航驱动系统在较小阻力下工作，保证机组偏航时整机平稳无冲击，此部分功能通过系统偏航控制回路中换向阀及溢流阀的工作来实现；当需要解缆时，液压系统将偏航制动器压力完全卸掉，以防止在较长的一段时间内偏航制动器摩擦片不必要的磨损，此部分功能通过系统偏航控制回路中换向阀的工作来实现。

(4) 液压系统转子制动控制回路同样是通过提供和释放工作压力控制转子制动器的制动与释放，转子制动器与偏航制动器一样属于活塞式。当需要进入轮毂进行维护、检修时，首先使机组顺桨停机，然后对转子进行锁定，转子制动器在转子锁定过程中起到对转子进行刹车的作用，当转子锁定后，转子制动器不再工作。此部分功能通过系统转子制动控制回路中换向阀的工作实现。

2. 液压系统功能元件介绍

(1) 液压系统功能元器件如图 10-15 所示。

(a) 视图一

(b) 视图二

图 10-15　液压系统功能元件图
1—蓄能器(7)；2—偏航余压阀(12.4)；3—压力表(6)；4—空气过滤器 (1.5)；5—手阀 (11.2)；6—手阀 (6.1)；7—手阀 (7.1)；8—油位计 (1.4)；9—手动泵 (13)；10—放油球阀 (1.8)；11—压力继电器 (10)；12—电磁阀 (9)；13—安全阀 (5)；14—电磁阀 (12.1)；15—电磁换向阀 (12.2)；16—手阀 (12.6)

(2) 压力继电器用来监测液压站系统压力。当系统压力降低到设定值 15MPa 时，压力继电器发信息给控制器，控制器发出指令液压泵开始工作建压，直到系统的压力达到系统最高压力设定值 16MPa 时，压力继电器发送信号给控制器发出指令，液压泵停止工作，压力继电器输出为开关信号。最高压力设定值可以通过旋动头部螺栓调整，顺时针旋转压力设定值增大，逆时针旋转压力设定值减小。

(3) 压力表实时显示系统压力值。

(4) 蓄能器的功能是对液压泵间歇工作时产生的压力进行能量存储；在液压泵损坏时做紧急动力源；泄露损失的压力补偿；缓冲周期性的冲击和振荡；补偿温度和压力变化时所需要的容量。

(5) 手阀顺时针旋转关闭回路，逆时针旋转打开回路。手阀 (11.2) 关闭时可以切断偏航制动回路与系统之间的通路，系统压力不能够进入偏航制动回路。手阀 (6.1) 主要在更换压力表时使用，手阀关闭后，可实现在液压系统不停机、不卸压情况下更换压力表。手阀 (7.1) 打开时可卸去系统主回路以及蓄能器中的压力（不能够卸除偏航回路中的压力）。手阀 (12.6) 主要用于维护时偏航系统卸压。

(6) 安全阀起安全限压作用，保证系统压力始终不高于 20MPa。

(7) 偏航余压阀在机组偏航时，为偏航制动回路提供 24MPa 压力，偏航余压值大小可调，调节范围 2～3MPa。

(8) 过滤器串接在偏航卸压回路，用于过滤制动器内部的杂质颗粒，可防止偏航制动器中的杂质进入油箱。空气过滤器安装在油箱上，油箱内的油位在油泵工作

中和油温发生变化时会上下波动，油箱内的空气压力会随着增大或减小，空气过滤器可保证油箱内空气与外部空气产生对流，使油箱内气压稳定不致过大，同时也能阻止外界杂质进入。

(9) 油位计用来监测油箱内液压油的油位。当油位低于限定值时，油位开关动作，主控制器收到信号后会发出故障信息，风力发电机组正常停机，在油位计上装有一个油位观察窗，可清晰地显示出当前的油位。

(10) 液压系统手动泵主要实现在系统断电的情况下提供应急能源。它在液压系统中起着与电动液压阀一样的功能，提供系统工作压力。为配合手动泵在系统断电情况下或在检修时转子制动器能够实现制动，控制转子制动器动作的电磁阀配备有手动控制限位功能。

(11) 电磁阀 12.1 用于解缆时卸除偏航制动器中的压力。

3. 液压系统的检查与维护

(1) 通过油位观察窗检查油位，油位应在观察窗（油窗）的 2/3 处，如果液压油位太低，必须要补加。液压油型号为 TOTAL EQUIVIS XV32（最低环境温度－40°）。

(2) 检查过滤器，液压油过滤器上安装了一个污染指示器，如果指示出污染（红色），则必须更换过滤器。

(3) 检查所有油管和接头是否有渗漏，如果发现有渗漏，必须要找到原因并清除渗漏出的油渍。

(4) 检查液压系统中使用的胶管是否有脆化和破裂。如果发现有脆化和破裂，则必须更换有问题的油管。

(5) 检查液压系统启动和停止时的压力。其压力通过压力表观察，启动压力约为 15MPa，停机压力为 16MPa。

(6) 检查偏航余压是否正常。在机组偏航时检查偏航余压（或通过电磁阀 12.2 手动功能，使电磁阀手动切换，在测量偏航余压），偏航余压范围为 2～3MPa。

(7) 每年对液压油进行采样化验，如不合格则必须更换液压油。将旧液压油通过放油球阀 1.8 完全放出后，通过通气帽出加入新油，加入的新油油位应在观察窗的 2/3 处以上。

10.1.2.6 主控系统

1. 主控系统的概述

主控系统是机组可靠运行的核心，其主要有以下功能：

(1) 完成数据采集及输入、输出信号处理。

(2) 逻辑功能判定。

(3) 对外围执行机构发出控制指令。

(4) 对机舱柜通信，接收机舱信号，并根据实时情况进行判断发出偏航或液压站的工作信号。

(5) 与 3 个独立的变桨柜通信，接收 3 个变桨柜信号，并对变桨系统发送实时控制信号控制变桨动作。

(6) 对变流系统进行实时检测，根据不同的风况对变流系统输出扭矩要求，使风力发电机组的发电功率保持最佳。

(7) 与中央监控系统通信、传递信息。控制包括机组自动启动、变流并网、主要零部件除湿加热、机舱自动跟踪风向、液压系统开停、散热器开停、机舱扭缆和自动解缆、电容补偿和电容滤波投切以及低于切入风速时自动停机。

主控柜布局如图 10－16 所示。

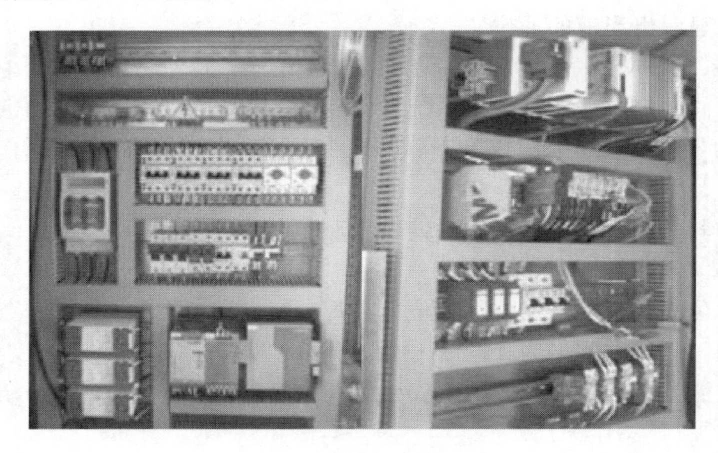

图 10－16　主控柜布局图

2. 主控系统的检查与维护

(1) 检查电缆是否有老化现象。

(2) 检查柜体内是否有杂物，并清理柜体。

(3) 检查柜体内连接螺栓是否松动。

(4) 清洁通风滤网并检测通风，检查温度传感器是否能控制风扇工作。

(5) 检查柜内接线是否有松动。

(6) 检查接地系统是否松动。

(7) 检查熔断指示器，正常显示为绿色。

10.1.2.7　变流系统

1. 变流系统的概述

金风直驱永磁同步风力发电机通过变流装置和变压器接入电网，其中变流系统主要电路采用交—直—交变流方式，将永磁同步风力发电机发出的电通过变压器送入电网。变流装置按照金风永磁同步风力发电机的特点专门设计，与 6 相永磁同步风力发电机具有很好的适应性。金风直驱永磁同步风力发电机变流装置是全功率变流装置，与各种电网的兼容性好，具有更宽范围内的无功功率调节能力和对电网电压的支撑能力。同时，变流装置先进的控制策略和特殊设计的制动单元使分级系统具有很好的低电压穿越能力（LVRT Capability），以适应电网故障状态，在一定时间内保持与电网的连接和不脱网。通过独到的信号采集技术、接口技术等提高了变流系统的电磁兼容性，如直流环节的均压接地措施能有效地减少干扰。变流系主要采用了两种不同系统，即 Freqcon、The Switch，本书主要介绍 The Switch 系统。The Switch 变流系统采用了主动整流的方式来控制发电机及其与

电网并网。

(1) 其控制方式为分布式控制，这种方式和它的主电路拓扑结构相对应，即网侧和发电机侧各有独立的控制器，以一个控制器为主要控制器，通过控制器之间的联系进行相互信息交换和控制。

(2) 网侧功率模块为1U1，发电机侧功率模块为2U1和3U1，这是和发电机两套绕组相的结构相对应，制动功率模块为4U1。

(3) 网侧功率模块的作用是将发电机发出的能量转换为电网能够接受的形式并传送到电网上；发电机侧功率模块是将发电机发出的电能转换为直流有功传送到直流母线上；制动功率模块是在当某种原因使得直流母线上的能量无法正常向电网传递时将多余的能量在电阻上通过发热消耗掉，以避免直流母线电压过高造成器件损坏。

变流控制器和功率模块一一对应，相互之间通过光纤/CAN总线进行通信。

变流柜布局如图10-17所示。

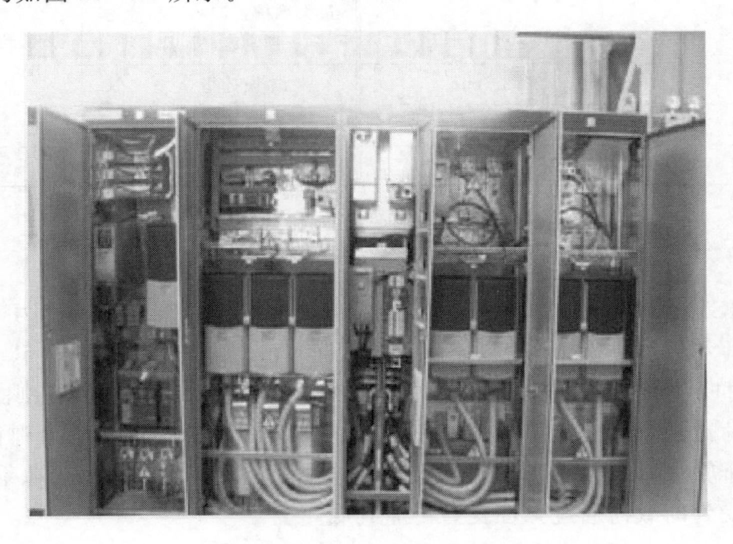

图10-17 变流柜布局图

2. 变流系统的检查与维护

(1) 检查柜体、柜门油漆层是否完好。

(2) 检查电缆绝缘是否有老化现象。

(3) 检查电缆接头，电缆连接和接地线是否松动。

(4) 检查主回路连接螺栓防松标记是否错位，如果错位应进行紧固。

(5) 检查电抗器上的螺栓是否松动。

(6) 检查保护隔板是否齐全，固定螺栓是否完好。

(7) 检查变流柜内防火泥是否密封完好。

(8) 检查变流柜内硅胶干燥剂是否有效（通过硅胶干燥剂颜色变化来判断）。

(9) 检测通风，检查温度传感器是否能控制风扇工作。

(10) 检查变流器内部电容是否存在鼓包、漏液现象，如果发现立即更换新的电容、建议电解液的更换周期为 10 年。

（11）检查变流柜支架接地汇流排处螺栓力矩。

10.2　大型风力发电机组的运行与维护实例

一般将发电机容量为 100～1000kW 以上的风力发电机组称为大型风力发电机组。本节以金风 750kW 风力发电机组为例进行说明。金风 750kW 风力发电机组技术参数见表 10-3。

表 10-3　金风 750kW 风力发电机组技术参数

项目	参数值	项目	参数值
额定功率	750kW	切出风速	24m/s，10min 平均值
叶轮直径	48.4m/50m	最大设计风速	70m/s
轮毂高度	50m	最大维护容许风速和叶轮锁定容许风速	20m/s
叶轮转速	22.3r/min	设计指导	GL，DIBT
启动风速	4m/s	运行温度范围	－30～＋40℃
额定风速	15m/s		

10.2.1　运行分析

金风 S48（S50）/750 型风力发电机组是失速控制，平行轴，额定出力 750 kW 的并网型鼠笼式异步风力发电机组。叶轮直径为 48.4（50）m，轮毂中心高度为 50m。风力发电机组的功率是通过叶片的气流分离特性控制的，也称失速控制。叶片安装在刚性的轮毂上。

叶轮的载荷通过 3 点支撑传递到底座上（一个调心滚子轴承和两个弹性支撑）。主轴轴承（调心滚子轴承）直接安装在底座上作为一个固定支撑，主轴通过收缩盘与齿轮箱连接。齿轮箱上受到的载荷通过弹性支撑传递到底座上。

齿轮箱和发电机之间装有一个机械的圆盘闸刹车系统。刹车通过弹簧力动作，在液压力的作用下释放。底座是焊接钢结构。主轴承、偏航轴承、偏航驱动和偏航刹车、齿轮箱弹性支撑都直接安装在底座上。

机舱相对主风向位置的变化是通过两个偏航驱动实现的，用 5 个偏航刹车来保持机舱的位置，并减少偏航过程中的载荷。

10.2.1.1　正常运行控制

1. *启动*

（1）控制器上电，执行自检，检测电网 5min，无故障执行风力发电机组自动启动过程。

（2）控制器面板正常启动或机舱内控制柜启动风力发电机组，控制器等待 60s 使数据达到稳定，如果检测风力发电机组无故障且满足启动条件，风力发电机组将会松闸进行自动启动过程。

（3）控制器面板强制启动风力发电机组，如果风力发电机组无故障，且满足启动风速，风力发电机组将立即松闸启动。

2. 并网

软启动控制器采用3对反并联的晶闸管串接于风力发电机组的三相供电线路上，采用限流软启动控制模式，利用晶闸管的电子开关特性，通过控制其触发角的大小来改变晶闸管的开通程度，由此改变发电机输入电压的大小，以达到限制发电机启动电流的特性。并网原理如图10-18所示。

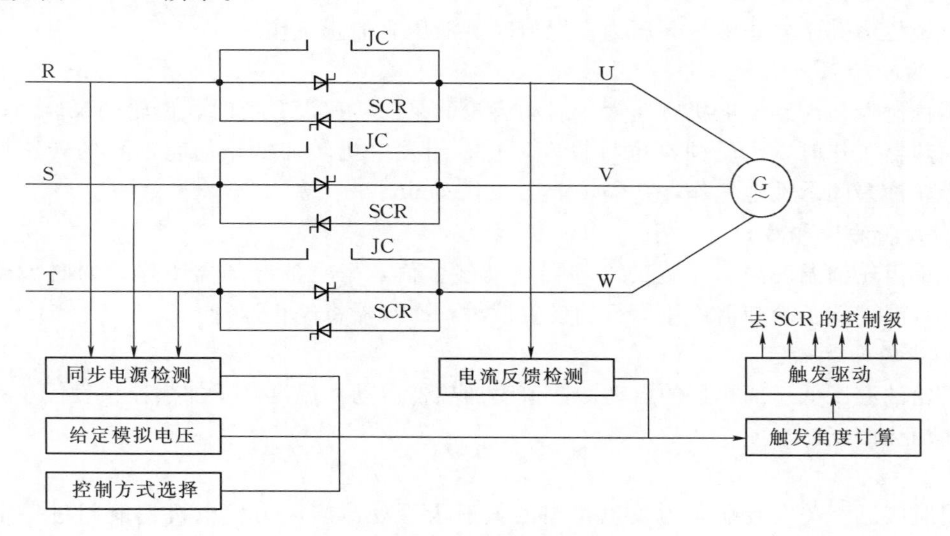

图10-18 并网原理图

在该控制模式下，风力发电机组以设定的电流幅值为限启动，当风力发电机组启动过程完成后，使旁路接触器闭合，发电机与电网直连并网运行，旁路闭合后停止软启动，因此晶闸管只是短时工作，不需要强制散热。

软启动控制器具有以下特点：

(1) 16位微电脑全数字自动控制。

(2) 控制风力发电机组平滑启动，减小启动电流冲击，避免冲击电网。

(3) 起始电压可调，保证电机在最小转矩启动，避免电机过热和能源浪费。

(4) 启动电流可根据负载情况调整，减小启动损耗，以最小的电流产生最佳的转矩。

(5) 启动时间可调，在该时间范围内，电机转速逐渐上升，避免转速冲击。

(6) 具有点动功能，点动转矩可调，用于检测电路接线及机械系统是否正常。

(7) 减少机械应力，保护设备，延长其使用寿命。

(8) 性能可靠，操作简单方便，显示直观。

(9) 有相序、缺相、过热、启动过程过流、运行过程过流和过载的检测及保护，其过流值和过载值可调。

3. 自由停机

当风速小于4m/s时，将检测到的有功功率、风速与设定值对比，满足自由停机条件时，执行自由停机：释放叶尖，断开旁路接触器，断开发电机接触器。当电机转速降至设定值时，收叶尖，高速闸不刹车。

4. 自动对风

风向标安装在风力发电机组的机舱尾部，风向标的风标总是指向风向，风力机根据风向标的方向与机舱方向的夹角决定是否偏航。

5. 液压泵

风力发电机组液压系统没有故障，系统压力低于启动液压泵压力设置值时，启动液压泵。系统压力高于停止液压泵压力设置值时，液压泵停止工作。

6. 齿轮油泵

当控制器检测到发电机转速大于启动齿轮油泵的转速设置值时，齿轮油泵启动；当齿轮油加热器工作时，齿轮油泵也将投入运行；当发电机转速低于齿轮油泵的转速设置值时，齿轮油泵间歇性地工作，每隔 10min 工作 1min。

7. 齿轮油冷却器

如果齿轮油温度高于设置的冷却器启动参数值，齿轮油冷却器工作，同时齿轮泵运行。一旦温度低于冷却器停止运行的设置值时，冷却器将停止运行。

8. 齿轮油加热器

齿轮油温度低于加热器的启动参数值时加热器启动，温度高于加热器预设停止参数时齿轮油加热停止。

9. 解缆

偏航接近开关安装在风力发电机组的偏航齿圈处。当风力发电机偏航超过一定角度时，风力发电机组停机并进行反方向偏航解缆，直到偏航角度在±20°范围内，停止解缆。

10.2.1.2　数据检测

1. 温度监测

在风力发电机组运行过程中，控制器持续监测风力发电机组主要零部件的温度，同时控制器保存了这些温度的极限值（最大值、最小值）。

温度监测主要用于控制开启和关停泵类负荷、风扇、加热设备。监测到的温度值也用于故障检测，即如果任何一个被监测到的温度值超出上限值或低于下限值，控制器将停止风力发电机组运行。此类故障都属于能够自动复位的故障，当温度达到复位限值范围内时，控制器自动复位该故障并执行自动启动。

该风力发电机组共监测 7 个温度值，即齿轮油温度、发电机绕组温度、齿轮箱轴承温度、发电机前轴承温度、发电机后轴承温度、环境温度、机舱温度。

2. 转速数据

叶轮转速和发电机转速是由安装在风力发电机组的低速轴和高速轴的转速传感器（接近开关）采集，控制器把传感器发出的脉冲信号转换成转速值。叶轮和发电机转速被实时监测，一旦出现过速，风力发电机组将停止运行。

转速传感器的自检方法：当风力发电机组的转子旋转时，两个传感器将按照齿轮箱固定的变比规律地发出信号，如果两个传感器中的任何一个未发出信号，风力发电机组都会停止。

3. 电网监测

电网数据由电量采集模块检测，由控制器进行监控。电网数据检测分为以下 6 种：

(1) 电压。三相电压始终连续检测，电压值用于监视过电压和低电压。

(2) 电流。三相电流始终连续检测，电流值用来监视发电机切入电网过程。在并网过程中，电流检测同时用于监视发电机或晶闸管是否发生短路。在发电机并网后的运行期间，连续检测电流值以监视三相负荷是否平衡。如果三相电流不对称程度过高，风力发电机组将停机。电流检测值也用于监视一相或几相电流是否有故障。

(3) 频率。连续检测电网频率，一旦检测到频率值超过或低于规定值，风力发电机组会立即停止。

(4) 功率因数。连续监测三相平均功率因数。

(5) 有功功率输出。连续检测三相有功功率，根据各相输出功率测量值，计算出三相总的输出功率，用以计算有功电能产量和消耗。有功功率值还作为风力发电机组过发或欠发的停机条件。

(6) 无功功率输出。连续检测三相无功功率，根据各相输出功率测量值，计算出三相总的输出功率，用以计算无功电能产量和消耗。无功功率的大小决定投切电容的组数。

4. 高速闸释放信号

高速闸上有一个传感器指示高速闸的状态（是否释放）。如果控制器发出松闸信号，但是在设定时间内没有接收到高速闸释放的反馈信号时，风力发电机组将停止。

5. 闸块磨损信号

高速闸上有一个传感器指示高速闸制动后刹车片是否磨损并将信号发送给控制器。如果出现刹车磨损，直到故障被排除后，控制器才允许重新启动风力发电机组。

6. 振动保护

振动保护仪 orbivibl 安装在风力发电机组机舱控制柜中，当振动值大于设定值时，orbivibl 向控制器发出振动信号。

10.2.1.3 安全保护

1. 安全链回路

安全链是独立于计算机系统的硬件保护措施。采用反逻辑设计，将可能对风力发电机组造成致命伤害的故障节点串联成一个回路：紧急停机按钮（控制柜）、主空开、计算机输出的看门狗、叶轮过速开关、紧急停机按钮（机舱）、凸轮计数器、振动开关。一旦其中一个动作，将引起紧急刹车过程，执行机构的电源 AC 230V、DC 24V 失电，使控制回路中的接触器、继电器、电磁阀等失电，风力发电机组处于闭锁状态。

紧急停机后，只能手动复位，重新启动。

(1) 振动开关。振动开关安装在机舱底板上。当底板出现过大振动时，该装置会给控制器发出一个信号，安全链断开，风力发电机组执行紧急停机并给出故障信息。

(2) 过速保护。过速保护通过振动保护仪 orbivibl 控制，叶轮转速超过一定范围，振动保护仪 orbivibl 输出一节点，使安全链断开。

(3) 凸轮计数器。凸轮计数器安装在偏航齿圈上，电缆向同一方向累计扭转超过设定角度时，凸轮计数器动作，安全链断开。

安全继电器如图 10-19 所示，它是风力发电机组中用于硬件保护的关键元件。当风力发电机组发生相关故障时，安全继电器将断开，使风力发电机组的控制电压丢失，风力

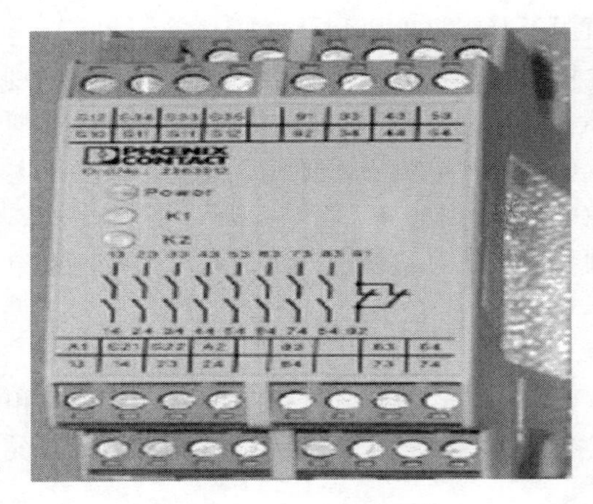

图 10－19　安全继电器

发电机组将执行紧急停机，起到保护风力发电机组的目的。

2. 风力发电机组制动

风力发电机组的刹车系统包括机械刹车（两副高速闸）和空气刹车（叶尖）。风力发电机组停机有 3 种制动方式，即正常刹车、安全刹车和紧急刹车。

（1） 正常刹车。

1） 切除叶尖电磁阀的供电电源。

2） 如果发电机与电网连接，当发电机转速低于同步转速时，发电机脱网。

3） 当叶轮转速在限定时间内降低到设定转速时，一副高速闸实施制动。

4） 如果在设定时间内叶轮转速降到零，第二副高速闸在设定时间后制动。

5） 刹车完成后叶尖收回。

下一次再执行正常刹车时两副高速闸的动作顺序相反，可确保两副刹车片均匀磨损。

（2） 安全刹车。

1） 叶尖和一副高速闸同时制动，发电机脱网。

2） 叶轮转速为零时，第二副高速闸抱死。

3） 刹车完成后叶尖收回。

（3） 紧急刹车。

1） 只有在风力发电机组的紧急停机链断开时执行。

2） 切除多个继电器和接触器、电磁阀的工作电源。

3） 叶尖和两副高速闸同时制动。

4） 紧急停机链断开的同时发电机脱网。

复位后，控制器检测系统是否有故障，如果存在故障，风力发电机组将停止自动启动程序；如果没有故障，紧急停机链恢复。

10.2.2　维护分析

10.2.2.1　叶片的维护

叶片是风力发电机组最主要的部件，定期规范的检查维护至关重要。在叶轮上工作时必须可靠锁定叶轮。

1. 叶片的运行噪声

仔细听叶片运转过程中所发出的噪声非常重要，任何一种非正常的噪声都可能意味着某个地方出了问题，需要马上对叶片进行仔细检查。

因叶片内部脱落的聚氨酯小颗粒所产生“沙拉沙拉”的声音为正常噪声，但一般仅在叶片缓慢运转时可以听得到。

2. 在轮毂内检查维护

（1） 打开机舱前部的天窗。

(2) 将头手伸出机舱，固定好安全绳索。

(3) 抓住轮毂防护栏，小心地钻入轮毂前端入口支架内。

(4) 卸掉轮毂盖板，小心地钻入轮毂。注意携带的工具应系在保险绳上防止坠落。

(5) 检查液压四通接头、管路接头、液压缸是否存在泄漏。

(6) 用干净棉布将可能存在的油污擦拭干净。

(7) 检查油管的固定是否牢固。

3. 检查叶片外表

在使用一段时间之后，应检查叶片表面是否存在较多的附着物，是否有损伤或裂纹等。图10-20所示为叶片外表面检查。

(1) 如果发现仅仅是表面裂纹，应用防水记号笔在裂纹的长度和方向上做出标示以便下次跟踪检查。

(2) 附着物会对叶片的效率产生负影响，如果要将其清除，应使用中性水基清洗剂。

4. 检查叶尖

(1) 在叶尖完全释放状态下，检查两个锥形尼龙块的磨损情况。

(2) 检查叶尖碳纤维棒是否有磨损。

叶片叶尖如图10-21所示。

图10-20 叶片外表面检查

图10-21 叶片叶尖

1—锥型尼龙块；2—叶尖碳纤维棒

5. 叶轮螺栓的紧固

需定期紧固叶片与轮毂的连接螺栓以及手孔盖板和入口支架的固定螺栓。紧固时需注意以下事项：

(1) 转动需要调整的叶片使其竖直向上。

(2) 两人配合，使用液压扳手调整好力矩。

(3) 叶片与轮毂的连接螺栓（46套筒）紧固力矩为1340N·m。

(4) 轮毂与主轴的连接螺栓（55套筒）紧固力矩为2320N·m。

（5）入口支架与轮毂连接螺栓（24 套筒）紧固力矩为 135N·m。

（6）轮毂安全护栏与轮毂连接螺栓（24 套筒）紧固力矩为 135N·m。

（7）其余螺栓用扳手紧固即可。

（8）如果更换螺栓，螺纹须用 MoS2 润滑。

6. 叶片桨矩角度的调整

经过一段时间的运行考核，如果发现风力发电机组的运行功率曲线与名义功率曲线有较大出入，则需要对叶片节距角进行调整。一般来讲，叶片安装角度向负角度调整 1°，风力发电机组峰值出力将下降约 50kW；反之，向正角度调整 1°，风力发电机组峰值出力将上升约 50kW。调整步骤如下：

（1）确定好需要调整的角度，转动需要调整的叶片使其竖直向上。

（2）用电动扳手松开轮毂与延长节的连接螺栓（41 套筒）（注意应先松外圈螺栓）。

（3）放置好安装角调整专用工具，向叶片需要转动的方向通过旋转调整螺杆。

（4）测量调整的角度到位后，按规定的扭矩紧固所有螺栓。

注意：延长节法兰上的对接标记对准轮毂法兰上的标记时，叶片安装为 0°。从叶尖向叶根看去，顺时针安装角变正，逆时针安装角变负；从轮毂法兰圆周上测量，每度对应弧长约 11.65mm。

10.2.2.2　传动系统的维护

1. 齿轮箱维护

应对齿轮箱油位油位进行观测和检测。齿轮箱油位的信息是靠安装在齿轮箱前端的油位视窗以及一体的油位继电器来进行观测和自动检测的。

2. 齿轮箱润滑散热系统的原理

齿轮箱的润滑散热系统包括润滑泵站和风冷散热器。在齿轮箱运行期间，润滑泵站为齿轮和轴承提供强制压力润滑，当油温高于 60℃时，冷却风扇启动；当油温回落到 45℃以下时，风扇停止运转。齿轮箱润滑散热系统原理如图 10－22 所示。

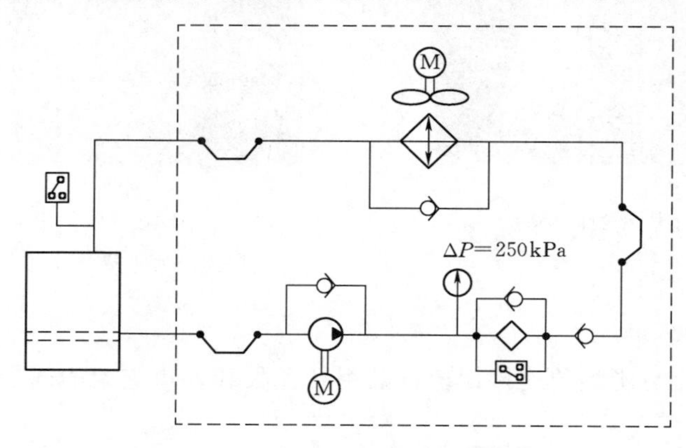

图 10－22　齿轮箱润滑散热系统原理

3. 齿轮箱润滑散热系统的组成

齿轮箱润滑散热系统由供油装置、滤油装置、油/风冷却装置、油压检测装置及中间连接胶管组成。维护时应注意以下事项：

(1) 检查泵站管路接头的泄漏情况。

(2) 在发电机-泵运转时注意是否有异常噪声。

(3) 润滑油的温度必须在高于－5℃时润滑散热系统方可启动工作。

(4) 更换滤芯时，旋开过滤器，取出旧的滤芯更换新的滤芯。

(5) 及时清理可能存在的积油。

(6) 首次启动时应注意发电机转向是否正确（从发电机叶片处观察顺时针）。

(7) 注意观察压力表及油压检测装置的工作压力范围。

(8) 供油装置上装有污染发信器，当滤油器进出油口压差达到 300kPa 时，污染发信器发出电信号，同时污染发信器上也有灯光显示，此时应及时更换滤芯。如果更换滤芯不及时，滤油器精过滤滤芯进出口压差达到 400kPa 时，精过滤滤芯上旁通阀将会开启，此时滤油器精过滤滤芯将失去过滤作用；此时只有粗过滤滤芯起作用。润滑冷却系统运行初期或齿轮箱内部不干净时容易引起过滤滤芯堵塞，必须注意观察污染发信器的工作状态，及时更换新滤芯。

4. 滤芯的更换步骤

更换滤芯时，必须确认供油装置处于停机状态，滤油器必须卸压。可以通过滤油器上的泄油阀泄压。

(1) 旋开滤油器上盖，将滤芯从滤壳中取出。

(2) 再将滤壳中的污染物搜集器取出并清洗。

(3) 清洗滤壳时可通过放油口将脏油排除。

(4) 将清洗过的污染物搜集器及新滤芯放入滤壳。

(5) 重新旋好滤油器上盖。

5. 润滑油压力控制器

齿轮油压力控制器采用 D500/18D 膜片式传感器。在风力发电机组运行过程中，润滑油压应保持在 40kPa 以上，否则压力控制器的触点断开，向计算机发出信号，控制系统将停机。压力控制器的整定值在出厂前已经调整好，一般不需重新调整。特殊情况下，应作以下调整：

(1) 将产品旋入压力校验台的螺纹接口。

(2) 用万用表监测接线端 1 和接线端 3 的通断状态，如图 10－23 所示。

(3) 将压力加至 40kPa，松开锁紧螺钉，用 5mm 内六角螺钉扳手旋动设定值调节六角槽，注意逆时针旋动设定值由大变小。调整使设定值由小变大直至开关触点在 20kPa 处切换。

(4) 旋紧锁紧螺钉，调节校验压力上下波动，检验压力下降时，1－3 触点切换值是

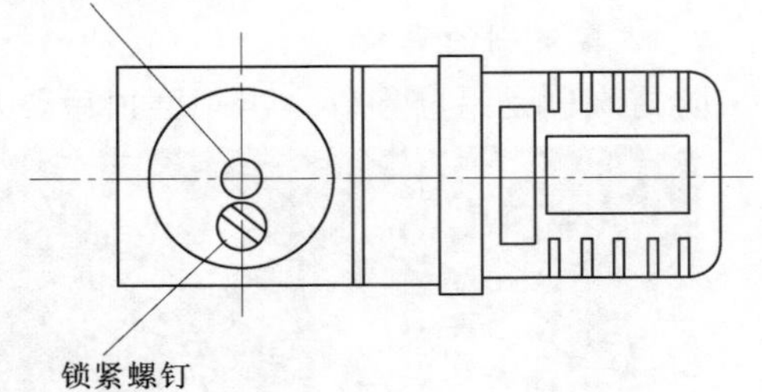

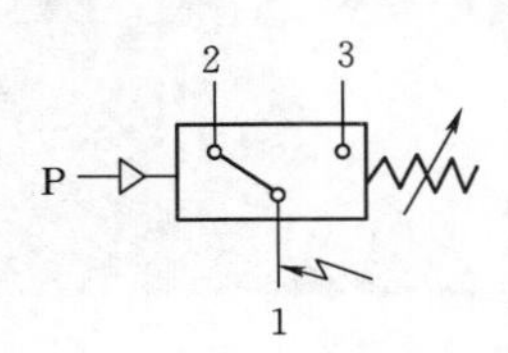

图 10－23　润滑油压力控制器

否为 20kPa。

6. 齿轮油的取样检测

应定期对油品进行检测。需要时可随时进行齿轮油取样检测。

(1) 准备好干净的取样瓶，贴注标签。

(2) 采样时风力发电机组应持续运转，润滑泵站处于工作状态。

(3) 风力发电机组油样应在过滤器之前采取，不可采经过过滤的油样；也不许在吸油口处采取，否则对化验结果有很大的影响。一般在齿轮箱的喷油口处采取油样。在采取油样前，务必将取样管清洗干净，取出 100mL 齿轮油。

(4) 填写标签内容，包括风力发电机组号、齿轮箱编号、采样者姓名、采样日期、齿轮油服役小时数。将油样尽快送交油品供应商或专业的油品分析部门进行测试。

7. 齿轮油的更换和添加

如果测试结果表示需要更换齿轮油，则必须按照以下步骤进行换油：

(1) 让风力发电机组运行较长时间，停机后尽快放油。

(2) 将旧油排放干净后，加专用的清洗液 50L，启动润滑泵站（手动接触开关）运行 1min 左右，重复几次，然后放掉清洗液。

(3) 通过齿轮箱空气滤清器向箱体内加油，滤清器在箱体的上部。加好油后记住将滤清器盖子盖好。

(4) 润滑油的加注量约 (160±5)L，加油量只要满足油位窗在静止状态 40mm 高度即可。油位太高会影响传动效率，甚至引起严重泄漏。

8. 处理旧润滑油的方法

润滑油中含有对人体有害的成分，应及时清洗沾在人体皮肤上的油污。对于沾有油污的布要洗干净或妥善地处理掉。

不要将旧油倒到垃圾桶里、地上、沟里或河流、湖泊等处，这样会严重威胁环境。应将其集中送到旧油回收利用处理的地方。

9. 防雷炭刷的更换

防雷炭刷是易磨损件，出现磨损后要及时更换。步骤如图 10-24 和图 10-25 所示。

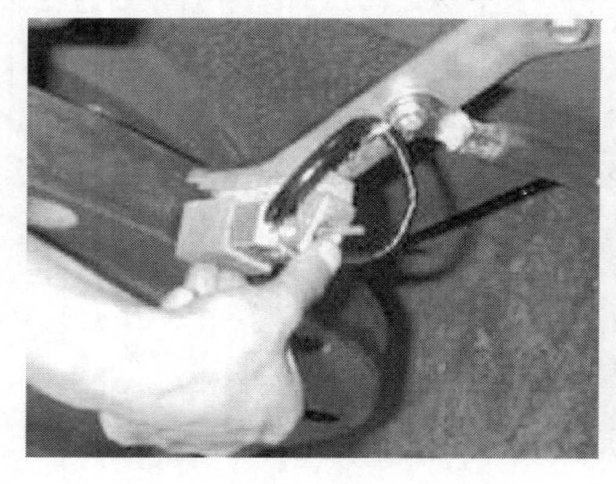

(a) 扳开

(b) 更换

图 10-24　扳开炭刷的压簧换上新的炭刷头

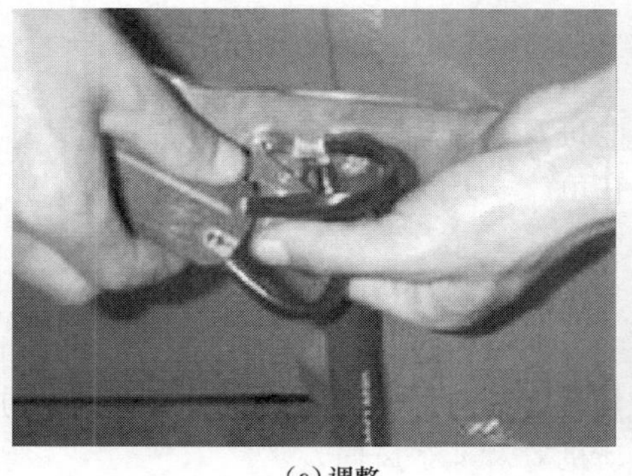

(a) 调整

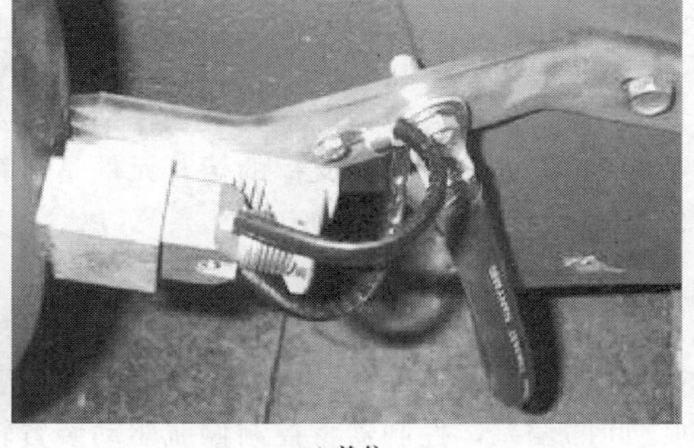

(b) 就位

图 10-25 调整好压簧就位

10. 螺栓的紧固

(1) 齿轮箱与弹性支撑轴连接螺栓 M36 (55 套筒) 的紧固力矩为 2320N·m。

(2) 弹性支撑轴与机舱底座连接螺栓 M30 (46 套筒) 的紧固力矩为 1340N·m。

11. 巡视

检查齿轮箱周围是否存在泄漏情况，如有应马上采取处理措施并清理集油。在齿轮箱运转时注意是否有异常噪声，特别是周期性的异常响声。齿轮箱是否存在局部温度过高，特别是轴承部位。检查齿轮箱上的附件是否正常。

10.2.2.3 发电机的维护

金风 S50/750 风力发电机组采用了单速鼠笼型异步发电机，采用机壳表面自然通风冷却，具有结构简单、并网简便、运行可靠等优点。

异步发电机的维护工作量小，正常情况下只需定期为发电机轴承加注润滑脂和螺栓紧固。

1. 给发电机轴承加注润滑脂

滚动轴承应在累计使用 2000h 时后更换润滑脂，鉴于风力发电机组的运行特点，每隔半年加一次润滑脂。

润滑脂的加油量不宜过多或过少，润滑脂过多将导致轴承的散热条件变差，而润滑脂过少则会影响轴承的正常润滑，这两种情况都将使轴承的温升较高。如果轴承温度过高会引起润滑脂的分解，不利于轴承的运行。

(1) 清洁润滑油嘴 (后轴承的润滑油杯在护罩内)。

(2) 用黄油枪加注润滑脂，前轴承 100g，后轴承 200g。

(3) 使用 FAG Arcanol L135V 润滑脂润滑。

(4) 抽出废油收集管，清理溢出的旧润滑脂，注意观察油脂的颜色，如果颜色异常要及时向供应商反映。

2. 螺栓紧固

按照维护计划的规定要求，定期紧固发电机地脚螺栓。

(1) 发电机与弹性支撑连接螺栓 M20 (32 套筒) 的紧固力矩为 275N·m。

(2) 支撑底座连接螺栓 M16 (24 套筒) 的紧固力矩为 210N·m。

(3) 检修时发现螺栓松动时，螺纹须涂 Loctite270 或 1277 螺纹锁固剂重新紧固或

更换。

3. 巡视

(1) 在发电机运转情况下，必须仔细聆听发电机及其前后轴承是否有异常声音。

(2) 检查发电机弹性支撑的橡胶元件是否存在龟纹、开裂等老化现象。

10.2.2.4　偏航系统的维护

1. 概述

金风 S50/750 风力发电机组的偏航系统采用主动对风形式。在机舱后部有两个互相独立的传感器——风速计和风向标，当风向发生变化时，风向标将检测到风力发电机组与主风向之间的偏差，控制器将控制偏航驱动装置转动机舱对准主风向。

偏航系统主要包括 2 个偏航驱动机构、一个经特殊设计的带外齿圈的四点接触球轴承、偏航保护以及一套偏航刹车机构组成。

偏航驱动机构包括 1 个偏航电机，1 个减速比为 755 的 4 级行星减速齿轮箱、一个齿数为 14 的偏航小齿轮。

偏航刹车分为两部分：一部分为与偏航电机轴直接相连的电磁刹车；另一部分为液压闸。在偏航刹车时，由液压系统提供约 14～16MPa 的压力，使与刹车闸液压缸相连的刹车片紧压在刹车盘上，提供制动力。

偏航时，液压释放但保持 2～4MPa 的余压，这样，偏航过程中始终保持一定的阻尼力矩，大大减少风力发电机组在偏航过程中的冲击载荷使齿轮破坏。偏航系统结构如图 10-26 所示。

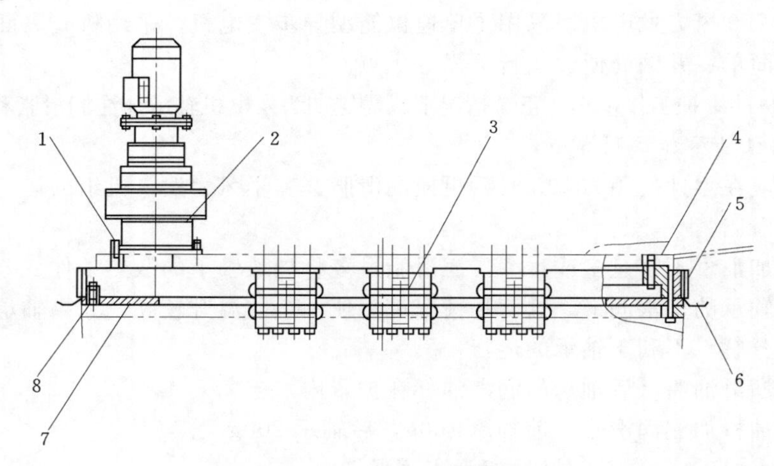

图 10-26　偏航系统结构图

1—螺栓 M16×90-10.9；2—偏航驱动；3—偏航刹车；4—螺栓 M20×100-10.9；5—螺栓 M20×180-10.9；6—接脂盒；7—偏航刹车盘；8—内六角螺钉 M16×45-8.8

2. 偏航减速齿轮箱

偏航减速器为一个四级行星传动的齿轮箱。一般情况下，在运行期间应检查是否有泄露，并定期对油位进行检查和更换润滑油。

(1) 润滑。金风 S50/750 风力发电机组的偏航减速器采用浸油润滑，所有的传动齿轮都在浸没在润滑油中。润滑油采用 Mobilgear SHC XMP 320，未经制造商同意，不允许

更换或混用其他种类的油。

偏航减速器的运行温度不得超过85℃。

(2) 加油和更换油。偏航减速箱在供货时没有加油。在使用之前，先检查减速箱配备的附件，如油位计、通气帽、放油阀等是否齐全。初次加油时，应保证使减速器处于安装位置状态，卸开通气帽，加油使油位超过油位计的下限，但不超过上限。

需要更换油时，打开放油阀的同时打开通气孔，以保证箱体内的油能比较快地流出。在可能情况下，可以使偏航系统先运转将油温升高，这样更有利于油的流动。

(3) 运转。在初次运转之前，检查通气孔是否畅通，运转过程中应确保通气孔没有被脏物或油漆堵塞。如果通气孔被堵塞，运转时减速器内部会产生压力，而且有可能破坏密封环。

在运转过程中，注意检查减速器运转是否平稳并且没有产生过度的噪声，检查是否有油渗漏现象。如有异常情况，立即与制造/供应商进行联系。

(4) 偏航小齿轮与内齿圈的啮合间隙。为保证偏航小齿轮与内齿圈的啮合良好，其啮合间隙 t 应满足 $0.4\text{mm} \leqslant t \leqslant 0.8\text{mm}$。这个间隙在组装时已经调整好，在试运转或更换偏航零部件后，应对偏行间隙进行检查，如果不合适，可通过偏心轴进行调整。

偏航小齿轮与内齿圈的啮合间隙可用压保险丝的方法检测。

(5) 检查。

1) 检查油位，应不低于油位下限。

2) 检查电机接线盒中电缆的连接是否松动。

3) 检查减速箱体上的螺栓是否松动。

3. 偏航轴承

偏航轴承采用四点接触球转盘轴承结构。偏航轴承安装后，应立即对轴承滚道和齿面进行润滑。充分润滑可以降低摩擦力，并且能有效地保护密封免受腐蚀。因此，轴承在运行期间必须保持足够的润滑。长时间停止运转的前后也必须加足新的润滑脂。这在冬天来临之前尤为重要。

(1) 偏航轴承齿面润滑。

1) 齿面润滑。每次登上风力发电机组，检查偏航齿的润滑情况，齿面应均匀地覆盖一层润滑脂。

2) 及时向齿圈和小齿轮的齿面喷涂 Voler 2000E。

(2) 偏航轴承滚道润滑。

1) 按照维护计划的规定周期进行。

2) 手动偏航系统，使滚道上的加油嘴露出底板。

3) 用手动黄油枪加注润滑脂，直到有旧油脂被挤出。

4) 指定使用的润滑脂型号为 Molykote longterm 2。

5) 清理密封上的脏物和废油脂。

4. 偏航电机

偏航电机如图10－27所示，它是多极电机，电压等级为690V，内部绕组接线形式为星形。电机的轴末端装有一个电磁刹车装置，用于在偏航停止时使电机锁定，从而将偏航传动锁定。附加的电磁刹车手动释放装置在需要时可将手柄抬起，刹车释放。需要定期检

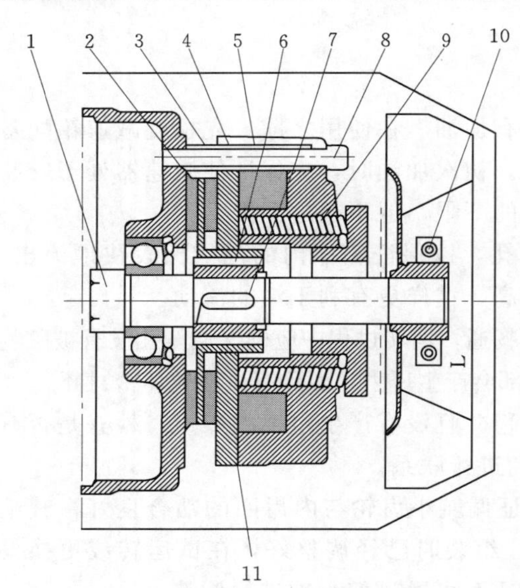

图 10-27　偏航电机

1—电机轴；2—闸盘；3—刹车调节器；4—可移动衔铁；5—电磁铁；6—轴套；7—键；8—螺栓；9—弹簧；10—螺帽；11—空气间隙

查电磁刹车的气隙，如间隙过大则需要调整，方法如下：

(1) 打开电机的防护罩，露出电磁刹车。

(2) 松开螺栓 8 调整刹车调节器 3。

(3) 测量电磁铁 5 与移动衔铁 4 之间的间隙为 0.5～1mm。调整螺帽 10 使制动弹簧受压，然后抬起手柄使移动衔铁与刹车盘分离，让轴转动，注意观察是否正常。

5. 偏航刹车闸

偏航刹车闸为液压盘式，型号为 BCH85-P825-WS1-2。在偏航刹车时，由液压系统提供约 14～16MPa 的压力，使刹车片紧压在刹车盘上，提供足够的制动力。偏航时，液压释放但保持 2～4MPa 的余压，以便在偏航过程中始终保持一定的阻尼力矩，大大减少风力发电机组在偏航过程中的冲击载荷。

10.2.2.5　液压系统

1. 功能描述

叶尖制动、偏航制动和高速闸如图 10-28 所示。

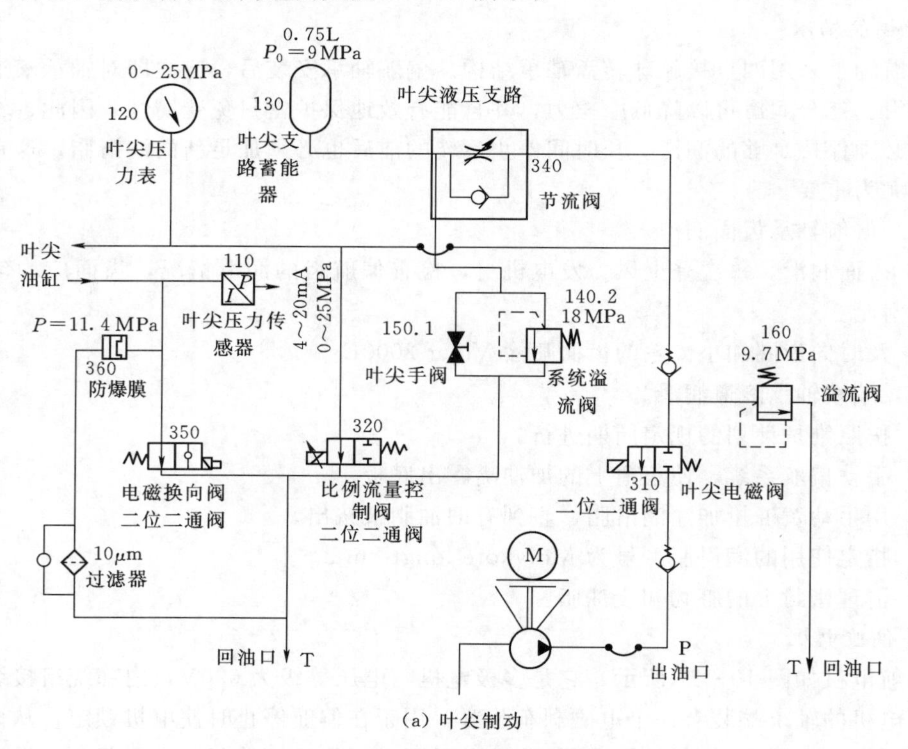

(a) 叶尖制动

图 10-28（一）　叶尖制动、偏航制动、高速闸简图

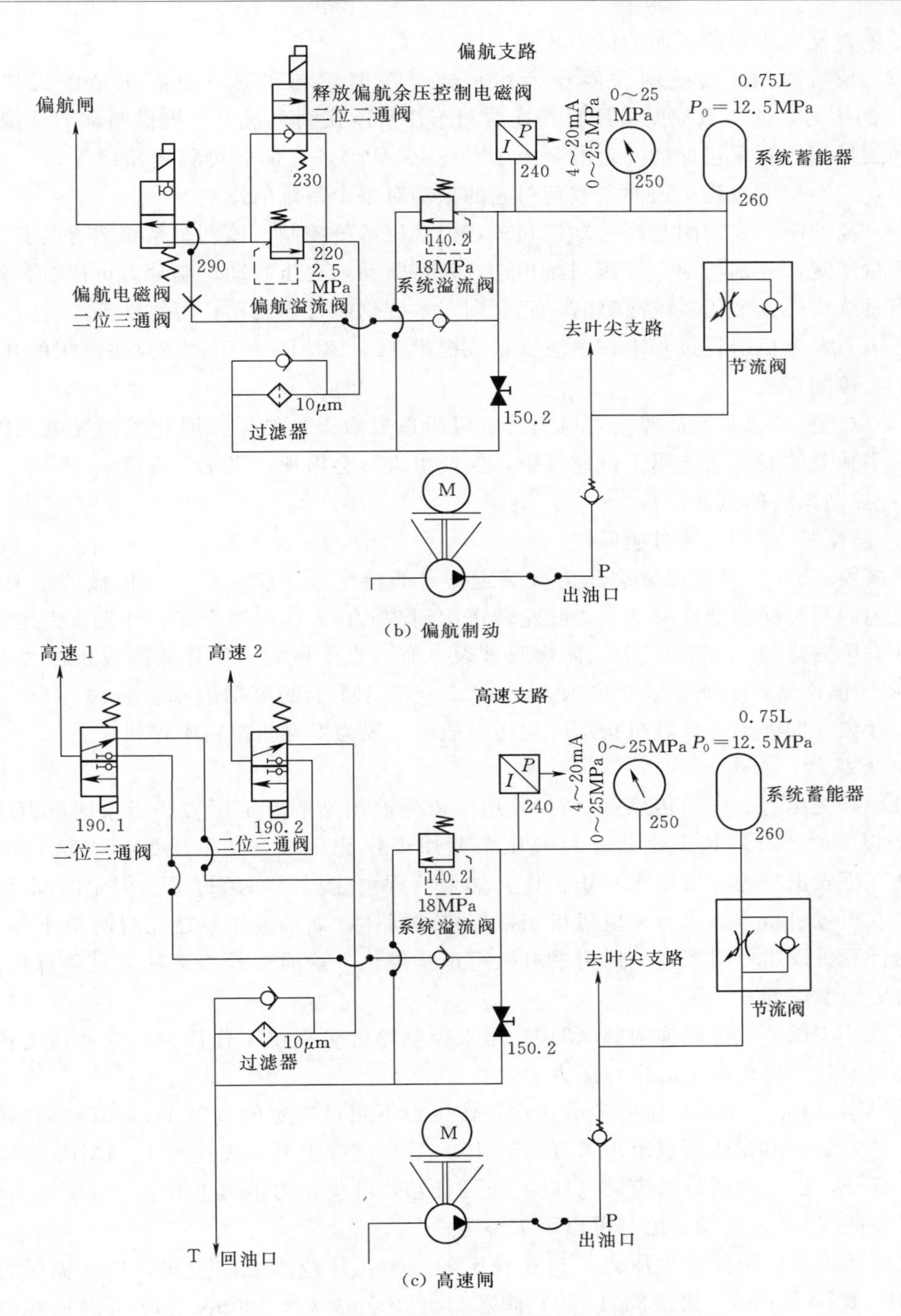

图 10-28(二) 叶尖制动、偏航制动、高速闸简图

(1) 叶尖制动。叶尖可绕叶片主轴线旋转 74°，产生空气制动力。当叶轮旋转时，液压压力使叶尖保持在正常运行位置。当停机时，释放叶尖的液压压力，在离心力和弹簧力的联合作用下，叶尖沿转轴转动到刹车位置，使风力发电机组停机。风力发电机组的气动

刹车是风力发电机组最可靠的保护装置。

(2) 偏航制动。偏航闸为液压卡钳形式，在偏航刹车时，由液压系统提供14～16MPa的压力，使与偏航闸液压缸相连的刹车片紧压在刹车盘上，提供制动力。偏航时，压力释放但偏航刹车仍保持一定的余压（20～40MPa），在偏航过程中始终保持一定的阻尼力矩，减小偏航过程中因冲击载荷引起的振动对整个系统的影响。

(3) 高速闸。高速闸是高速轴端刹车，由液压系统控制。该刹车系统装有两套常闭浮动式圆盘闸规，分别与两个液压回路相连，弹簧驱动，失压制动。制动力可通过弹簧来调节。当系统失电或液压系统故障时，此套刹车系统仍能可靠制动，可靠性高。

在风力发电机运行过程中，由液压系统提供14～16MPa的压力，克服闸规的弹簧力，使两个高速闸释放。

(4) 过速。"飞车"故障会对风力发电机组造成毁灭性结果，因此风力发电机组采用以下两个独立的安全系统用于过速保护，保证机组不会出现"飞车"现象：

1) 控制系统的过速保护。

2) 防爆膜（360）的过速保护。

防爆膜（360）是根据爆裂压力来选定型号的特定金属膜，是一个机械的过速保护。如果上述的两种保护都没有动作，叶轮转速达到23r/min后继续升高，叶尖压力也继续升高，叶尖压力达到12.7MPa时，防爆膜破裂（有一点要注意，防爆膜的设定压力有一个±500kPa偏移值，也就是说叶尖压力在12.2～13.4MPa的范围内都会破裂），叶尖压力释放，叶尖立即弹出，计算机指示叶尖压力故障，风力发电机组正常停机。

2. *液压站*

(1) 系统压力。压力传感器（240）用来监测液压站的系统压力。当系统压力降低到14MPa以下时，计算机发出指令，液压泵开始工作建压，直到系统的压力达到16MPa时，计算机发出指令，液压泵停止工作。如果液压泵建压时间超过最大限定时间（60s），计算机发出停机指令，风力发电机组正常停机；同样，如果液压泵建压时间最小在0.5s，同样的计算机发出停机指令，风力发电机组正常停机，这时要检查蓄能器是否保压正常，必要时更换蓄能器。

(2) 叶尖压力。电磁换向阀（310）用来控制给叶尖提供工作压力，它和压力传感器相互协调给叶尖提供稳定的出口压力。

溢流阀（160）用来控制叶尖的正常工作压力不超过规定的范围11.4MPa。在减压过程中，叶尖的压力在达到规定压力（9.5MPa）后仍继续上升，在达到11.4MPa时溢流阀（160）打开，压力油通过溢流阀（160）流回油箱，叶尖压力不再上升。

溢流阀（160）的设定值都可以手工整定。

比例阀用来控制使叶尖压力保持在稳定的压力工作范围之内工作，当叶尖压力大于10.7MPa持续10min，比例阀（320）阀芯打开100ms（此100ms的时间值是参考原来REPOWER机型来定的。现场可根据实际运行情况来对参数进行重新设定），叶尖减压，使叶尖工作压力保持在正常的范围之内。

压力传感器（110）用来监控叶尖压力运行在规定的范围内。首先要说明，设计允许的叶尖压力在9.5～11MPa之间。在控制部分参数设定时如果计算机检测到叶尖压力低于

10.2MPa 时，电磁阀（310）动作，叶尖开始补压，当检测到压力值达到 10.5MPa 时，电磁阀（310）失电关闭（叶尖压力信号的传输是以模拟量的形式来传输的，计算机可连续对叶尖压力进行检测）。

压力传感器（110）的设定值可根据现场实际工作情况进行适当合理的调整。

偏航闸的刹车压力由系统压力提供，溢流阀（220）用来调整偏航余压。出厂设定值为 2.5MPa，在现场可根据实际情况调整在适合的范围之内。

电磁换向阀（230）用来释放偏航余压。

（3）过压保护。两个设定值为 18MPa 的溢流阀（140.1、140.2）用来保护液压系统的压力不超过 18MPa。如果液压泵在系统压力达到设定值后没有停止工作，系统压力继续升高，当系统压力达到 18MPa 时，溢流阀（140.1、140.2）打开，压力油通过溢流阀（140.1、140.2）流回油箱，系统压力不再升高。

（4）防爆膜。防爆膜（360）是根据爆裂压力来选定型号的特定金属膜，是一个机械的过速保护。当叶尖压力达到 12.7MPa 时，防爆膜破裂，叶尖的压力油直接流回油箱，叶尖失去压力后立即弹出，风力发电机组停机。

（5）储压罐。液压站设有两个储压罐，储压罐（260）用于系统回路，储压罐（130）用于叶尖回路。它们的功能是：在液压泵间隙工作时产生的压力进行能量存储；在液压泵损坏时做紧急动力源；泄漏损失的补偿；缓冲周期性的冲击和振荡；补偿温度和压力变化时所需的容量。为了防止蓄能器补压对泵造成冲击，在蓄能器和泵之间设计单向的截止设备。

（6）手阀。开启手阀（150）可卸去系统的压力。

（7）压力表。

1）压力表 M1（250）用来显示系统的压力，量程为 0～25MPa。

2）压力表 M2（120）用来显示叶尖的压力，量程为 0～25MPa。

（8）过滤器。

1）过滤器（90）串接在油泵回油口，用于整个系统的液压油回油过滤。

2）过滤器（40）用一根透明的油管串接在防爆膜后，直接连接在油箱上。当防爆膜破裂后，液压油经过过滤器（40）流回油箱，可防止防爆膜的碎片等杂质进入油箱。

3）过滤器（395）串接在叶尖进油口，用于叶尖系统的液压油进油过滤。

4）空气过滤器（20）安装在油箱上，油箱内的油位在油泵工作中和油温发生变化时会上下波动，油箱内的空气压力会随着增大或减小，空气过滤器可保证油箱内空气与外部空气对流，使油箱内的气压稳定不致过大，同时也能阻止外界杂质的进入。

（9）油位。油位开关（30）用来监测油箱内液压油的油位。当油位低于最小限定值时，油位开关动作，计算机收到信号后会发出故障信息，风力发电机组正常停机。

在油箱上装有一个油位窗，可清晰地显示当前的油位。

（10）旋转接头。叶尖液压油缸的油管安装在齿轮箱的低速轴法兰上的四通管接头上，一根通过主轴上可转动的不锈钢管一端与油分配器相连，另一端与旋转接头连接，液压站叶尖油管以及叶尖回油管与旋转接头连接。当叶轮转动时，主轴内的不锈钢管随着转动，旋转接头与不锈钢管的接头也随着转动，而与液压站叶尖油管连接的外圈不动。

3. 液压系统的维护

液压设备是为长期无故障运行、免维护、长寿命设计的。它不需要太多的保养，尽管如此，定期保养对于保证无故障运行仍然很重要的。

(1) 油况。油品老化与一些运行参数有关，如温度、压力、空气湿度、环境中的灰尘等。可根据视觉检查做出判断。具体分类见表 10-4。

表 10-4　油况判断

现象	杂质	故障原因
黑色	产品氧化	过热或油不够
乳白色	水或泡沫	有水或空气浸入
水分分离	少	有水进入
气泡	空气	有空气或油少
悬浮或沉淀杂质	固体	磨损物、脏物或老化
异味	产品老化	过热

(2) 泄漏。每次维护时检查油位、过滤器、泄漏。如果有泄漏现象发生，应在修理完成后，彻底清洁液压站，便于下一次观察。

(3) 检查液压油油位。

1) 按停机按钮。

2) 从油位窗上观察油位。

3) 油位必须在最高的位置处。如果不是，按规定加注液压油。

(4) 加注液压油。

1) 按下紧急停机按钮。

2) 旋开空气过滤器 (20)，把漏斗插入注油管中，使用一个合适的油桶加注液压油。

3) 从油位窗上观察油位，直到达到规定的油位。

4) 复位紧急停机按钮，按复位按钮两次复位控制系统。

(5) 更换液压油。使用的油品需要在实验室内作定期分析，换油间隔可以根据油品的分析结果作相应调整；如果不对液压油进行定期处理和分析，则要按风力发电机组检修项目表中的时间间隔更换液压油。

(6) 拆卸组件前清洁系统。在拆下阀件、旋转接头等液压元件前，要彻底地清洁这些元件与系统的连接部位，不要用棉布擦拭。

(7) 检查/更换过滤器。如果过滤器堵塞，过滤器上的红色警示钮将弹起，必须立即更换过滤器。过滤器的更换频率可以反映油品中的杂质情况，检查过滤器芯可能发现液压系统存在的潜在问题及是否需要更换液压油。

注意：冬季气温较低，液压油黏度增大，如果机舱温度较低，也可能出现过滤器阻塞警示钮动作，此时不需要更换过滤器滤芯。

(8) 储压罐。监测充气压是有必要的，特别建议在投运期进行定期的测量。用检测设备和充气设备检查充气压力，也可以用液压表计简单地检测。

(9) 护目镜和防护手套。在液压系统上工作时必须戴上护目镜，如果有油溅出可以保

护眼睛。防护手套也必须戴上，因为液压油对皮肤有刺激作用。

(10) 维护完成后检查刹车系统。当维护工作完成后、风力发电机组自动运行前都必须彻底地检查刹车系统。

10.3 海上风力发电机组维护实例

随着转子尺寸的增加，需要对内陆的S70型风力发电机组进行设计和优化。叶片采用变桨距的形式，分别由备用电源的直流电机驱动。转子由轮毂中固定的旋转轴承支撑，可移动转子轴承被融入齿轮箱。齿轮箱具有三级设计，一级为行星齿轮，两个正齿轮。发电机采用的是异步双反馈发电机，实现变速运行。

三台S70型风力发电机组建在一个德国 Stassfurt 镇旁边的风电场。风电场旁边非常平整，没有树木或者森林，仅受到建筑物的影响。

为了对其进行状态检修，必须在风力发电机组上额外安装一些传感器，下面详细介绍和描述传感器的安装位置。

1. 传感器的安装

为了检测和量化机舱的振动，通常需要3个加速传感器：一个在转子的轴向；两个在横向。GJ DAM－XY01传感器可以对两个测点进行测量，因此只需两个传感器就可以完成作业。由于大部分的振动是由于转子旋转而引发，则传感器的测振频率必须在0.1～10Hz之间。推荐的传感器采用压电效应，其允许频率范围为0～500Hz，这一频率范围也允许对低频旋转物件的轴承进行状态分析，如主轴承。DAX－XY01传感器可以满足这一要求，因此可以采用此传感器对轴承引起的振动进行测量。

由于横向加速传感器用来测量行星齿轮的低频振动信号，则应该在齿轮箱额外增加一个高频振动传感器。其容许频率范围为几赫兹到将近10kHz。正因如此，可采用DAM－Z08加速传感器，一般将其安装在齿轮箱的顶部。这样传感器接近中间级齿轮和高速级轴承压盖机，因此也可以测量这些设备的振动和加速信号。发电机上振动传感器也应该安装靠近轴承压盖机的位置。因此，DAM－Z08传感器安装在轴承压盖机的前面。

状态检修基础单元对加速和振动信息的数值和模拟信号进行转化，产生脉动信号，分析和存储信号数据，并与外界相联系。基础单元的位置适宜布置在机舱控制室的后面，因为其更接近230V电源。对于必须从控制器分解的硬件信号可以采用短电缆进行连接。而风力机控制器的软件信息网络连接在此处很容易被连接。

状态监测系统需要从风力发电机组控制器获取必要信息，比如实际电能、风速、发电机转换状态、转子和发电机实际转速等，作为调制信号去检查风力发电机组的载荷，以及进行加速和振动信号的分类。其他信号还有温度、油压、气象测量等。所有这些信号都要从风力发电机组控制器作为数据文件下载下来。然而，状态监测系统返回抽样和处理过的数据到SCADA系统或者到风电场服务器以及到外面操作人员。状态监测数据库、风力发电机组控制器、SCADA系统以及操作人员的交流是通过连接在随机存储器的仪表盘进行的。

2. 测量结果

塔的低频振动频率能够给出一些转子状态的信息，通过安装在主转子轴承以及齿轮箱输入级的传感器进行测量，这种传感器能够测量两个轴向的信号，对直角振动方向的信号比较敏感。在轴承前的传感器位于第一个测量轴线上，定义为 X 轴，与转子轴的横向相垂直。第二个轴 Y 轴为水平方向。

测试结果表明，0.3Hz 的波峰对应于转子旋转频率，就是所谓的 1 倍频频率。0.9Hz 对应的波峰是 3 倍频频率，产生于当桨叶穿过塔影时。1.8Hz 对应的波峰是第一个谐波波峰，塔的第一个弯曲特征频率和 3 倍频频率频幅非常高，这表明塔的结构不是特别牢固，这可能是 S70 风力发电机组的结构特点。

测量结果表明，峰值与转速无关，这表明是谐振效果，与传感器的安装有关。受转速影响的波峰也存在增幅。S70 风力发电机组的转速与电力输出有关，与风力发电机组载荷也有关，因此这一波峰可能与风力发电机组的受载荷机械部件有关，比如轴承的滚动部件。

参 考 文 献

[1] 宫靖远. 风电场工程技术手册 [M]. 北京：机械工业出版社，2004.
[2] 宋海辉. 风力发电技术及工程 [M]. 北京：中国水利水电出版社，2009.
[3] 叶航冶. 风力发电系统的设计、运行与维护 [M]. 北京：电子工业出版社，2010.
[4] 杨校生. 风力发电技术与风电场工程 [M]. 北京：化学工业出版社，2012.
[5] 卢为平，卢卫萍. 风力发电机组装配与调试 [M]. 北京：化学工业出版社，2011.
[6] 丁立新. 风电场运行维护与管理 [M]. 北京：机械工业出版社，2014.
[7] 霍志红，郑源，等. 风力发电机组控制 [M]. 北京：中国水利水电出版社，2014.
[8] 谢小荣，姜齐荣. 柔性交流输电系统的原理与应用 [M]. 北京：清华大学出版社，2006.
[9] 肖创英，等. 欧美风电发展的经验与启示 [M]. 北京：中国电力出版社，2010.
[10] 姚兴佳，宋俊. 风力发电机组原理与应用 [M]. 北京：机械工业出版社，2011.

编委会办公室

本书编辑出版人员名单

总责任编辑　陈东明

副总责任编辑　王春学　马爱梅

责任编辑　张秀娟　李　莉

封面设计　李　菲

版式设计　黄云燕

责任校对　张　莉　梁晓静　吴翠翠

责任印制　帅　丹　孙长福　王　凌